内 容 简 介

本书介绍概率论与数理统计的基本概念、理论、方法和应用，共分十章，它们是随机事件与概率、随机变量及其概率分布、多维随机变量及其概率分布、随机变量的数字特征、大数定律和中心极限定理、数理统计的基本概念、参数估计、假设检验、方差分析、回归分析.

阅读本书只需要具备高等数学的知识. 本书侧重概念、理论和方法的应用，有大量的例子，特别是一些具有实际背景的例子，能帮助理解和提高阅读兴趣. 本书每章都配有相当数量的习题，书末附有习题答案与提示.

本书适合作为高等院校理工科非数学类专业本科生"概率论与数理统计"课程的教材，也可以作为学习这门课程的自学教材和科技人员的参考书.

概 率 统 计

（第三版）

耿素云　张立昂　编著

图书在版编目(CIP)数据

概率统计/耿素云,张立昂编著. —3版. —北京:北京大学出版社,2016.8

ISBN 978-7-301-27419-4

Ⅰ.①概… Ⅱ.①耿…②张… Ⅲ.①概率统计—高等学校—教材 Ⅳ.①O211

中国版本图书馆CIP数据核字(2016)第190139号

书　　　名	概率统计(第三版)
	GAILÜ TONGJI
著作责任者	耿素云　张立昂　编著
责 任 编 辑	曾琬婷
标 准 书 号	ISBN 978-7-301-27419-4
出 版 发 行	北京大学出版社
地　　　址	北京市海淀区成府路205号　100871
网　　　址	http://www.pup.cn　新浪微博:@北京大学出版社
电 子 信 箱	zpup@pup.pku.edu.cn
电　　　话	邮购部 62752015　发行部 62750672　编辑部 62765014
印 刷 者	北京大学印刷厂
经 销 者	新华书店
	890毫米×1240毫米　A5　10.625印张　302千字
	1987年10月第1版　1998年12月第2版
	2016年8月第3版　2016年8月第1次印刷
定　　　价	34.00元

未经许可,不得以任何方式复制或抄袭本书之部分或全部内容。
版权所有,侵权必究
举报电话:010-62752024　电子信箱:fd@pup.pku.edu.cn
图书如有印装质量问题,请与出版部联系,电话:010-62756370

第三版前言

这次修订是根据笔者多年来以本书为教材在北京大学信息科学技术学院讲授"概率论与数理统计"课程所积累的经验与素材进行的，并考虑了大多数高等院校的教学需要．第三版教材基本保持第二版教材的内容和风格不变，除了更正发现的错误外，主要修改内容如下：

(1) 添加了不少有实际背景的例子，如孟德尔遗传模型、蒙特卡罗方法、随机数的生成、敏感问题调查的随机回答法等．

(2) 改写了第一章和第五章的部分内容，删去了第一章中概率的公理化定义，在第五章中增加了随机变量序列的极限．掌握随机变量序列极限的概念有利于更好地理解大数定律和中心极限定理．

(3) 删去了几个关于统计量的定理的证明．这几个证明都比较复杂，要使用较高的线性代数证明技巧，对于以应用为主要目的的学习者不是必要的．

(4) 增添了不少习题．

本书是作为高等院校理工科非数学专业本科生"概率论与数理统计"课程的教材编写的，阅读本书只需要具备高等数学的知识．本书每章都配有相当数量的习题，书末附有习题答案与提示．

作　者

2015 年于燕园

第二版前言

这次再版除进行必要的文字修改和勘误之外,在内容上主要做了下述变动:

1. 删去"特征函数"一章. 这部分内容超出使用本书的多数读者的需要.

2. 按照中华人民共和国国家标准,对正态分布、χ^2分布、t分布和F分布统一使用(下侧)分位数表(附表2~5). 在本书第一版和其他一些书中,对正态分布和t分布使用双侧分位数表,对χ^2分布和F分布使用上侧分位数表,请读者注意两者的区别.

阅读本书只需要具备高等数学和线性代数的知识. 本书是北京市高等教育自学考试计算机软件专业"概率论与数据统计"的教材,也完全适合作为普通高校非数学专业(特别是理工科专业)的本科教材和参考书.

在编写本书和这次修订过程中,我们参考了许多有关教材和著作,并且从中摘取了一些例题和习题,书中没有一一注明,在此一并向有关作者致谢!

由于作者的水平所限,不妥与谬误难免,恳请读者批评指正.

作 者
1996年夏于燕北园

目 录

第一章 随机事件与概率 ································· (1)

 §1 随机事件的直观定义及其运算 ····················· (1)

  一、必然现象与随机现象 ··························· (1)

  二、随机试验与随机事件 ··························· (2)

  三、事件的集合表示,样本空间 ····················· (3)

  四、事件之间的关系及运算 ························· (4)

 §2 随机事件的概率 ································· (8)

  一、古典概型 ······································ (10)

  二、几何概型 ······································ (15)

  三、概率的性质 ···································· (20)

 §3 条件概率 ······································· (24)

  一、条件概率 ······································ (24)

  二、乘法公式 ······································ (25)

  三、全概率公式 ···································· (27)

  四、贝叶斯公式 ···································· (28)

 §4 独立性 ··· (30)

  一、事件的独立性 ·································· (30)

  二、系统的可靠性 ·································· (34)

  三、孟德尔遗传模型 ································ (35)

 §5 独立试验序列概型 ······························· (39)

 习题一 ··· (40)

第二章 随机变量及其概率分布 ························· (49)

 §1 随机变量 ······································· (49)

 §2 离散型随机变量及其概率分布 ····················· (50)

§3 随机变量的分布函数 ………………………………… (56)
§4 连续型随机变量及其概率密度 ……………………… (59)
§5 随机变量函数的分布 ………………………………… (68)
习题二 ……………………………………………………… (73)

第三章 多维随机变量及其概率分布 …………………………… (80)
§1 二维随机变量 ………………………………………… (80)
一、二维随机变量的分布函数 ……………………… (80)
二、二维离散型随机变量 …………………………… (81)
三、二维连续型随机变量 …………………………… (82)
四、n 维随机变量 …………………………………… (85)
§2 边缘分布 ……………………………………………… (85)
一、二维离散型随机变量的边缘分布 ……………… (86)
二、二维连续型随机变量的边缘分布 ……………… (87)
§3 随机变量的独立性 …………………………………… (89)
§4 两个随机变量的函数的分布 ………………………… (93)
一、和 $Z=X+Y$ 的分布 …………………………… (94)
二、商 $Z=\dfrac{X}{Y}$ 的分布 ……………………… (96)
三、$M=\max\{X,Y\}$ 及 $N=\min\{X,Y\}$ 的分布 …… (97)
习题三 ……………………………………………………… (100)

第四章 随机变量的数字特征 …………………………………… (107)
§1 数学期望 ……………………………………………… (107)
一、离散型随机变量的数学期望 …………………… (107)
二、连续型随机变量的数学期望 …………………… (110)
三、随机变量函数的数学期望公式 ………………… (113)
四、数学期望的性质 ………………………………… (115)
§2 方差 …………………………………………………… (118)
一、方差的定义 ……………………………………… (119)
二、方差的性质及切比雪夫不等式 ………………… (122)
§3 协方差和相关系数 …………………………………… (127)

习题四 ··· (134)

第五章 大数定律和中心极限定理 ················ (140)
§1 随机变量序列的收敛性 ························· (140)
§2 大数定理 ··· (143)
§3 中心极限定理 ····································· (147)
习题五 ··· (151)

第六章 数理统计的基本概念 ························ (153)
§1 总体与样本 ······································· (153)
§2 频率分布表与直方图 ···························· (154)
  一、频率分布表 ································ (155)
  二、直方图 ······································· (155)
  三、经验分布函数 ······························ (160)
§3 统计量 ··· (161)
§4 统计量的分布 ····································· (163)
  一、几个常用分布 ······························ (163)
  二、正态总体统计量的分布 ··················· (166)
  三、分位数 ······································· (171)
习题六 ··· (174)

第七章 参数估计 ······································· (177)
§1 点估计 ··· (177)
§2 最大似然估计法 ·································· (182)
§3 矩估计法 ·· (186)
§4 区间估计 ·· (188)
  一、单个正态总体的均值与方差的区间估计 ··· (189)
  二、两个正态总体的区间估计 ················· (192)
  三、单侧置信区间 ······························ (193)
  四、0-1 分布总体参数 p 的区间估计 ········· (194)
习题七 ··· (197)

第八章 假设检验 ······································· (202)
§1 假设检验的基本概念 ···························· (202)

　　　　一、假设检验的基本思想 …………………………… (202)
　　　　二、假设检验的两类错误 …………………………… (205)
　　　　三、双侧假设检验与单侧假设检验 ………………… (207)
　§2　单个正态总体均值与方差的假设检验 ……………… (209)
　　　　一、已知 σ^2，检验 μ ……………………………… (209)
　　　　二、未知 σ^2，检验 μ ……………………………… (211)
　　　　三、检验 σ^2 ……………………………………… (213)
　§3　两个正态总体均值与方差的假设检验 ……………… (216)
　　　　一、已知 σ_1^2, σ_2^2，检验 $\mu_1-\mu_2$ …………………… (216)
　　　　二、已知 $\sigma_1^2=\sigma_2^2$，但其值未知，检验 $\mu_1-\mu_2$ … (218)
　　　　三、检验 σ_1^2/σ_2^2 …………………………………… (219)
　　　　四、成对数据均值的检验 ………………………… (221)
　　　　五、假设检验与区间估计的关系 ………………… (222)
　§4　总体分布函数的假设检验 …………………………… (223)
　§5　两个总体分布相同的假设检验 ……………………… (226)
　　　　一、符号检验法 …………………………………… (226)
　　　　二、秩和检验法 …………………………………… (228)
　习题八 ……………………………………………………… (231)

第九章　方差分析 ……………………………………… (235)
　§1　单因素试验的方差分析 ……………………………… (235)
　　　　一、数学模型 ……………………………………… (235)
　　　　二、统计分析 ……………………………………… (236)
　　　　三、应用举例 ……………………………………… (241)
　§2　双因素试验的方差分析 ……………………………… (242)
　　　　一、数学模型 ……………………………………… (243)
　　　　二、统计分析 ……………………………………… (244)
　　　　三、无重复试验的方差分析 ……………………… (250)
　习题九 ……………………………………………………… (254)

第十章　回归分析 ……………………………………… (258)
　§1　一元线性回归 ………………………………………… (259)

一、经验公式与最小二乘法 ……………………… (260)
　　　二、相关性检验 ………………………………… (263)
　　　三、预报与控制 ………………………………… (268)
　§2　多元线性回归 ………………………………… (271)
　§3　可化为线性回归的问题 ……………………… (277)
　习题十 ……………………………………………… (284)
附表 1　标准正态分布函数表 ……………………… (286)
附表 2　标准正态分布分位数表 …………………… (288)
附表 3　χ^2 分布分位数表 ……………………………… (289)
附表 4　t 分布分位数表 …………………………… (291)
附表 5　F 分布分位数表 …………………………… (293)
附表 6　泊松分布表 ………………………………… (303)
附表 7　符号检验表 ………………………………… (305)
附表 8　秩和检验表 ………………………………… (306)
附表 9　常用分布表 ………………………………… (307)
附表 10　正态总体期望和方差的区间估计表 …………… (310)
附表 11　单个正态总体均值和方差的假设检验表 ………… (311)
附表 12　两个正态总体均值和方差的假设检验表 ………… (312)
习题答案与提示……………………………………… (313)

第一章 随机事件与概率

§1 随机事件的直观定义及其运算

一、必然现象与随机现象

在自然界里,在生产实践和科学试验中,人们所观察到的现象大体上可分为两类.有一类现象,在一定的条件下必然发生(或必然不发生).例如,上抛的石子必然下落;在一定条件下,氢和氧化合成水;人总是要死的;太阳从东方升起;等等.我们将上述诸现象称为**确定性现象**或**必然现象**.微积分、线性代数等就是研究必然现象的数学工具.与此同时,人们还发现具有不同性质的另一类现象.例如,在相同的条件下,抛一枚质地均匀的硬币,其结果可能是正面(我们常常把有币值的一面称作正面,而另一面称作背面)朝上,也可能是正面朝下;一个射手向同一个目标连射几发子弹,各次弹着点的位置不尽相同,并且每颗子弹弹着点的准确位置都是无法事先预测的.这一类现象我们称之为**偶然性现象**或**随机现象**.起初,人们把这种现象称为"不正常""出乎意料""原因不明"的现象,并且认为这些现象是无规律的现象.人们长时期的观察和实践的结果表明,这些现象并非是杂乱无章的,而是有规律可循的.例如,大量重复抛一枚质地均匀的硬币,得正面朝上的次数与正面朝下的次数大致都是抛掷总次数的一半;同一射手射击同一目标,弹着点按着一定的规律分布;等等.这种在大量地重复试验或观察中所呈现出的固有的规律性,就是我们以后所说的统计规律性.概率论与数理统计是研究和揭示随机现象的统计规律性的一门数学学科.

二、随机试验与随机事件

我们将对自然现象的观察或科学试验统称为**试验**. 如果试验可以在相同条件下重复进行,并且每次试验的结果是事先不可预言的,则称这样的试验为**随机试验**. 以下我们所说的试验均指随机试验.

进行一次试验总有一个需要观察的目的,根据这个目的,试验可能被观察到各种不同的结果. 例如,抛一枚硬币,我们的目的是观察哪面朝上,这里当然只有两种可能的结果:正面朝上或背面朝上. 至于硬币落在桌面的哪个位置以及朝哪个方向滚动等,都不在我们的目的之列,不将它们算作结果.

在随机试验中,可能发生也可能不发生的事件称为**随机事件**,简称**事件**. 常常用字母 $A,B,C,\cdots$ 表示事件.

例 1.1 抛一枚质地均匀的硬币,可有两种不同的结果:"正面朝上"和"背面朝上". 这两种结果都是随机事件,可用 A 和 B 分别表示它们,写成:$A=$"正面朝上"; $B=$"背面朝上".

例 1.2 袋中装有 10 个大小相同的小球,编号分别为 $0,1,2,\cdots,9$. 每次从袋中取出一球,看过编号后再放回袋中. 取出一球,它的编号有 10 种可能的结果:"编号为 0""编号为 1"……"编号为 9". 这 10 种结果的每一种都是随机事件,我们可用 $A_i=$"编号为 i"($i=0,1,\cdots,9$)表示它们. 除了以上 10 个事件外,还可以考虑另外的事件. 例如,$B=$"编号为奇数",$C=$"编号为偶数",$D=$"编号$\leqslant 4$"都是随机事件. 但事件 $A_i(i=0,1,\cdots,9)$ 与事件 B,C,D 是有所不同的. A_0 到 A_9 这 10 个事件中,每个事件只含一种试验结果,而在事件 B 和 C 中,各含 5 种试验结果. 我们称只包含一种试验结果的事件为**基本事件**,由两个或两个以上基本事件复合而成的事件为**复合事件**.

例 1.3 连续投掷两颗质地均匀的骰子,观察每颗骰子朝上的一面的点数,这是一个随机试验. 事件"第一颗骰子出现 i 点,第二颗骰子出现 j 点"($1\leqslant i\leqslant 6,1\leqslant j\leqslant 6$)是基本事件. 本例中共有 36 个基本事件. "每一颗骰子出现偶数点""第二颗骰子出现奇数点""两颗骰子出现的点数之和为 10"等事件均为复合事件.

三、事件的集合表示，样本空间

为了研究事件之间的关系及运算，用集合表示事件是方便的，又是相当直观的．为此，先给出样本点的概念：称随机试验中每一种可能的结果为一个**样本点**，用 ω 表示．由全体样本点组成的集合称作**样本空间**或**基本空间**，用 Ω 表示．Ω 的子集就是**随机事件**，只含一个样本点的随机事件就是**基本事件**．注意，每一次试验的结果只能是一个样本点，而不能有两个或两个以上样本点同时出现．

在例 1.1 中，样本点有两个：正面朝上，背面朝上；基本事件也为两个：{正面朝上}，{背面朝上}；样本空间为 {正面朝上，背面朝上}．若用 ω_0 与 ω_1 分别表示"正面朝上"和"背面朝上"，则基本事件为 $\{\omega_0\}$ 和 $\{\omega_1\}$，样本空间为 $\Omega=\{\omega_0,\omega_1\}$．

在例 1.2 中，样本点为 0 号，1 号，2 号，$\cdots$，9 号；基本事件为 {0 号}，{1 号}，{2 号}，$\cdots$，{9 号}；样本空间为 $\Omega=\{0$ 号，1 号，2 号，$\cdots$，9 号$\}$．随机事件"编号为奇数"$=\{1$ 号，3 号，$\cdots$，9 号$\}$，"编号为偶数"$=\{0$ 号，2 号，$\cdots$，8 号$\}$．

在例 1.3 中，样本点为 $(1,1),(1,2),(1,3),\cdots,(1,6),\cdots,(6,6)$，共 36 个；基本事件也有 36 个，即 $\{(1,1)\},\{(1,2)\},\{(1,3)\},\cdots,\{(1,6)\},\cdots,\{(6,6)\}$；样本空间 $\Omega=\{(1,1),(1,2),(1,3),\cdots,(6,6)\}$．随机事件"两颗骰子出现的点数之和为 10"$=\{(4,6),(5,5),(6,4)\}$．

对于随机事件 A，如果试验出现的结果 $\omega\in A$，则称事件 A **发生**；否则，称事件 A **未发生**．例如，在例 1.2 中，若取到 4 号球，则事件"编号为偶数"发生，而"编号大于 5"未发生．

例 1.4 一个圆盘可以绕它的中心轴旋转，在圆盘的边缘刻有 $0\sim360$ 度．置一固定的指针指向圆盘的边缘．任意地转动圆盘，当它停止转动后，观察指针所指的刻度．这是一个随机试验，其中

样本点：$x, 0\leqslant x<360$；

基本事件：$\{x\}, 0\leqslant x<360$；

基本空间：$\Omega=\{x\mid 0\leqslant x<360\}$．

设随机事件 $A=\{x\mid 90\leqslant x\leqslant 120\}$，那么当圆盘停止转动后，若指针指向 100 度，则事件 A 发生；若指针指向 250 度，则事件 A 未

发生.

将随机事件表示成由样本点组成的集合,就可以将事件之间的关系及运算归结为集合之间的关系和运算.这不仅对研究事件的关系和运算是方便的,而且对研究随机发生的可能性大小的数量指标——概率的运算也是非常有益的.

四、事件之间的关系及运算

1. 必然事件与不可能事件

称不可能发生的事件为**不可能事件**,必然发生的事件为**必然事件**.作为样本空间的子集,不可能事件不能包含任何样本点.不含任何元素的集合为空集$\varnothing$.因此,不可能事件是空集,也记作$\varnothing$.当且仅当表示事件的集合包含所有样本点时,试验结果一定落入这个集合,从而事件一定发生.因此,必然事件就是整个样本空间,仍用Ω表示.

在例 1.1 中,"正面朝上且背面也朝上"为不可能事件$\varnothing$."正面朝上或背面朝上"为必然事件Ω.在例 1.2 中,"编号$\geqslant 10$"为不可能事件$\varnothing$,"编号$\geqslant 0$"为必然事件Ω.

2. 子事件(事件的包含关系)

如果事件A发生必然导致事件B发生,则称事件A是事件B的**子事件**,或称事件B**包含**事件A,记作$A \subseteq B$.如果$A \subseteq B$且$B \subseteq A$,即A与B同时发生或同时不发生,则称事件A与事件B **相等**,用$A=B$表示.

如果将事件用集合表示,则"A是B的子事件"即为"A是B的子集"(集合B包含集合A),因而可用图表示事件之间的包含关系,如图 1.1(a)所示.这样的图叫作**文氏图**.

在例 1.2 中,设$A=$"编号为 1 或 3",$B=$"编号为奇数",则A是B的子事件.事实上,$A=\{1\text{号},3\text{号}\}$,$B=\{1\text{号},3\text{号},5\text{号},7\text{号},9\text{号}\}$,所以$A \subseteq B$.

设A,B,C为任意三个事件,事件之间的包含关系有下列性质:

(1) $\varnothing \subseteq A \subseteq \Omega$;

(2) $A \subseteq A$(自反性);

(3) 若 $A \subseteq B$ 且 $B \subseteq C$, 则 $A \subseteq C$(传递性);

(4) 若 $A \subseteq B$ 且 $B \subseteq A$, 则 $A = B$(反对称性).

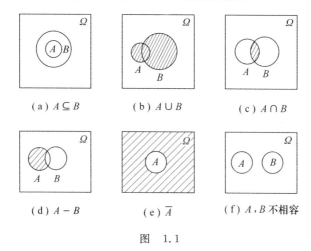

图 1.1

3. 和事件

设事件 C 表示"事件 A 与事件 B 中至少有一个发生",则称 C 为事件 A 与事件 B 的**和事件**,记作 $C = A \cup B$.

如果将事件用集合表示,则事件 A 与事件 B 的和事件 C 即为集合 A 与集合 B 的并,如图 1.1(b)所示.

在例 1.2 中,$A_1 =$ "编号为 1",$A_2 =$ "编号为 2",则
$$A_1 \cup A_2 = \text{"编号为 1 或 2"}.$$

两个事件的和事件可以推广到有限个或可数个事件的情形. 用 $A_1 \cup A_2 \cup \cdots \cup A_n$ 或 $\bigcup\limits_{i=1}^{n} A_i$ 表示事件"$A_1, A_2, \cdots, A_n$ 中至少有一个发生";用 $A_1 \cup A_2 \cup \cdots$ 或 $\bigcup\limits_{i=1}^{\infty} A_i$ 表示事件"$A_1, A_2, \cdots$ 中至少有一个发生".

4. 积事件

设事件 D 表示"事件 A 与事件 B 同时发生",则称 D 为事件 A 与事件 B 的**积事件**,记作 $D = A \cap B$ 或 $D = AB$.

如果将事件用集合表示,则事件 A 与事件 B 的积事件 D 即为

集合 A 与集合 B 的交,如图 1.1(c)所示.

在例 1.2 中,"编号为 1 或 2 或 3"与"编号为偶数"的积事件为"编号为 2".

也可以将两个事件的积事件推广到有限个或可数个事件的情形. 用 $A_1 \cap A_2 \cap \cdots \cap A_n$ 或 $\bigcap_{i=1}^{n} A_i$ 表示事件"$A_1, A_2, \cdots, A_n$ 同时发生";用 $A_1 \cap A_2 \cap \cdots$ 或 $\bigcap_{i=1}^{\infty} A_i$ 表示事件"$A_1, A_2, \cdots$ 同时发生".

5. 差事件

设事件 E 表示"事件 A 发生而事件 B 不发生",则称 E 为事件 A 与事件 B 的**差事件**,记作 $E = A - B$.

差事件 $A - B$ 可用图 1.1(d)所示的集合关系来形象表示.

由差事件的定义可知,对于任意的事件 A,有

$$A - A = \varnothing, \quad A - \varnothing = A, \quad A - \Omega = \varnothing.$$

6. 互不相容

如果两事件 A 与 B 不能同时发生,则称 A 与 B 是**互不相容**的,或称为**互斥**的.

显然,事件 A 与 B 互不相容当且仅当 A 与 B 的积事件是不可能事件,即 $A \cap B = \varnothing$.

若用集合表示事件,则"A 与 B 是互不相容的"即为"A 与 B 是不相交的",如图 1.1(f)所示.

在例 1.2 中,"编号为偶数"与"编号为奇数","编号为 1,2,3"与"编号大于 5"都是互不相容的,而"编号为 1,2,3"与"编号为偶数"不是互不相容的.

如果 n 个事件 $A_1, A_2, \cdots, A_n$ 中任意两个都是互不相容的,则称它们是**两两互不相容**的.

如果 n 个事件 $A_1, A_2, \cdots, A_n$ 不能同时发生,即 $A_1 A_2 \cdots A_n = \varnothing$,则称它们是**互不相容**的.

例如,基本事件 $\{\omega_1\}, \{\omega_2\}, \cdots, \{\omega_n\}$ 是两两互不相容的,也是互不相容的.

显然,如果 $A_1, A_2, \cdots, A_n$ 是两两互不相容的,则它们是互不相容的,但反之不真.例如,在例 1.2 中,三个事件"编号为 1 或 2""编号为 2 或 3""编号为 3 或 1"是互不相容的,但不是两两互不相容的.实际上,它们中任意两个都是相容的.

7. 逆事件(对立事件)

如果事件 A 发生时,事件 B 不发生,而事件 A 不发生时,事件 B 发生,则称 B 是 A 的**逆事件**或**对立事件**,记作 $\bar{A}$.

显然,$\bar{A} = \Omega - A$,如图 1.1(e)所示.

在例 1.2 中,$B =$"编号为奇数",$C =$"编号为偶数",则 $\bar{B} = C$,$\bar{C} = B$,即 B, C 互为逆事件.

若两事件 A, B 互为逆事件,则 A, B 必互不相容,但反之不真.

在例 1.2 中,$A_1 =$"编号为 1",$C =$"编号为偶数",A_1 与 C 互不相容,但 A_1 与 C 并不是互逆事件,因为 $A_1 \cap C = \varnothing$,但 $A_1 \cup C \neq \Omega$.

不难验证事件之间的运算满足如下规律:

(1) 交换律:
$$A \cup B = B \cup A, \quad A \cap B = B \cap A.$$

(2) 结合律:
$$A \cup (B \cup C) = (A \cup B) \cup C,$$
$$A \cap (B \cap C) = (A \cap B) \cap C.$$

(3) 分配律:
$$A \cap (B \cup C) = (A \cap B) \cup (A \cap C),$$
$$A \cup (B \cap C) = (A \cup B) \cap (A \cup C).$$

(4) 德·摩根律:
$$\overline{A \cup B} = \bar{A} \cap \bar{B}, \quad \overline{A \cap B} = \bar{A} \cup \bar{B}.$$

可推广到有限个和可数个事件的情形:
$$\overline{\bigcup_{i=1}^{n} A_i} = \bigcap_{i=1}^{n} \bar{A}_i, \quad \overline{\bigcap_{i=1}^{n} A_i} = \bigcup_{i=1}^{n} \bar{A}_i,$$
$$\overline{\bigcup_{i=1}^{\infty} A_i} = \bigcap_{i=1}^{\infty} \bar{A}_i, \quad \overline{\bigcap_{i=1}^{\infty} A_i} = \bigcup_{i=1}^{\infty} \bar{A}_i.$$

(5) $A - B = A \cap \bar{B}$.

(6) $\bar{\bar{A}} = A$.

集合运算也满足上述规律.运算规律(1),(2),(3)和(6)都比较明显,下面利用文氏图说明运算规律(4)和(5).

关于(4),见图 1.2. 图 1.2(a)中带斜线的阴影部分是 $\overline{A\cup B}$. 图 1.2(c)中带横线的阴影部分是 $\overline{A}$,带竖线的阴影部分是 $\overline{B}$,既带横线又带竖线的阴影部分是 $\overline{A}\cap\overline{B}$,它与图 1.2(a)中带斜线的阴影部分相同. 这说明 $\overline{A\cup B}=\overline{A}\cap\overline{B}$. 图 1.2(b)中带斜线的阴影部分是 $A\cap B$,空白部分是 $\overline{A\cap B}$,它与图 1.2(c)中带横线或带竖线或既带横线又带竖线的阴影部分相同,这部分是 $\overline{A}\cup\overline{B}$. 可见,$\overline{A\cap B}=\overline{A}\cup\overline{B}$.

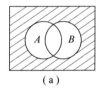 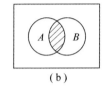

(a)　　　　　　(b)　　　　　　(c)

图　1.2

关于(5),见图 1.3. 图 1.3(a)中带斜线的阴影部分是 $A-B$. 图 1.3(b)中带横线的阴影部分是 A,带竖线的阴影部分是 $\overline{B}$,既带横线又带竖线的阴影部分是 $A\cap\overline{B}$,它与图 1.3(a)中带斜线的阴影部分相同. 这说明 $A-B=A\cap\overline{B}$.

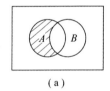 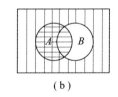

(a)　　　　　　(b)

图　1.3

§2　随机事件的概率

让我们回到例 1.1 抛掷硬币的试验,事件"正面朝上"是否发生是不能预先确定的,然而重复试验多次,事件"正面朝上"发生的次数,也即频数却有一定的规律性,约占总数的一半.历史上,有人做过成千上万次抛掷硬币的试验,寻找事件"正面朝上"发生的规律.

表 1.1 列出了 4 次试验结果. 我们发现, 频率都在 0.5 的附近.

表 1.1

试验者	抛掷次数 n	出现"正面朝上"的次数(即频数)μ	频率 $\dfrac{\mu}{n}$
德·摩根	2048	1061	0.5180
蒲丰	4040	2048	0.5069
皮尔逊	12000	6019	0.5016
皮尔逊	24000	12012	0.5005

生男生女也是不可预测的,有很大的偶然性.著名的数学家拉普拉斯对男婴和女婴的出生规律做了详细的研究.他研究了伦敦、彼得堡、柏林、全法兰西在 10 年间婴儿出生的统计资料,惊人地发现男婴总出生数和婴儿总出生数的比值总摆动于同一数值的左右,这个数大约等于 22/43.

上述试验表明,在重复随机试验中,随机事件发生的频率具有一定的稳定性.这种现象称作随机现象的统计规律性.为了刻画这种稳定性,用一个 0~1 之间的实数表示随机事件发生的可能性,称作随机事件的概率.

根据前面叙述的试验结果,在抛掷硬币的试验中,事件"正面朝上"发生的概率等于 1/2;而"生男婴"发生的概率等于 22/43.

一般地,随机事件的概率定义如下:

定义 1.1 设 Ω 为样本空间. 如果对每一个随机事件 $A \subseteq \Omega$ 给定一个实数 $P(A)$,满足下述条件:

(1) $0 \leqslant P(A) \leqslant 1$;

(2) $P(\Omega) = 1$;

(3) 当 $A_1, A_2, \cdots$ 两两互不相容时,有

$$P\left(\bigcup_i A_i\right) = \sum_i P(A_i),$$

则称 $P(A)$ 是事件 A 的**概率**,其中 $A_1, A_2, \cdots$ 可以是有限个,也可以是可数个,$\bigcup\limits_i A_i$ 表示所有 A_i 的和事件,$\sum\limits_i P(A_i)$ 表示所有 $P(A_i)$ 的和.

定义 1.1 中的三条要求是很自然的.作为随机事件 A 发生的可

能性大小的度量,可以规定 $0 \leqslant P(A) \leqslant 1$. 必然事件的概率应该最大,故 $P(\Omega)=1$. 不可能事件的概率应该最小,故 $P(\emptyset)=0$. 但这一条可以由定义 1.1 中的三条要求推出(见本节的第三小节),不必列出. $A \cup B$ 发生等于 A 发生或者 B 发生. 当 A 与 B 互不相容时,A 与 B 又不能同时发生,自然应该是 $A \cup B$ 发生可能性的大小等于 A 发生可能性的大小与 B 发生可能性的大小之和,即
$$P(A \cup B) = P(A) + P(B).$$

当随机试验中每个样本点出现的可能性相等时,有可能直接计算出事件的概率. 下面给出两种常用的概率模型.

一、古典概型

定义 1.2 如果随机试验满足下述两条:

(1) 只有有限种可能的试验结果,即样本空间是有限的;

(2) 出现每一种试验结果的可能性相等,即每一个基本事件发生的可能性相等,

则称该随机试验为**古典概型**. 这时随机事件 A 的概率定义为

$$P(A) = \frac{|A|}{|\Omega|}, \tag{1.1}$$

其中 $|\Omega|$ 和 $|A|$ 分别表示 Ω 和 A 中所含样本点的个数.

公式(1.1)在直觉上是显然的. 必然事件的概率应该为 1,有 n 种可能的试验结果,得到每个试验结果的可能性是相等的,因而得到每种试验结果的可能性为 $1/n$. 设 $|A|=m$,那么 A 发生有 m 个可能,其可能性自然应该等于 m/n.

设 $\Omega=\{\omega_1, \omega_2, \cdots, \omega_n\}$,则 $\Omega = \bigcup_{i=1}^{n} \{\omega_i\}$. 由于每个 $\{\omega_i\}$ 发生的可能性相等,自然所有的 $P(\{\omega_i\})$ 相等,记作 p. 根据定义 1.1 中的 (2),有 $P(\Omega)=1$. 而 $\{\omega_1\}, \{\omega_2\}, \cdots, \{\omega_n\}$ 是两两互不相容的,根据定义 1.1 中的(3),有

$$1 = P(\Omega) = \sum_{i=1}^{n} P(\{\omega_i\}) = np,$$

解得 $p=1/n$,即 $P(\{\omega_i\})=1/n(i=1,2,\cdots,n)$. 设 $A=\{\omega_{i_1}, \omega_{i_2}, \cdots, \omega_{i_m}\}$,

则 $A = \bigcup_{j=1}^{m} \{\omega_{i_j}\}$. 于是

$$P(A) = \sum_{j=1}^{m} P(\{\omega_{i_j}\}) = \frac{m}{n}.$$

例如,例 1.1,例 1.2,例 1.3 中的随机试验都是古典概型. 在例 1.1 抛掷硬币试验中,样本空间 $\Omega = \{\omega_0, \omega_1\}$ 含有两个样本点 ω_0(正面朝上)和 ω_1(背面朝上),且 ω_0 与 ω_1 发生的可能性相等的,因而可以规定 $P(\{\omega_0\}) = P(\{\omega_1\}) = 1/2$.

在例 1.2 中,样本空间 $\Omega = \{0\text{ 号}, 1\text{ 号}, 2\text{ 号}, \cdots, 9\text{ 号}\}$,$\Omega$ 含有 10 个样本点,且基本事件发生的可能性都相等,因而

$P(\{0\text{ 号}\}) = P(\{1\text{ 号}\}) = \cdots = P(\{9\text{ 号}\}) = 1/10,$

$P(\text{编号} \leqslant 2) = 3/10, \quad P(\text{编号为偶数}) = 5/10 = 1/2.$

在例 1.3 中,有

$P(\{1,1\}) = P(\{1,2\}) = \cdots = P(\{6,6\}) = 1/36,$

$P(\text{两颗骰子出现的点数之和为 }10) = 3/36 = 1/12.$

计算古典概型中事件 A 的概率,就是要计算 $|\Omega|$ 和 $|A|$. 通常这要用到排列组合的知识以及计数方法. 下面举几个例子.

例 1.5 袋中有 10 个小球,4 个红的,6 个白的. 今按下述两种取法连续从袋中取 3 个球:

(1) 每次抽取一个,看后放回袋中,再抽取下一个. 这种取法称为**放回抽样**.

(2) 每次抽取一个,不放回袋中,接着抽取下一个. 这种取法称为**不放回抽样**.

分别求下列事件的概率:

$A = $ "3 个球都是白的", $B = $ "2 个红的,1 个白的".

解 (1) 放回抽样.

由于每次抽出的小球看过颜色后都放回袋中,因此每次都是从 10 个小球中抽取. 由乘法原则,从 10 个小球中取 3 个的所有可能的取法共有 $10^3 = 1000$ 种,即样本空间 Ω 中的元素个数 $n = 10^3$.

若 A 发生,即 3 次取的小球都是白球,则 $|A| = 6^3$,所以

$$P(A) = \frac{|A|}{n} = \frac{6^3}{10^3} = \left(\frac{6}{10}\right)^3 = 0.216.$$

若 B 发生,即 3 次取的小球中有 2 次取的是红球,1 次取的是白球,考虑到红球出现的次序,$|B|=\mathrm{C}_3^2\times 4^2\times 6$,所以

$$P(B)=\frac{|B|}{n}=\frac{\mathrm{C}_3^2\times 4^2\times 6}{10^3}=0.288.$$

(2) 不放回抽样.

第一次从 10 个小球中抽取 1 个,由于不再放回,因此第二次从 9 个球中抽取 1 个,第三次从 8 个球中抽取 1 个,从而样本空间 Ω 中的元素个数 $n=\mathrm{A}_{10}^3=10\times 9\times 8$. 类似讨论可知

$$|A|=\mathrm{A}_6^3=6\times 5\times 4,\quad |B|=\mathrm{C}_3^2\times 4\times 3\times 6,$$

因而

$$P(A)=\frac{|A|}{n}=\frac{6\times 5\times 4}{10\times 9\times 8}=\frac{1}{6}\approx 0.167,$$

$$P(B)=\frac{|B|}{n}=\frac{\mathrm{C}_3^2\times 4\times 3\times 6}{10\times 9\times 8}=0.3.$$

例 1.6 盒中有 n 个球,n_1 个带编号 1,n_2 个带编号 2,$\cdots$,n_k 个带编号 k,$n_1+n_2+\cdots+n_k=n$. 从盒中任取 $m(m<n)$ 个球,求 m 个球中恰有 m_1 个编号为 1,m_2 个编号为 2,$\cdots\cdots$,m_k 个编号为 k 的球的概率,其中 $m=m_1+m_2+\cdots+m_k$,$m_i\leqslant n_i$,$i=1,2,\cdots,k$.

解 从 n 个中任取 m 个的方法数为 C_n^m,因而样本空间 Ω 中的元素个数 $N=\mathrm{C}_n^m$. 从 n_i 个球中取出 m_i 个球的方法数为 $\mathrm{C}_{n_i}^{m_i}(i=1,2,\cdots,k)$. 设事件

$A=$ "取出的 m 个球中,恰有 m_i 个编号为 $i(i=1,2,\cdots,k)$",

则 $|A|=\mathrm{C}_{n_1}^{m_1}\mathrm{C}_{n_2}^{m_2}\cdots\mathrm{C}_{n_k}^{m_k}$,所以

$$P(A)=\frac{|A|}{N}=\frac{\mathrm{C}_{n_1}^{m_1}\mathrm{C}_{n_2}^{m_2}\cdots\mathrm{C}_{n_k}^{m_k}}{\mathrm{C}_n^m}.$$

例 1.7 有 15 名学生,其中 12 名男生,3 名女生,随机地分成 3 组,每组 5 人. 求下述事件的概率:

$A=$ "每组恰好有 1 名女生", $B=$ "3 名女生被分在一组".

解 方法一 给组编号. 从 15 名学生中任选 5 人为第一组,有 C_{15}^5 种可能;再从剩下的 10 名中任选 5 人为第二组,有 C_{10}^5 种可能;最后剩下的 5 人为第三组,即 5 人中取 5 人,有 C_5^5 种可能. 总共的可能

数是
$$n = C_{15}^5 C_{10}^5 C_5^5.$$

下面计算$|A|$. 第一组的 4 名男生是从 12 名男生中任选出来的,有 C_{12}^4 种可能;第二组中的 4 名男生是从剩下的 8 名男生中任选出来的,有 C_8^4 种可能;最后剩下的 4 名男生被分在第三组,有 C_4^4 种可能. 再考虑到 3 名女生每组一名,有 3! 种可能. 故
$$|A| = 3! C_{12}^4 C_8^4 C_4^4,$$

得
$$P(A) = \frac{3! C_{12}^4 C_8^4 C_4^4}{C_{15}^5 C_{10}^5 C_5^5} = \frac{25}{91}.$$

计算$|B|$. 3 名女生被分在一组,有 3 种可能. 当 3 名女生被分在第一组时,先从 12 名男生中任选 2 人分到第一组,然后从剩下的 10 名男生中任选 5 人为第二组,最后剩下的 5 人为第三组,共有 $C_{12}^2 C_{10}^5 C_5^5$ 种可能. 当 3 名女生被分在第二组和第三组时,与此类似. 故
$$|B| = 3 C_{12}^2 C_{10}^5 C_5^5,$$

得
$$P(B) = \frac{3 C_{12}^2 C_{10}^5 C_5^5}{C_{15}^5 C_{10}^5 C_5^5} = \frac{6}{91}.$$

方法二 仍给组编号,设想如下分组:15 名学生任意地排成一队,前 5 人为第一组,接下来的 5 人为第二组,最后 5 人为第三组. 总的可能数是 $n = 15!$.

计算$|A|$. 前 5 人、中间 5 人和后 5 人中都是 1 名女生和 4 名男生. 12 名男生有 12! 种排法. 3 名女生的前后顺序有 3! 种可能. 第一组中的女生在队中有 5 种可能的位置:最前面,第 1,2 名男生之间,第 2,3 名男生之间,第 3,4 名男生之间,第 4,5 名男生之间. 另两组中的女生在队中的位置也各有 5 种可能. 故
$$|A| = 3! \times 12! \times 5^3,$$

得
$$P(A) = \frac{3! \times 12! \times 5^3}{15!} = \frac{25}{91}.$$

计算$|B|$. 女生在一组,有 3 种可能. 她们所在的组有 2 名男生,有 C_{12}^2 种可能. 这 5 人有 5! 种排法,剩余的 10 名男生有 10! 种排法. 故

$$|B| = 3\mathrm{C}_{12}^2 \times 5! \times 10!,$$

得
$$P(B) = \frac{3\mathrm{C}_{12}^2 \times 5! \times 10!}{15!} = \frac{6}{91}.$$

方法三 类似方法二中的做法,但不计组内的排列顺序.也就是说,只要分在 3 组的学生相同,就认为是同一种分法.于是

$$n = \frac{15!}{5! \times 5! \times 5!}, \quad |A| = \frac{12!}{4! \times 4! \times 4!} \times 3!, \quad |B| = \frac{12!}{2! \times 5! \times 5!} \times 3,$$

得
$$P(A) = \frac{12! \times 3!}{4! \times 4! \times 4!} \Big/ \frac{15!}{5! \times 5! \times 5!} = \frac{25}{91},$$

$$P(B) = \frac{12! \times 3}{2! \times 5! \times 5!} \Big/ \frac{15!}{5! \times 5! \times 5!} = \frac{6}{91}.$$

构造古典概型时,选择什么样的试验结果(即样本点)是人为的,有一定的灵活性,关键是必须保证每个试验结果的等可能性.例如,在例 1.7 中,把 15 名学生记作 $a_1, a_2, \cdots, a_{15}$.用 $(a_1, a_2, a_3, a_4, a_5)$ 表示 a_1, a_2, a_3, a_4, a_5 是一组,且不考虑他们的顺序.用 $(a_1 a_2 a_3 a_4 a_5)$ 表示 a_1, a_2, a_3, a_4, a_5 是一组,但要考虑他们的顺序.在方法一中,组有序,而组内的学生不考虑顺序,每个样本点可表示成

$$(a_{i_1}, a_{i_2}, \cdots, a_{i_5})(a_{i_6}, a_{i_7}, \cdots, a_{i_{10}})(a_{i_{11}}, a_{i_{12}}, \cdots, a_{i_{15}}),$$

其中 $i_1, i_2, \cdots, i_{15}$ 是 1~15 的一个排列.在方法二中,组有序,组内的学生也有序,每个样本点可表示成

$$(a_{i_1} a_{i_2} \cdots a_{i_5})(a_{i_6} a_{i_7} \cdots a_{i_{10}})(a_{i_{11}} a_{i_{12}} \cdots a_{i_{15}}).$$

对 $i_1, \cdots, i_5$ 的不同排列,$i_6, \cdots, i_{10}$ 的不同排列和 $i_{11}, \cdots, i_{15}$ 的不同排列,在方法一中没有区别,是同一个样本点,但在方法二中是不同的样本点.方法一中的一个样本点包含方法二中的 5^3 个样本点.方法三中的样本空间与方法一中的相同.在计数时,它把方法二中的 5^3 个样本点合成一个样本点.可见,在构造古典概型时可以取不同的结构作为样本点,关键是保证样本点的等可能性.另一个必须注意的是,在设计好样本点之后,在整个计算中(不管是计算样本空间中样本点的个数,还是计算事件中样本点的个数)都要使用这样的样本点,而不能再把别的东西也看作样本点了.在实际计算时通常没有明确地写出样本点,但实际上在心中都有自己的样本点.对于简单的问

题,这当然是可以的.而对于比较复杂的问题,最好是先把样本点搞清楚,以免出错.

例 1.8(麦克斯威尔-波尔茨曼质点运动问题) 有 m 个质点,每个质点等可能地落入 $N(N \geqslant m)$ 个格子中的每个格子里(每个格子可容纳的质点数不限).试求 $P(A), P(B)$,其中

(1) $A=$ "m 个质点落入同一个格子里";

(2) $B=$ "m 个质点落入不同的 m 个格子里".

解 本例中,我们将质点和格子都看成有个性的,将"质点 1 落入格子 a,质点 2 落入格子 b"与"质点 1 落入格子 b,质点 2 落入格子 a"看成两个不同的事件,因而样本空间 Ω 中的元素个数
$$n=N^m.$$

(1) m 个质点落入同一个格子中的可能性为 N,即 $|A|=N$,因而
$$P(A)=\frac{|A|}{n}=\frac{N}{N^m}=\frac{1}{N^{m-1}}.$$

(2) 从 N 个格子中取出 m 个格子的总取法数为 C_N^m,而 m 个质点落入选出的 m 个格子(每格一个质点)里共有 $m!$ 种方法,因而
$$|B|=m! \cdot C_N^m,$$
所以
$$P(B)=\frac{m! \cdot C_N^m}{N^m}=\frac{N!}{N^m(N-m)!}.$$

根据上例结果,我们将空气中的每个分子看成一个质点,将空间分成 N 个格子,$N \gg m$,m 为分子数,此时有
$$P(A)=1/N^{m-1}\approx 0,$$
即所有的空气分子在一块儿实际上是不可能的.而
$$P(B)=\frac{N!}{N^m(N-m)!}=\frac{N(N-1)\cdots(N-m+1)}{N^m}$$
$$=\left(1-\frac{1}{N}\right)\left(1-\frac{2}{N}\right)\cdots\left(1-\frac{m-1}{N}\right)\approx 1.$$

这说明空气中的分子总是分散地分布在整个空间.

二、几何概型

古典概型只限于有限个基本事件的情形,当试验结果有无穷多个可能时,古典概型不再适用.在例 1.4 的旋转圆盘试验中,设 $A=$

"指针所指的刻度在 30～90 度内",我们就不能用古典概型来计算 A 的概率. 但我们可以从另一个角度来考虑 A 的概率. 因为圆盘是均匀的,刻度是等距离的,因而可认为指针停止在每一个刻度都是等可能的,整个圆盘有 360 度,而 30～90 度共有 60 度,可见指针所指的刻度在 30～90 度内的概率应为 1/6.

一般情况下给出下面的定义:

定义 1.3 设基本空间 Ω 是一个有界的几何体,一质点等可能地落在 Ω 的任何一点上,称这样的随机试验为**几何概型**. 设 $D\subseteq\Omega$,事件 $A=$"质点落在 D 内"的概率定义为

$$P(A)=\frac{|D|}{|\Omega|}, \tag{1.2}$$

这里 Ω 可以是线段、有界的平面区域或曲面区域、有界的立体等,$|\Omega|$ 和 $|D|$ 分别表示 Ω 和 D 的几何度量大小,如线段的长度、区域的面积、立体的体积等.

例如,在例 1.4 转盘试验中,$\Omega=\{x\mid 0\leqslant x<360\}$ 可以看作长度为 360 的线段. 设

$$A_1=\{x\mid 90\leqslant x\leqslant 210\}, \quad A_2=\{x\mid 90\leqslant x<210\},$$
$$A_3=\{x\mid x=180\}, \quad A_4=\{x\mid 0<x<360\},$$

则有

$$P(A_1)=1/3, \quad P(A_2)=1/3,$$
$$P(A_3)=0, \quad P(A_4)=1.$$

从以上几个事件的概率,我们不难看出下面的事实:

(1) 事件 A 是事件 B 的子事件且两者不相等,但可能有 $P(A)=P(B)$. 例如,A_2 是 A_1 的子事件且两者不相等,但有

$$P(A_1)=P(A_2)=1/3.$$

(2) 不可能事件的概率为 0,但反之不真,即概率为 0 的事件(称作**零概率事件**)不一定是不可能事件. 例如,$P(A_3)=0$,但 $A_3\neq\varnothing$.

(3) 必然事件的概率为 1,但概率为 1 的事件不一定是必然事件. 例如,$P(A_4)=1$,但 A_4 不是必然事件.

这些性质都与样本空间是无限的有关,在古典概型中不会出现上述现象.

例 1.9 甲、乙两人约定上午 7 点至 8 点在某地相会,先到者可等 20 min,过后就可离去.试求这两人能会面的概率.

解 设甲、乙两人的到达时间分别为 x 和 y(x 和 y 以小时为单位,且以 7 点为起点,即把 7 点记作 0,把 8 点记作 1),$0 \leqslant x \leqslant 1$,$0 \leqslant y \leqslant 1$.甲、乙两人能会面的充分必要条件是 $|x-y| \leqslant \dfrac{1}{3}$.

样本点:(x,y),$0 \leqslant x \leqslant 1$,$0 \leqslant y \leqslant 1$;

样本空间:$\Omega = \{(x,y) \mid 0 \leqslant x \leqslant 1, 0 \leqslant y \leqslant 1\}$.

设事件 $A = \left\{(x,y) \,\middle|\, (x,y) \in \Omega \text{ 且 } |x-y| \leqslant \dfrac{1}{3}\right\}$. Ω 是边长为 1 的正方形,它的面积为 1;A 是夹在 $y = x + \dfrac{1}{3}$ 和 $y = x - \dfrac{1}{3}$ 之间的部分,其面积为 $1 - \left(\dfrac{2}{3}\right)^2 = \dfrac{5}{9}$(见图 1.4).

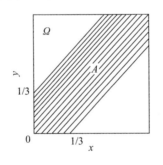

图 1.4

由公式(1.2)可知,所求概率为

$$P(A) = \frac{5/9}{1} = \frac{5}{9}.$$

例 1.10 在线段 $[0,a]$ 上任意投三个点,试求从 0 到三个点所得三线段构成三角形的概率.

解 设所投三点距原点的距离分别为 x, y, z,$0 \leqslant x \leqslant a$,$0 \leqslant y \leqslant a$,$0 \leqslant z \leqslant a$(见图 1.5(a)).所得三线段构成三角形的充分必要条件为

$$x + y > z, \quad x + z > y, \quad y + z > x.$$

样本点:(x, y, z),$0 \leqslant x \leqslant a$,$0 \leqslant y \leqslant a$,$0 \leqslant z \leqslant a$;

样本空间：$\Omega=\{(x,y,z)\mid 0\leqslant x\leqslant a, 0\leqslant y\leqslant a, 0\leqslant z\leqslant a\}$.

设事件 $A=\{(x,y,z)\mid(x,y,z)\in\Omega$ 且 $x+y>z, x+x>y, y+z>x\}$. 如图 1.5(b)所示，Ω 是边长为 a 的正方体. $x+y=z$ 是平面 OBC，$x+y>z$ 是平面 OBC 下方的区域. 同理，$x+z>y$ 是平面 OAB 左上方的区域，$y+z>x$ 是平面 OAC 右上方的区域，从而事件 A 是六面体 $OABCD$（不包括 OAB, OAC 和 OBC 三面）.

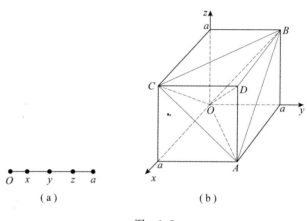

图 1.5

显然 Ω 的体积为 a^3，而 A 的体积为

$$a^3 - 3\times\frac{1}{3}\times\frac{1}{2}a^3 = \frac{a^3}{2},$$

因而

$$P(A)=\frac{a^3/2}{a^3}=\frac{1}{2}.$$

例 1.11（蒲丰随机投针试验） 平面上画有一组距离为 $2a$ 的平行线，将一根长为 $2l(l<a)$ 的针随机地投在平面上，求针与平行线相交的概率.

解 由于 $l<a$，针不可能同时与两条平行线相交. 又由对称性，只需考虑针的中点落在离它最近的直线的上方时是否与这条最近的直线相交.

记 $A=$"针与平行线相交"，又设针的中点与离它最近的直线的

距离为 x，针与这条直线的夹角为 θ，如图 1.6(a)所示，于是
$$\Omega = \{(x,\theta) \mid 0 \leqslant x \leqslant a, 0 \leqslant \theta < \pi\}.$$
由图 1.6(a)可以看出针与直线相交的条件是 $x \leqslant l\sin\theta$，故
$$A = \{(x,\theta) \mid 0 \leqslant x \leqslant l\sin\theta, 0 \leqslant \theta < \pi\}.$$
Ω 与 A 见图 1.6(b)，它们的面积如下：
$$|\Omega| = a\pi, \quad |A| = \int_0^\pi l\sin\theta\, d\theta = 2l,$$
从而得到
$$P(A) = \frac{2l}{a\pi}.$$

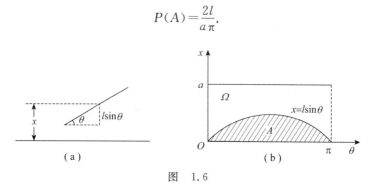

图 1.6

由上述结果解得
$$\pi = \frac{2l}{aP(A)}.$$

假设投针 n 次，有 m 次相交，那么 $P(A) \approx \dfrac{m}{n}$. 代入上式，得到 π 的近似值：
$$\pi \approx \frac{2nl}{am}.$$

历史上有多位统计学家通过做蒲丰随机投针试验得到 π 的近似值. 例如，沃尔夫(1850)投针 5000 次，得相交 2532 次，进而得 π 的近似值 3.1596.

上述利用随机试验解决计算问题的方法称作**蒙特卡罗方法**或**随机模拟方法**. 它的基本思想是：首先建立一个随机模型，给出它的参数与问题的解的关系；然后通过随机试验得到参数的估计值；最后计算出问题的解. 上面的例子表明，用蒙特卡罗方法得到的近似值通常

精度不高,其优点是计算非常简单.当然,如果要进行大量的重复试验,有时成本是非常高的.现在可以用计算机产生伪随机数进行随机模拟,这是非常方便快捷的.蒙特卡罗方法可以解决普通计算方法很难解决的一些数值计算问题(如高维积分、解偏微分方程等)和随机模型的计算问题,应用于数学、物理学、工程技术、管理等众多领域.

下例既不是古典概型也不是几何概型.

例 1.12 设网站在固定长度的时间间隔(如 10 min)内被访问 k 次的概率为 $\dfrac{\lambda^k}{k!}e^{-\lambda}$ $(k=0,1,2,\cdots)$,其中 $\lambda>0$ 为常数.取样本空间 $\Omega=\{0,1,2,\cdots\}$,对任意的 $A\subseteq\Omega$,定义

$$P(A) = \sum_{k\in A} \frac{\lambda^k}{k!}e^{-\lambda}.$$

它显然满足定义 1.1 中的(1)和(3).下面验证它满足(2):

$$P(\Omega) = \sum_{k\in\Omega} \frac{\lambda^k}{k!}e^{-\lambda} = e^{-\lambda}\sum_{k=0}^{\infty} \frac{\lambda^k}{k!} = e^{-\lambda}\cdot e^{\lambda} = 1.$$

三、概率的性质

根据定义 1.1,概率具有下述三条性质:
(1) 对于任一事件 A,$0\leqslant P(A)\leqslant 1$;
(2) $P(\Omega)=1$;
(3) 设事件 $A_1,A_2,\cdots$ 两两互不相容,则

$$P\left(\bigcup_i A_i\right) = \sum_i P(A_i).$$

根据这三条性质,可以证明下述性质:
(4) $P(\varnothing)=0$;
(5) $P(\overline{A})=1-P(A)$;
(6) 如果 $A\subseteq B$,则 $P(B-A)=P(B)-P(A)$;
(7) 如果 $A\subseteq B$,则 $P(A)\leqslant P(B)$;
(8) (**加法公式**) 对于任意两个事件 A,B,有

$$P(A\cup B)=P(A)+P(B)-P(AB).$$

证 (4) 因为 $\varnothing=\varnothing\cup\varnothing$,且 $\varnothing\cap\varnothing=\varnothing$,由性质(3)得到

$$P(\varnothing)=P(\varnothing)+P(\varnothing),$$

故
$$P(\varnothing)=0.$$

(5) 因为 $A\cup\bar{A}=\Omega$,且 $A\cap\bar{A}=\varnothing$,由性质(3)和(2)得到
$$P(A)+P(\bar{A})=1,$$
故
$$P(\bar{A})=1-P(A).$$

(6) 因为 $A\subseteq B$,所以 $B=A\cup(B-A)$.又 $A\cap(B-A)=\varnothing$,由性质(3)得
$$P(B)=P(A)+P(B-A),$$
故
$$P(B-A)=P(B)-P(A).$$

(7) 在(6)中,根据性质(1),有 $P(B-A)\geqslant 0$,所以
$$P(A)\leqslant P(B).$$

(8) 因为 $A\cup B=A\cup(B-A)$,且 $A\cap(B-A)=\varnothing$,故
$$P(A\cup B)=P(A)+P(B-A).$$
又 $B-A=B-AB$,且 $AB\subseteq B$,由性质(6)有
$$P(B-A)=P(B)-P(AB).$$
代入上式,得
$$P(A\cup B)=P(A)+P(B)-P(AB).$$

性质(8)可以推广到 n 个事件的情形:设 $A_1,A_2,\cdots,A_n$ 是 n 个事件,则
$$P\Big(\bigcup_{i=1}^{n}A_i\Big)=\sum_{i=1}^{n}P(A_i)-\sum_{i<j}P(A_iA_j)+\sum_{i<j<k}P(A_iA_jA_k)$$
$$-\cdots+(-1)^{n-1}P(A_1A_2\cdots A_n). \qquad (1.3)$$

此公式叫作**若当公式**,可用数学归纳法证明.

当 $n=3$ 时,有
$$P(A_1\cup A_2\cup A_3)=P(A_1)+P(A_2)+P(A_3)-P(A_1A_2)$$
$$-P(A_1A_3)-P(A_2A_3)+P(A_1A_2A_3).$$

例 1.13 有 100 件产品,其中 10 件是次品.任取 10 件,问:至少有 1 件是次品的概率为多少?

解 方法一 设 $A_i=$"有 i 件是次品", $i=0,1,2,\cdots,10$. 显然

$$A_i A_j = \varnothing, \quad i \neq j.$$

设 $A=$ "至少有 1 件是次品",则
$$A = A_1 \cup A_2 \cup \cdots \cup A_{10}.$$
而
$$P(A_1) = C_{10}^1 C_{90}^9 / C_{100}^{10},$$
$$P(A_2) = C_{10}^2 C_{90}^8 / C_{100}^{10},$$
$$\cdots\cdots$$
$$P(A_{10}) = C_{10}^{10} C_{90}^0 / C_{100}^{10},$$

所以
$$P(A) = (C_{10}^1 C_{90}^9 + C_{10}^2 C_{90}^8 + \cdots + C_{10}^{10} C_{90}^0)/C_{100}^{10}$$
$$= 0.6695.$$

方法二 事件 A 的逆事件为 $A_0=$"有 0 件是次品",于是
$$P(A) = 1 - P(\overline{A}) = 1 - P(A_0)$$
$$= 1 - C_{10}^0 C_{90}^{10}/C_{100}^{10} = 0.6695.$$

显然,方法二比方法一好,计算量小多了。

例 1.14 从 1~2000 中随机地取一个整数,求它能被 6 或 8 整除的概率。

解 设 $A=$"被 6 整除",$B=$"被 8 整除",则 $AB=$"既被 6 整除又被 8 整除"。而既被 6 整除又被 8 整除相当于被 6 和 8 的最小公倍数 24 整除。由加法公式知,所求概率为
$$P(A \cup B) = P(A) + P(B) - P(AB)$$
$$= \frac{\lfloor 2000/6 \rfloor}{2000} + \frac{\lfloor 2000/8 \rfloor}{2000} + \frac{\lfloor 2000/24 \rfloor}{2000}$$
$$= \frac{333 + 250 + 83}{2000} = \frac{1}{4},$$

其中 $\lfloor x \rfloor$ 表示不超过 x 的最大整数,如
$$\lfloor 2.5 \rfloor = 2, \quad \lfloor 2 \rfloor = 2, \quad \lfloor -2.5 \rfloor = -3.$$

例 1.15 某人给 n 个朋友写信,写好所有的信和信封后随机地把信装入信封邮出。求这 n 个朋友没有一个人收到自己的信的概率。

解 设
$$A_i = \text{"朋友 } i \text{ 的信装对了"}, \quad i = 1, 2, \cdots, n,$$
$$B = \text{"}n \text{ 封信都装错了"},$$

于是所求概率为

$$P(B) = 1 - P(\bar{B}) = 1 - P(A_1 \bigcup A_2 \bigcup \cdots \bigcup A_n)$$
$$= 1 - \Big\{ \sum_i P(A_i) - \sum_{i_1 < i_2} P(A_{i_1} A_{i_2}) + \sum_{i_1 < i_2 < i_3} P(A_{i_1} A_{i_2} A_{i_3})$$
$$- \cdots + (-1)^{n-1} P(A_1 A_2 \cdots A_n) \Big\}. \quad (若当公式)$$

不难求得

$$P(A_i) = \frac{(n-1)!}{n!} = \frac{1}{n}, \quad i = 1, 2, \cdots, n,$$

$$\sum_i P(A_i) = n \frac{1}{n} = 1,$$

$$P(A_{i_1} A_{i_2}) = \frac{(n-2)!}{n!} = \frac{1}{n(n-1)}, \quad i_1 < i_2,$$

$$P(A_{i_1} A_{i_2} A_{i_3}) = \frac{(n-3)!}{n!} = \frac{1}{n(n-1)(n-2)}, \quad i_1 < i_2 < i_3.$$

在 $1 \sim n$ 中任取 2 个数 $i_1 < i_2$，有 C_n^2 种可能，故

$$\sum_{i_1 < i_2} P(A_{i_1} A_{i_2}) = C_n^2 \frac{1}{n(n-1)} = \frac{1}{2!};$$

在 $1 \sim n$ 中任取 3 个数 $i_1 < i_2 < i_3$，有 C_n^3 种可能，故

$$\sum_{i_1 < i_2} P(A_{i_1} A_{i_2} A_{i_3}) = C_n^3 \frac{1}{n(n-1)(n-2)} = \frac{1}{3!}.$$

依此类推，于是

$$P(B) = 1 - \Big[1 - \frac{1}{2!} + \frac{1}{3!} - \cdots + (-1)^{n-1} \frac{1}{n!} \Big]$$
$$= \frac{1}{2!} - \frac{1}{3!} + \cdots + (-1)^n \frac{1}{n!}.$$

注意到

$$e^{-1} = 1 - \frac{1}{1!} + \frac{1}{2!} - \frac{1}{3!} + \cdots$$
$$= \frac{1}{2!} - \frac{1}{3!} + \frac{1}{4!} - \cdots,$$

当 n 比较大时，

$$P(B) \approx e^{-1} \approx 0.3679.$$

§3 条件概率

一、条件概率

先考虑下述问题：某班有 30 名学生，其中 20 名男生，10 名女生．身高 1.70 m 以上的有 15 名，其中 12 名男生，3 名女生．

(1) 任选一名学生，问：该学生的身高在 1.70 m 以上的概率是多少？

(2) 任选一名学生，选出来后发现是个男生，问：该学生的身高在 1.70 m 以上的概率是多少？

答案是很容易给出的：

(1) 的答案是 $\frac{15}{30}=0.5$，(2) 的答案是 $\frac{12}{20}=0.6$．

但是，这两个问题的提法是有区别的，第二个问题是一种新的提法．"是男生"本身也是一个随机事件，记作 A．把"身高 1.70 m 以上"记作 B．于是可以把问题叙述成：在事件 A 发生（即是男生）的条件下，事件 B（身高 1.70 m 以上）发生的概率是多少？我们把这种概率叫作在事件 A 发生的条件下事件 B 的条件概率，记作 $P(B|A)$．它既不同于 $P(B)$，也不同于 $P(AB)$．

注意到 $P(A)=\frac{20}{30}$，$P(AB)=\frac{12}{30}$，从而有

$$P(B|A)=\frac{12}{20}=\frac{12/30}{20/30}=\frac{P(AB)}{P(A)}.$$

这个式子的直观含义是明显的：在 A 发生的条件下 B 发生当然是 A 发生且 B 发生，即 AB 发生．但是，现在 A 发生成了前提条件，应该以 A 作为整个样本空间，而排除 A 以外的样本点，因此 $P(B|A)$ 是 $P(AB)$ 与 $P(A)$ 之比．

对于古典概型，设样本空间 Ω 含有 n 个样本点（n 种可能的试验结果），事件 A 含 $m(m>0)$ 个样本点，事件 AB 含 $r(r\leqslant m)$ 个样本点．而事件 A 发生的条件下事件 B 发生，即已知试验结果属于 A 中的 m 种结果的条件下，属于 B 中的 r 种结果，因而

$$P(B|A) = \frac{r}{m} = \frac{r/n}{m/n} = \frac{P(AB)}{P(A)}.$$

定义 1.4 设 A,B 是两个随机事件,且 $P(A)>0$,称

$$P(B|A) = \frac{P(AB)}{P(A)} \tag{1.4}$$

为事件 A 发生的条件下事件 B 的**条件概率**.

例 1.16 设某种动物活到 20 岁以上的概率为 0.8,活到 25 岁以上的概率为 0.4.如果一只该种动物现在已经 20 岁,问:它能活到 25 岁的概率为多少?

解 设 $A=$"活到 20 岁",$B=$"活到 25 岁",则

$$P(A) = 0.8, \quad P(B) = 0.4.$$

因为 $B \subseteq A$,所以

$$P(AB) = P(B) = 0.4.$$

由公式(1.4),我们有

$$P(B|A) = \frac{P(AB)}{P(A)} = \frac{0.4}{0.8} = 0.5.$$

二、乘法公式

由条件概率的定义立即得到下述定理:

定理 1.1(乘法公式) 对于任意的事件 A,B,若 $P(A)>0$,则

$$P(AB) = P(B|A)P(A). \tag{1.5}$$

乘法公式可以推广到多个事件的情形:

推论 设 $A_1, A_2, \cdots, A_n$ 是 $n(n \geq 2)$ 个事件,且 $P(A_1 A_2 \cdots A_{n-1}) > 0$,则

$$P(A_1 A_2 \cdots A_n)$$
$$= P(A_1) P(A_2|A_1) P(A_3|A_1 A_2) \cdots P(A_n|A_1 A_2 \cdots A_{n-1}). \tag{1.6}$$

证 因为 $A_1 A_2 \cdots A_{n-1} \subseteq A_1 A_2 \cdots A_{n-2} \subseteq \cdots \subseteq A_1 A_2 \subseteq A_1$,所以

$$P(A_1) \geq P(A_1 A_2) \geq \cdots \geq P(A_1 A_2 \cdots A_{n-1}) > 0.$$

对 n 作归纳证明.当 $n=2$ 时,由乘法公式(1.5)知(1.6)式成立.

设 $n=k \geq 2$ 时,公式(1.6)成立,要证明 $n=k+1$ 时,(1.6)式也成立.令 $A = A_1 A_2 \cdots A_k$,$B = A_{k+1}$,则

$$P(A_1 A_2 \cdots A_k A_{k+1}) = P(AB) = P(A)P(B|A)$$
$$= P(A_1)P(A_2|A_1)\cdots P(A_k|A_1 A_2 \cdots A_{k-1})$$
$$\cdot P(A_{k+1}|A_1 A_2 \cdots A_k).$$

在最后一步用了归纳假设

$$P(A) = P(A_1 A_2 \cdots A_k)$$
$$= P(A_1)P(A_2|A_1)\cdots P(A_k|A_1 A_2 \cdots A_{k-1}).$$

在某些问题中,条件概率是已知的或者是比较容易求得的,在这种情况下就可以利用乘法公式来计算积事件的概率.下面举例说明乘法公式的应用.

例 1.17 有 3 个布袋,2 个红的,1 个绿的.在 2 个红布袋中均装了 60 个红球和 40 个绿球,在绿布袋中装了 30 个红球和 50 个绿球.现在任取一个布袋,从中任取一个球,问:所得球是红布袋中红球的概率为多少?

解 设 $A=$"取红布袋",$B=$"取红球".我们要求的是 A 和 B 同时发生的概率,即 $P(AB)$.显然,$P(A)=2/3$.而 $P(B|A)$ 是在取红布袋的条件下取到红球的概率,也就是在红布袋里取到红球的概率,应为 $60/100=3/5$,即 $P(B|A)=3/5$.由乘法公式得到

$$P(AB) = P(A)P(B|A) = \frac{2}{3} \times \frac{3}{5} = \frac{2}{5}.$$

例 1.18 今有 1 张电影票,5 个人都想要,他们用抓阄的办法分这张票,一个一个地依次抓,试证明每人得到电影票的概率与抓的次序无关,都是 1/5.

证 设

$$A_i = \text{"第 } i \text{ 个人抓到'有'"}, \quad i=1,2,3,4,5.$$

(1) 显然 $P(A_1) = 1/5$.

(2) 第二个人抓到"有"的必要条件是第一个人抓到"无",因而 $A_2 \subseteq \overline{A}_1$,自然应有 $A_2 \subseteq \overline{A}_1 A_2$.另外,$\overline{A}_1 A_2 \subseteq A_2$ 是显然成立的,所以 $A_2 = \overline{A}_1 A_2$,因而

$$P(A_2) = P(\overline{A}_1 A_2) = P(\overline{A}_1)P(A_2|\overline{A}_1) = \frac{4}{5} \times \frac{1}{4} = \frac{1}{5}.$$

这里 $P(A_2|\overline{A}_1)$ 是在 $\overline{A}_1$ 发生的条件下 A_2 发生的概率,即在第一个

人没有抓到的条件下第二个人抓到的概率,此时只剩下 4 个阄,其中有 1 个是"有",故 $P(A_2|\overline{A}_1)=1/4$.

(3) 类似地,$A_3=\overline{A}_1\overline{A}_2 A_3$,所以
$$P(A_3)=P(\overline{A}_1)P(\overline{A}_2|\overline{A}_1)P(A_3|\overline{A}_1\overline{A}_2)=\frac{4}{5}\times\frac{3}{4}\times\frac{1}{3}=\frac{1}{5}.$$

(4) 同样,有
$$\begin{aligned}P(A_4)&=P(\overline{A}_1\overline{A}_2\overline{A}_3 A_4)\\&=P(\overline{A}_1)P(\overline{A}_2|\overline{A}_1)P(\overline{A}_3|\overline{A}_1\overline{A}_2)P(A_4|\overline{A}_1\overline{A}_2\overline{A}_3)\\&=\frac{4}{5}\times\frac{3}{4}\times\frac{2}{3}\times\frac{1}{2}=\frac{1}{5}.\end{aligned}$$

(5) $P(A_5)=P(\overline{A}_1\overline{A}_2\overline{A}_3\overline{A}_4 A_5)=\frac{4}{5}\times\frac{3}{4}\times\frac{2}{3}\times\frac{1}{2}\times\frac{1}{1}=\frac{1}{5}.$

例 1.18 可推广到 n 个人抓阄分物的情形:n 个阄,其中有 1 个"有",$n-1$ 个"无",n 个人排队抓阄,每人抓到"有"的概率都是 $1/n$.

若 n 个阄中,有 $m(m<n)$ 个"有",$n-m$ 个"无",则每个人抓到"有"的概率都是 m/n.

三、全概率公式

定义 1.5 设样本空间为 Ω,$B_1,B_2,\cdots,B_n$ 是一组随机事件. 若
(1) $B_i B_j=\varnothing(i\neq j)$,即 $B_1,B_2,\cdots,B_n$ 两两互不相容;
(2) $B_1\cup B_2\cup\cdots\cup B_n=\Omega$,
则称 $B_1,B_2,\cdots,B_n$ 为样本空间 Ω 的一个**划分**.

定理 1.2(全概率公式) 设 $B_1,B_2,\cdots,B_n$ 是样本空间的一个划分,且 $P(B_i)>0(i=1,2,\cdots,n)$,A 是任一随机事件,则
$$P(A)=\sum_{i=1}^{n}P(A|B_i)P(B_i). \qquad (1.7)$$

证 因为 $\bigcup_{i=1}^{n}B_i=\Omega$,$B_i B_j=\varnothing(i\neq j)$,所以
$$A=A\Big(\bigcup_{i=1}^{n}B_i\Big)=\bigcup_{i=1}^{n}AB_i,\quad (AB_i)\cap(AB_j)=\varnothing\ (i\neq j).$$

因此

$$P(A) = P\Big(\bigcup_{i=1}^{n} AB_i\Big) = \sum_{i=1}^{n} P(AB_i) = \sum_{i=1}^{n} P(A|B_i)P(B_i).$$

公式(1.7)称为**全概率公式**,简称**全概公式**. 这个公式可以推广到 Ω 的划分是由可数个事件组成的情形:

设 $B_1, B_2, \cdots, B_n, \cdots$ 是样本空间 Ω 的一个划分,且 $P(B_i) > 0$ $(i = 1, 2, \cdots)$,则

$$P(A) = \sum_{i=1}^{\infty} P(A|B_i)P(B_i). \tag{1.8}$$

公式(1.8)的证明完全类似于公式(1.7)的证明.

例 1.19 对某个联机的计算机系统的询问来自 5 条通信线. 已知计算机系统接受的报文来自这 5 条线的百分数分别为 20%,30%,10%,15% 和 25%;来自这 5 条线的报文长度超过 100 个字母的概率分别是 0.4, 0.6, 0.2, 0.8 和 0.9. 问:随机地选择一询问,其长度超过 100 个字母的概率为多少?

解 设

$A =$ "询问超过 100 个字母",

$A_i =$ "报文来自第 i 条线", $i = 1, 2, 3, 4, 5.$

显然 $A_i A_j = \varnothing$ $(i \neq j),$

且 $\Omega = A_1 \cup A_2 \cup A_3 \cup A_4 \cup A_5.$

由全概率公式有

$$P(A) = \sum_{i=1}^{5} P(A_i) P(A|A_i)$$
$$= 0.2 \times 0.4 + 0.3 \times 0.6 + 0.1 \times 0.2$$
$$+ 0.15 \times 0.8 + 0.25 \times 0.9$$
$$= 0.625.$$

四、贝叶斯公式

定理 1.3(贝叶斯公式) 设 $B_1, B_2, \cdots, B_n$ 是样本空间 Ω 的一个划分,且 $P(B_i) > 0$ $(i = 1, 2, \cdots, n)$,A 是一个随机事件,且 $P(A) > 0$,则

$$P(B_i|A) = \frac{P(A|B_i)P(B_i)}{\sum_{j=1}^{n} P(A|B_j)P(B_j)}, \quad i=1,2,\cdots,n. \quad (1.9)$$

证 由条件概率公式有

$$P(B_i|A) = \frac{P(AB_i)}{P(A)}, \quad i=1,2,\cdots,n,$$

而由乘法公式有

$$P(AB_i) = P(A|B_i)P(B_i), \quad i=1,2,\cdots,n,$$

由全概率公式有

$$P(A) = \sum_{j=1}^{n} P(A|B_j)P(B_j),$$

于是

$$P(B_i|A) = \frac{P(A|B_i)P(B_i)}{\sum_{j=1}^{n} P(A|B_j)P(B_j)}.$$

称公式(1.9)为**贝叶斯公式**,又称作**逆概公式**,式中 $P(A|B_i)$ 称作**验前概率**, $P(B_i|A)$ 称作**验后概率**. 用贝叶斯公式可以根据验前概率计算出验后概率.

例 1.20 在例 1.19 中,随机地选择一询问,发现它的报文长度超过 100 个字母,问:它是来自第 $i(i=1,2,3,4,5)$ 条线的概率是多少?

解 本题即求 $P(A_i|A), i=1,2,3,4,5.$ 由贝叶斯公式有

$$P(A_i|A) = \frac{P(A|A_i)P(A_i)}{\sum_{j=1}^{5} P(A|A_j)P(A_j)}$$

$$= \frac{P(A|A_i)P(A_i)}{0.625}, \quad i=1,2,3,4,5.$$

已知

$$P(A|A_1)P(A_1) = 0.2 \times 0.4 = 0.08,$$
$$P(A|A_2)P(A_2) = 0.3 \times 0.6 = 0.18,$$
$$P(A|A_3)P(A_3) = 0.1 \times 0.2 = 0.02,$$
$$P(A|A_4)P(A_4) = 0.15 \times 0.8 = 0.12,$$
$$P(A|A_5)P(A_5) = 0.25 \times 0.9 = 0.225,$$

代入 $P(A_i|A)$ 中,得

$P(A_1|A)=0.128,\quad P(A_2|A)=0.288,\quad P(A_3|A)=0.032,$
$P(A_4|A)=0.192,\quad P(A_5|A)=0.36.$

§4 独立性

一、事件的独立性

先看一个例子.

例 1.21 袋中有 3 个小球,2 个红的,1 个白的.取两次,每次取一个.记

$A=$"第一次取到红球", $B=$"第二次取到红球".

考虑两种取法:

(1) 放回抽样:
$$P(B|A)=2/3,\quad P(B)=2/3.$$

(2) 不放回抽样:
$P(A)=2/3,\quad P(\bar{A})=1/3,\quad P(B|A)=1/2,\quad P(B|\bar{A})=1.$

由全概公式有
$$P(B)=P(A)P(B|A)+P(\bar{A})P(B|\bar{A})$$
$$=\frac{2}{3}\times\frac{1}{2}+\frac{1}{3}\times 1=\frac{2}{3}.$$

从上面的计算看到,在放回抽样时,$P(B)=P(B|A)$;在不放回抽样时,$P(B)\neq(P(B|A)$. 这个结果是很自然的. 因为在放回抽样时,不论第一次是取到红球还是取到白球,即 A 是否发生,第二次取时袋中都是 2 个红球和 1 个白球,取到红球的概率不变. 也就是说,A 发生与否对 B 的概率没有影响. 而在不放回抽样时情况就不一样了. 若第一次取到红球,即 A 发生,则第二次取时袋中剩下 1 个红球和 1 个白球,取到红球,即 B 的概率只有 $1/2$. 若第一次取到白球,即 A 不发生,则第二次取时袋中剩下 2 个红球,当然一定取到红球,B 的概率为 1. 因此,A 发生与否会影响 B 的概率. 我们称前者 A 与 B 是相互独立的,而后者 A 与 B 不是相互独立的.

于是,有下述定义:

定义 1.6 如果
$$P(AB)=P(A)P(B), \quad (1.10)$$
则称 A,B 为**相互独立**的随机事件.

定理 1.4 如果 $P(A)>0$,则事件 A,B 相互独立的充分必要条件是
$$P(B|A)=P(B).$$

证 由条件概率公式
$$P(B|A)=\frac{P(AB)}{P(A)},$$
若 A,B 相互独立,则
$$P(AB)=P(A)P(B),$$
从而
$$P(B|A)=P(B).$$

反之,若 $P(B|A)=P(B)$,则
$$\frac{P(AB)}{P(A)}=P(B|A)=P(B),$$
从而
$$P(AB)=P(A)P(B).$$

若 $P(B)>0$,同理可证,A,B 相互独立的充分必要条件是
$$P(A|B)=P(A).$$

定理 1.4 说明定义 1.6 给出的相互独立的概念恰好反映了在例 1.21 中看到的现象. 但式(1.10)比 $P(B)=P(B|A)$ 更具一般性,可以适用于 $P(A)=0$ 的情况,并且表明 A 和 B 是对称的,这种独立性是相互的,即 A 发生与否不影响 B 的概率,B 发生与否也不影响 A 的概率.

零概率事件与任何事件都是相互独立的.

事实上,设 $P(A)=0$,B 为任一事件,则
$$AB\subseteq A,$$
因而
$$P(AB)\leqslant P(A)=0.$$
所以
$$P(AB)=0.$$
又 $P(A)P(B)=0 \cdot P(B)=0$,故
$$P(AB)=P(A)P(B).$$

这说明 A,B 相互独立.

A,B 相互独立,有时简称为 A,B 是独立的.对于实际问题常常要根据经验判断两个事件是否独立.

例 1.22 甲、乙两战士打靶,甲的命中率为 0.9,乙的命中率为 0.85.两人同时射击同一目标,各打一枪,问:目标被击中的概率为多少?

解 设 $A=$"甲击中目标",$B=$"乙击中目标". 可以假设甲、乙两人是否中靶相互没有影响,因而 A,B 是独立的. 于是

$$P(A \cup B) = P(A)+P(B)-P(AB)$$
$$=P(A)+P(B)-P(A)P(B)$$
$$=0.9+0.85-0.9 \times 0.85$$
$$=0.985.$$

相互独立的概念可以推广到三个和三个以上的事件的情形.

定义 1.7 设 $A_1,A_2,\cdots,A_n$ 是 n 个事件,如果任意两个事件都是相互独立的,即对于任意的 $1 \leqslant i < j \leqslant n$,有

$$P(A_i A_j) = P(A_i)P(A_j),$$

则称这 n 个事件**两两相互独立**;如果对于任意的 $k(k \leqslant n)$ 和任意的 $1 \leqslant i_1 < i_2 < \cdots < i_k \leqslant n$,都有

$$P(A_{i_1} A_{i_2} \cdots A_{i_k}) = P(A_{i_1})P(A_{i_2}) \cdots P(A_{i_k}),$$

则称这 n 个事件**相互独立**.

显然,若 n 个事件相互独立,必蕴含这 n 个事件两两相互独立,但反之不真.

例如,事件 A_1,A_2,A_3 两两相互独立,仅要求下面三个等式成立:

$$P(A_1 A_2) = P(A_1)P(A_2),$$
$$P(A_1 A_3) = P(A_1)P(A_3),$$
$$P(A_2 A_3) = P(A_2)P(A_3).$$

若 A_1,A_2,A_3 相互独立,除上面三个等式成立外还要求

$$P(A_1 A_2 A_3) = P(A_1)P(A_2)P(A_3)$$

成立.而一般情况下,前面三个等式并不蕴含第四个等式的成立.

定理 1.5 若四对事件 A 与 B,A 与 $\overline{B}$,$\overline{A}$ 与 B,$\overline{A}$ 与 $\overline{B}$ 中有一

对独立,则另外三对也独立(即这四对事件或者都独立,或者都不独立).

证 只需证明"A,B 独立蕴含 $A,\bar{B}$ 独立",其余的可以由它和 $\bar{A}=A,\bar{\bar{B}}=B$ 推出.

因为 $B\cup\bar{B}=\Omega$,所以
$$A=A\cap\Omega=A\cap(B\cup\bar{B})=AB\cup A\bar{B}.$$
而 $(AB)\cap(A\bar{B})=\varnothing$,故
$$\begin{aligned}P(A\bar{B})&=P(A)-P(AB)\\&=P(A)-P(A)P(B)\quad(因为 A,B 独立)\\&=P(A)[1-P(B)]\\&=P(A)P(\bar{B}).\end{aligned}$$
这说明 $A,\bar{B}$ 相互独立.

例 1.23 某型号的高射炮,每门炮发射一发炮弹击中飞机的概率为 0.6. 现若干门炮同时发射(每门炮射一发),问:欲以 99% 的把握击中来犯的一架敌机,至少需配置几门高射炮?

解 设 n 是以 99% 的概率击中敌机需配置的高射炮门数. 记
$A=$ "敌机被击中",
$A_i=$ "第 i 门炮击中敌机", $i=1,2,\cdots,n$.

注意到
$$A=A_1\cup A_2\cup\cdots\cup A_n,$$
于是要求 n,使得
$$P(A)=P(A_1\cup A_2\cup\cdots\cup A_n)\geqslant 99\%.$$
由于 $\overline{A_1\cup A_2\cup\cdots\cup A_n}=\bar{A_1}\bar{A_2}\cdots\bar{A_n}$,而 $\bar{A_1},\bar{A_2},\cdots,\bar{A_n}$ 是相互独立的,所以
$$\begin{aligned}P(A)&=1-P(\bar{A})=1-P(\bar{A_1}\bar{A_2}\cdots\bar{A_n})\\&=1-P(\bar{A_1})P(\bar{A_2})\cdots P(\bar{A_n})\\&=1-0.4^n.\end{aligned}$$
因此 $\qquad 1-0.4^n\geqslant 0.99,$
即 $\qquad 0.4^n\leqslant 0.01,$
亦即 $\qquad n\geqslant\dfrac{\lg 0.01}{\lg 0.4}=5.026.$

可见,至少需配置 6 门高射炮方能以 99% 的把握击中来犯的一架敌机.

二、系统的可靠性

通常一个系统由许多元件按一定方式联结而成,因而系统的可靠度(能正常工作的概率)依赖于元件可靠度及元件之间的联结方式.

设系统由 n 个元件联结而成,又设

$A=$ "在时间间隔 $[0,t]$ 内系统正常工作",

$A_i=$ "在时间间隔 $[0,t]$ 内第 i 个元件正常工作", $i=1,2,\cdots,n$,

并且假设各元件能否正常工作是相互独立的,即 $A_1,A_2,\cdots,A_n$ 相互独立,再设

$$P(A_i)=r \ (0<r<1), \quad i=1,2,\cdots,n.$$

元件的基本联结方式有两种:串联和并联.

1. 串联系统

若一个系统由 n 个元件按图 1.7(a) 的方式联结,则称该系统为**串联系统**. 它的特点是一个元件发生故障时整个系统就发生故障,因而有

$$P(A)=P(A_1 A_2 \cdots A_n)=P(A_1)P(A_2)\cdots P(A_n)=r^n.$$

n 越大,系统可靠度就越小. 当 $n\to\infty$ 时, $P(A)\to 0$.

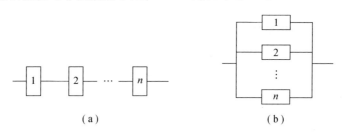

图 1.7

2. 并联系统

若一个系统的 n 个元件按图 1.7(b) 的方式联结,则称该系统为**并联系统**. 在这样的系统中,只要有一个元件还能正常工作,系统就

能正常工作,因而有
$$P(A)=1-P(\bar{A})=1-P(\bar{A}_1\bar{A}_2\cdots\bar{A}_n)=1-(1-r)^n.$$
n 越大,系统就越可靠. 当 $n\to\infty$ 时,$P(A)\to 1$.

例 1.24 设在图 1.8 所示的电路中,各元件的可靠度为 $p(0<p<1)$,求整个电路的可靠度.

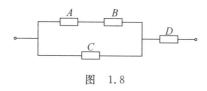

图 1.8

解 把元件 A,B,C,D 正常工作仍记作 A,B,C,D,整个电路正常工作记作 E,则
$$E=(AB\cup C)D.$$
可以假设各元件是否正常工作是相互独立的,即 A,B,C,D 是相互独立的,于是
$$\begin{aligned}P(E)&=P((AB\cup C)D)\\&=[P(AB)+P(C)-P(ABC)]P(D)\\&=[P(A)P(B)+P(C)-P(A)P(B)P(C)]P(D)\\&=(p^2+p-p^3)p=(1+p-p^2)p^2.\end{aligned}$$

三、孟德尔遗传模型

孟德尔(1822—1884)是奥地利人,现代遗传学之父.他把生物学与统计学、数学结合起来,发现了遗传定律.20 世纪发现的 DNA 使生物遗传机制有了坚实的物质基础,向控制遗传机制、防治遗传疾病、合成生命等更大造福于人类的工作方向前进.

1. 基因遗传

生物的基因在细胞内成对出现,一个来自父本,另一个来自母本. 两个亲本交配,下一代的基因由父本的一个基因和母本的一个基因组成,父本和母本各自出其哪一个基因的概率为 1/2.

豌豆有高茎和矮茎两种,表现高茎的基因是 D,表现矮茎的基因是 d. d 是隐性基因,它与 D 相配时不表现出来. 有三种基因类型: DD,Dd,dd,其中 DD 和 Dd 是高茎的,dd 是矮茎的. 纯种高茎豌豆是 DD 型,纯种矮茎豌豆是 dd 型. 两者杂交得到的第一代(称作子一代)是 Dd 型,呈现为高茎. 再用子一代繁殖得到子二代,基因类型可以是 DD,Dd 和 dd,其概率分别为 1/4,1/2 和 1/4. 高茎与矮茎的比是 3∶1.

继续用子二代繁殖. 在自然界中,随机的两个亲本交配. DD 型与 DD 型交配只能得到 DD 型. DD 型与 Dd 型交配可能得到 DD 型,也可能得到 Dd 型,得到 DD 型和 Dd 型的概率各为 1/2. 三种基因类型,两个亲本交配有 9 种可能,按照子三代的情况可以合并成 6 种,列于表 1.3 中,其中 DD,Dd 和 dd 栏分别是 $P(子三代\ DD|B_i)$,$P(子三代\ Dd|B_i)$ 和 $P(子三代\ dd|B_i)$.

表 1.3

事件	父本	母本	$P(B_i)$	DD	Dd	dd
B_1	DD	DD	1/16	1	0	0
B_2	DD Dd	Dd DD	1/4	1/2	1/2	0
B_3	Dd	Dd	1/4	1/4	1/2	1/4
B_4	DD dd	dd DD	1/8	0	1	0
B_5	Dd dd	dd Dd	1/4	0	1/2	1/2
B_6	dd	dd	1/16	0	0	1

由全概公式有

$$P(子三代\ DD) = \sum_{i=1}^{6} P(B_i) P(子三代\ DD|B_i)$$

$$= \frac{1}{16} \times 1 + \frac{1}{4} \times \frac{1}{2} + \frac{1}{4} \times \frac{1}{4} = \frac{1}{4},$$

$$P(子三代\ Dd) = \sum_{i=1}^{6} P(B_i) P(子三代\ Dd|B_i)$$

$$= \frac{1}{4} \times \frac{1}{2} + \frac{1}{4} \times \frac{1}{2} + \frac{1}{8} \times 1 + \frac{1}{4} \times \frac{1}{2} = \frac{1}{2},$$

$$P(\text{子三代 dd}) = \sum_{i=1}^{6} P(B_i) P(\text{子三代 dd} | B_i)$$
$$= \frac{1}{4} \times \frac{1}{4} + \frac{1}{4} \times \frac{1}{2} + \frac{1}{16} \times 1 = \frac{1}{4}.$$

子三代三种基因类型的比与子二代的一样,都是 $1:2:1$. 由此可见,以后各代的基因类型之比都是 $1:2:1$. 这说明在自然界生物基因类型的比例是稳定的.

2. 遗传风险

人类有一种"坏的"隐性基因 a 会引起婴儿夭折. aa 型的婴儿不能长大成人,而 Aa 型的人称为"带菌者". 带菌者可以长大成人,但他(她)有 $1/2$ 的概率把基因 a 遗传给下一代. 设在设定的人群中带菌者的比例为 p(不分男女).

问题一 一对夫妻的第一个孩子因为是 aa 型而夭折,问:他们的第二个孩子也夭折的概率是多少?

这对夫妻都是带菌者,否则他们的孩子不可能是 aa 型. 一对 Aa 型夫妻的孩子为 AA 型,Aa 型和 aa 型的概率分别为 $1/4, 1/2$ 和 $1/4$. 因此,他们的第二个孩子也夭折的概率为 $1/4$.

问题二 若这对夫妻的第二个孩子长大成人,问:他(她)是带菌者的概率是多少?

第二个孩子长大成人可能是 AA 型或 Aa 型,因此
$$P(\text{第二个孩子长大成人}) = \frac{1}{2} + \frac{1}{4} = \frac{3}{4}.$$
他(她)是带菌者的概率为
$$P(\text{第二个孩子是带菌者} | \text{第二个孩子长大成人}) = \frac{1/2}{3/4} = \frac{2}{3}.$$

问题三 第二个孩子成人后结婚,求第三代的基因类型的分布.

第二孩子为 AA 型和 Aa 型的概率分别为 $1/3$ 和 $2/3$,他(她)的配偶可能是正常人(AA 型),也可能是带菌者(Aa 型),其概率分别是 $1-p$ 和 p. 他们结合及下一代基因类型的概率如表 1.4 所示,其中 AA, Aa 和 aa 栏分别是 $P(\text{第三代 AA} | B_i), P(\text{第三代 Aa} | B_i)$ 和 $P(\text{第三代 aa} | B_i)$.

表 1.4

事件	第二代	配偶	$P(B_i)$	AA	Aa	aa
B_1	AA	AA	$\frac{1}{3}(1-p)$	1	0	0
B_2	AA	Aa	$\frac{1}{3}p$	$\frac{1}{2}$	$\frac{1}{2}$	0
B_3	Aa	AA	$\frac{2}{3}(1-p)$	$\frac{1}{2}$	$\frac{1}{2}$	0
B_4	Aa	Aa	$\frac{2}{3}p$	$\frac{1}{4}$	$\frac{1}{2}$	$\frac{1}{4}$

由全概公式,第三代基因类型的概率如下:

$$P(\text{第三代 AA}) = \sum_{i=1}^{4} P(B_i) P(\text{第三代 AA} | B_i)$$
$$= \frac{1}{3}(1-p) \cdot 1 + \frac{1}{3}p \cdot \frac{1}{2} + \frac{2}{3}(1-p) \cdot \frac{1}{2} + \frac{2}{3}p \cdot \frac{1}{4}$$
$$= \frac{2}{3} - \frac{1}{3}p,$$

$$P(\text{第三代 Aa}) = \sum_{i=1}^{4} P(B_i) P(\text{第三代 Aa} | B_i)$$
$$= \frac{1}{3}p \cdot \frac{1}{2} + \frac{2}{3}(1-p) \cdot \frac{1}{2} + \frac{2}{3}p \cdot \frac{1}{2}$$
$$= \frac{1}{3} + \frac{1}{6}p,$$

$$P(\text{第三代 aa}) = \sum_{i=1}^{4} P(B_i) P(\text{第三代 aa} | B_i)$$
$$= \frac{2}{3}p \cdot \frac{1}{4} = \frac{1}{6}p.$$

问题四 第三代成人中带菌者的概率是多少?

第三代长大成人的概率为 $1 - \frac{1}{6}p$,其中为带菌者的概率是 $\frac{1}{3} + \frac{1}{6}p$,所以第三代成人中带菌者的概率是

$$P(\text{第三代是带菌者} | \text{第三代成人}) = \frac{\frac{1}{3} + \frac{1}{6}p}{1 - \frac{1}{6}p} = \frac{2+p}{6-p}$$
$$\approx 1/3 \quad (p \text{ 很小}).$$

上面的计算结果表明,在兄弟姐妹中有因遗传基因夭折的,本人是带菌者的概率为 2/3;在叔伯姑舅姨中有因遗传基因夭折的,本人是带菌者的概率为 1/3. 我国婚姻法禁止近亲结婚正是为了预防这种隐性基因造成的疾病的传播.

§5 独立试验序列概型

在相同的条件下,将同一个试验重复做 n 次,且这 n 次试验是相互独立的,每次试验的结果为有限个,这样的 n 次试验称作 n 次**独立试验概型**.

特别地,每次试验的结果只有两种可能时,这样的 n 次独立试验概型称作**伯努利概型**.

例如,连续地射击 n 次,连续地抛掷 n 次硬币等都是伯努利概型.

定理 1.6 设在伯努利概型中,每次试验事件 A 发生的概率为 p,不发生的概率为 $q=1-p$,则在 n 次试验中事件 A 恰好发生 $k(k=0,1,\cdots,n)$ 次的概率为

$$P_n(k) = C_n^k p^k q^{n-k}. \tag{1.11}$$

证 首先,由于试验的独立性,事件 A 在指定的 k 次试验中发生,而在其余的 $n-k$ 次试验中不发生的概率为 $p^k q^{n-k}$. 而在 n 次试验中指定 k 次试验共有 C_n^k 种可能,故

$$P_n(k) = C_n^k p^k q^{n-k}, \quad k=0,1,\cdots,n.$$

由于 $C_n^k p^k q^{n-k}$ 恰好是 $(p+q)^n$ 的展开式中的第 $k+1$ 项,所以常常称公式(1.11)为**二项概率公式**.

例 1.25 袋中装有 100 个小球,60 个红的,40 个绿的. 现做放回抽样,连续取 5 次,每次取一个,求:

(1) 恰好取到 3 个红球,2 个绿球的概率;

(2) 红球的个数不大于 3 的概率.

解 设事件 A="取到红球",则

$$p = P(A) = \frac{60}{100} = 0.6, \quad q = 1-p = 0.4.$$

(1) $P_5(3) = C_5^3 \times 0.6^3 \times 0.4^2 = 0.3456.$

(2) $P = P_5(0) + P_5(1) + P_5(2) + P_5(3)$
$= 1 - P_5(4) - P_5(5) = 1 - C_5^4 \times 0.6^4 \times 0.4 - C_5^5 \times 0.6^5$
$= 0.7667.$

习 题 一

1. 写出下列随机试验的样本空间,并用样本点组成的集合表示给出的随机事件:

(1) 将一枚均匀硬币抛掷两次. 记
$A=$"第一次出现正面", $B=$"两次出现同一面",
$C=$"至少有一次出现正面".

(2) 一个口袋中有 5 个外形完全相同的球,编号分别为 1,2,3,4,5,从中任取 3 个球. 记
$A=$"球的最小号码为 1", $B=$"球的号码全为奇数",
$C=$"球的号码全为偶数".

(3) 在 1,2,3,4 四个数中可重复地取两个数. 记
$A=$"一个数是另一个数的 2 倍".

(4) 掷两颗骰子. 记
$A=$"出现的点数之和为奇数,且恰好其中有一个 1 点",
$B=$"出现的点数之和为偶数,且没有一颗骰子出现 1 点".

(5) 甲、乙两人下一盘棋,观察棋赛的结果. 记
$A=$"甲不输", $B=$"没有人输".

(6) 设有 A,B,C 三个盒子,a,b,c 三个球,在每个盒子里放入一个球. 记
$A_1=$"a 球放入 A 盒,b 球放入 B 盒",
$A_2=$"a 球不在 A 盒中,b 球不在 B 盒中".

(7) 一个小组有 A,B,C,D,E 五人,要选正、副小组长各一人(一个人不能兼两个职务). 记
$A_1=$"A 当选", $A_2=$"A 不当选".

2. 设 A,B,C 为三个事件,用 A,B,C 的运算关系表示下列

事件：

(1) A 发生，B 与 C 不发生；

(2) A 与 B 都发生，而 C 不发生；

(3) A,B,C 都发生；

(4) A,B,C 中至少有一个发生；

(5) A,B,C 都不发生；

(6) A,B,C 中不多于一个发生；

(7) A,B,C 中不多于两个发生；

(8) A,B,C 中至少有两个发生．

3. 在计算机系学生中任选一名学生．记

$A=$"被选学生是男生"， $B=$"被选学生是三年级学生"，

$C=$"被选学生是科普队的"．

(1) 叙述事件 $AB\bar{C}$ 的含意．

(2) 在什么条件下 $ABC=C$ 成立？

(3) 什么时候关系式 $C\subseteq B$ 是正确的？

(4) 什么时候 $\bar{A}=B$ 成立？

4. 一批产品共 N 件，其中有 M 件次品．现从中任取 n 件，问：恰有 m 件次品的概率是多少 ($M<N, n<N, m\leqslant n, m\leqslant M, n-m\leqslant N-M$)？

5. 一袋中有红、黄、白色球各一个，每次任取一个，有放回地抽 3 次，求下列事件的概率：

$A=$"全红"， $B=$"全白"，

$C=$"全黄"， $D=$"颜色全同"，

$E=$"颜色全不同"， $F=$"颜色不全同"，

$G=$"无红色的"， $H=$"无黄色的"，

$I=$"无白色的"， $J=$"无红色且无黄色的"，

$K=$"全红或全黄"．

6. 将一部 5 卷文集任意地排列到书架上，问：卷号自左向右或自右向左恰好为 1,2,3,4,5 的顺序的概率等于多少？

7. 在分别写有 2,4,6,7,8,11,12,13 的 8 张卡片中任取两张，把卡片上的两个数字组成一个分数，求所得分数为既约分数（分子和

分母没有大于 1 的公因数)的概率.

8. 设有 5 条线段,长度分别为 1,3,5,7,9. 从这 5 条线段中任取 3 条,求所取 3 条线段能构成三角形的概率.

9. 一批灯泡有 40 只,其中有 3 只是坏的. 从中任取 5 只进行检查,问:

(1) 5 只全好的概率为多少?

(2) 5 只中有 2 只被损坏的概率为多少?

10. 从一副扑克牌的 13 张黑桃中,一张接一张有放回地抽取 3 次,求:

(1) 没有同号的概率为多少?

(2) 有同号的概率为多少?

(3) 3 张中至多有 2 张同号的概率为多少?

11. 掷两颗骰子,求所得的两个点数中一个恰是另一个的两倍的概率?

12. 一盒中有 $2n$ 个黑球和 $2n$ 个白球,将盒中的球任意地分成个数相等的两组,求每组中黑、白球个数相等的概率.

13. 在电话号码簿中任意取一个电话号码,求后面 4 个数字全不相同的概率(设后面的 4 个数字中的每一个数字都是等可能地取自 $0,1,\cdots,9$).

14. (1) 500 个人中,至少有 1 个人的生日在 7 月 1 日的概率是多少(一年按 365 天计算)?

(2) 4 个人中,至少有 2 个人的生日在同一个月的概率为多少(假设每个月的天数相同)?

15. 某人有一串各不相同的钥匙,共 6 把,其中 2 把是房门钥匙. 某日因有急事,他在忙乱中从口袋中拿出钥匙,随机地取了 2 把去开门(2 把锁都打开,房门才能打开),问:他能打开门的概率为多少?

16. 将 3 个乒乓球随机地放入 4 个杯子中去,问:杯子中球的最大个数分别为 1,2,3 的概率各为多少?

17. 在数字 $0,1,\cdots,9$ 中任取 4 个(不重复),能排成一个四位偶数的概率为多少?

18. 一个中学有 15 个班,每班选出 3 名代表出席学生代表会

议,再从 45 名代表中任选 15 名组成工作委员会,求下列事件的概率:

(1) 一年级一班在委员会中有代表;

(2) 每个班在委员会中都有代表.

19. 甲盒中有 a 个白球和 b 个黑球;乙盒中有 c 个白球和 d 个黑球.从两盒中各取一个球,求:

(1) 所得两个球颜色不同的概率;

(2) 所得两个球颜色相同的概率.

20. (1) n 个老同学随机地围绕圆桌而坐,求下列事件的概率:

① 甲、乙两人坐在一起,且乙在甲的左边;

② 甲、乙、丙坐在一起.

(2) 如果 n 个人并排坐在长桌的一边,求上述事件的概率.

21. 某公共汽车站每隔 5 min 有一辆汽车到站,乘客到车站的时间是任意的,求一个乘客候车时间不超过 3 min 的概率.

22. 把一根棍子任意折成两段,求其中一段的长度大于另一段的 m 倍的概率.

23. 设 O 为线段 AB 的中点,在 AB 上任取一点 x,求三条线段 Ax, xB, AO 构成三角形的概率.

24. 平面上画有一组平行线,其间隔交替为 2 cm 和 8 cm.任意地向平面投一半径为 2 cm 的圆,求此圆不与平行线相交的概率.

25. 两人约好在某地相会,两人随机地在时间 0 与 T 之间到达相会地点,求一个人至少要等另一个人的时间为 $t(t<T)$ 的概率.

26. 把长度为 1 的棒任意地折成三段,求:

(1) 三段的长度都不超过 $a\left(\frac{1}{3} \leqslant a \leqslant 1\right)$ 的概率;

(2) 三段构成一个三角形的概率.

27. 在圆周上任取三点 A, B, C,求 $\triangle ABC$ 为锐角三角形的概率.

28. 一个工人看管三台机床,在一小时内机床不需要工人照管的概率如下:第一台为 0.9,第二台为 0.8,第三台为 0.7. 求在一小时内三台机床中最多有一台需要工人照顾的概率.

29. 某电路由电池 A 和两个并联的电池 B 和 C 串联而成. 设电池 A,B,C 损坏的概率分别是 $0.3,0.2,0.2$, 求电路发生断电的概率.

30. 某机械零件的加工由两道工序组成, 第一道工序的废品率为 0.015, 第二道工序的废品率为 0.02. 假定两工序出废品是彼此无关的, 求产品的合格率.

31. 在 $1,2,\cdots,100$ 中任取一数, 问:
(1) 它既能被 2 整除又能被 5 整除的概率是多少?
(2) 它能被 2 整除或能被 5 整除的概率为多少?

32. 加工某一零件共需经过四道工序. 设第一、二、三、四道工序的次品率分别是 $0.02,0.03,0.05,0.03$. 假设各道工序是互不影响的, 求加工出来的零件的次品率.

33. 当抛掷 5 枚硬币时, 已知至少出现 2 个正面, 问: 正面数刚好是 3 的概率是多少?

34. 轰炸机轰炸某目标, 它能飞到距目标 400 m, 200 m, 100 m 的概率分别是 $0.5,0.3,0.2$. 又知它在距目标 400 m, 200 m, 100 m 的命中率分别为 $0.01,0.02,0.1$. 当目标被命中时, 问: 飞机是在 400 m, 200 m, 100 m 处轰炸的概率各为多少?

35. 有位朋友从远方来, 他乘火车、轮船、汽车、飞机来的概率分别是 $0.3,0.2,0.1,0.4$. 如果他乘火车、轮船、汽车来的话, 迟到的概率分别是 $1/4,1/3,1/12$, 而乘飞机则不会迟到.
(1) 他迟到的概率为多少?
(2) 他迟到了, 问: 他是乘火车来的概率是多少?

36. 两台机床加工同样的零件, 其中第一台出废品的概率是 0.03, 第二台出废品的概率是 0.02. 加工出来的零件放在一起, 并且已知第一台加工的零件比第二台加工的零件多一倍, 求任意取出的零件是合格品的概率. 如果任意取出的零件经检查是废品, 求它是由第二台机床加工的概率.

37. 一盒中放有 12 个羽毛球, 其中有 9 个是新的. 第一次从中任取 3 个来用, 用后仍放回盒中, 第二次再从盒中任取 3 个. 已知第二次取出的球都是新球, 求第一次取到都是新球的概率.

38. 有甲、乙、丙三个盒子, 在甲盒中装有 2 个红球, 4 个白球; 乙盒中装有 4 个红球,2 个白球;丙盒中装有 3 个红球,3 个白球.设从每个盒中取球的机会相等,今从其中任取一球,它是红球的概率为多少? 若已知取得的是红球,它是从甲盒中取出的概率为多少?

39. 某种型号的电阻的次品率为 0.01,现在从该种产品中抽取 4 个,分别求出下列各事件的概率:

(1) $A=$"没有次品"; (2) $B=$"有 1 个次品";
(3) $C=$"有 2 个次品"; (4) $D=$"有 3 个次品";
(5) $E=$"全是次品".

40. 某厂生产的电灯泡使用寿命在 1000 h 以上的概率为 0.2,求 3 个灯泡中最多有 1 个用不到 1000 h 的概率.

41. 设昆虫产 k 个卵的概率为 $p_k = \dfrac{\lambda^k}{k!} e^{-\lambda}$,又设一个虫卵能孵化为昆虫的概率等于 p. 若虫的孵化是互相独立的,问:此昆虫的下一代有 l 只的概率是多少?

42. 三个人独立地去破译一个密码,若他们能译出的概率分别是 1/5,1/3,1/4,问: 能将此密码译出的概率是多少?

43. 如图 1.9 所示连接继电器接点,假设每个继电器接点闭合的概率为 p,且设各继电器接点闭合与否相互独立,求 L 至 R 是通路的概率.

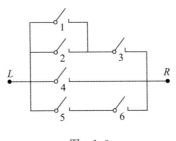

图　1.9

44. 对飞机进行 3 次独立的射击,设第一次射击的命中率为 0.4,第二次为 0.5,第三次为 0.7. 已知飞机被击中 1 次而被击落的概率为 0.2,被击中 2 次而被击落的概率为 0.6,若被击中 3 次则必然被击落. 求射击 3 次而击落飞机的概率.

45. 由以往记录的数据分析,某船只运输某种物品损坏2%,10%,90%的概率分别为0.8,0.15,0.05.现从一批该种物品中随机地取3件,发现这3件都是好的,试分析这批物品的损坏率为多少(这里设物品件数很多,取出任一件后不影响取下一件的概率).

46. 一大楼装有5个同一类型的供水设备,调查表明在任一时刻 t 每个设备被使用的概率为0.1,问:在同一时刻,
(1) 恰有2个设备被使用的概率是多少?
(2) 至少有3个设备被使用的概率是多少?
(3) 至多有3个设备被使用的概率是多少?
(4) 至少有1个设备被使用的概率是多少?

47. 甲、乙两人投篮,投中的概率各为0.6,0.7.今各投3次,求:
(1) 两人投中次数相等的概率;
(2) 甲比乙投中次数多的概率.

48. 设 A,B 为两个随机事件,已知 $P(A)=0.4, P(B)=0.3$.
(1) 如果 $P(A\cup B)=0.6$,求 $P(AB), P(A|B)$;
(2) 如果 A 和 B 互不相容,求 $P(A\cup B), P(A-B)$;
(3) 如果 A 和 B 相互独立,求 $P(A\cup B), P(A-B)$.

49. 袋中有15个小球,其中7个是白球,8个是黑球.现从中随机取出4个球,发现它们的颜色相同,问:它们都是黑球的概率为多少?

50. 设男人患色盲的概率为0.05,女人患色盲的概率为0.0025.某班有40名男生,10名女生.现从中随机检查一名学生,求该生患色盲的概率.

51. 袋中有红、黄、蓝、白色球各一个.现从中有放回地抽取3次,每次任取一个球,求抽到的3个球的颜色都不同的概率.

52. 箱子中有10件电子产品,已知其中混入了3件次品.为了找出次品,逐件进行测试.求:
(1) 只测试3件就找到所有次品的概率;
(2) 测试10件才找到所有次品的概率.

53. 袋中有4个红球和8个白球.现从中不放回地逐个取球,每次取一个,求第12次恰好取到红球的概率.

54. 设事件 A,B,C 相互独立,$P(A)=0.2,P(B)=0.3,P(C)=0.4$,求 $P(A\cup B\cup C)$.

55. 袋中有 b 个黑球和 r 个红球.现从中任取一个球,然后放回袋中,并且再放入 4 个与刚才取到的球的颜色相同的球,接着再取出一个球,求第二次取到红球的概率.

56. 库中有同样规格的产品 10 箱,其中 5 箱是甲厂生产的,3 箱是乙厂生产的,2 箱是丙厂生产的.已知甲、乙、丙厂产品的次品率分别为 $1/10,1/15,1/20$.今随机从一箱中取一件产品.

(1) 求取出的产品是正品的概率;

(2) 如果取出的产品是正品,求它是甲厂生产的概率.

57. n 个人同时射击同一个目标,假设每个人击中目标的概率都是 p,且各人是否击中目标是相互独立的,求目标被击中的概率.

58. 设有 2 个红球和 2 个绿球.将这 4 个球随意放入 2 个盒子中,每个盒子放 2 个球,求同颜色的球在同一个盒子中的概率.

59. 设 A,B,C 为三个随机事件,已知 $P(A)=0.2,P(B)=0.3$,$P(C)=0.4$.

(1) 若 $P(A\cup B\cup C)=0.4,P(AB)=P(BC)=P(CA)=0.2$,求 $P(ABC)$;

(2) 若 A,B,C 相互独立,求 $P((A\cup B)C)$.

60. 袋中有 1 个红球和 2 个绿球.现从中每次取 2 个球,取后放回袋中,共取 4 次,求 4 次中每次都取到红球的概率.

61. 已知 $P(A)=0.4,P(B)=0.3$,且 A 与 B 相互独立,求 $P((A\cup B)-B)$.

62. 判断下列各命题是真还是假:

(1) 若 $P(A)=0$,则 A 为不可能事件;

(2) 若 $P(A)=1$,则 A 为必然事件;

(3) 若 A 与 B 互不相容,则 $P(A)=1-P(B)$;

(4) 若 $P(AB)\neq 0$,则 $P(BC|A)=P(B|A)P(C|AB)$;

(5) 若 A,B 互斥,则 $P(\overline{A}\cup\overline{B})=1$;

(6) 设 $A_1,A_2,\cdots,A_n$ 是 n 个事件,若对任意的 i,j $(i\neq j;i,j=1,2,\cdots,n)$,均有 $P(A_iA_j)=P(A_i)P(A_j)$,则 $A_1,A_2,\cdots,A_n$

相互独立.

63. 在一张纸上画满距离 4 cm 的横线和竖线,随机投掷一枚半径 1 cm 的硬币在它上面,求硬币与直线相交的概率.

64. 在区间 $(0,1)$ 内任取两个数,求这两个数的乘积小于 $1/4$ 的概率.

65. 袋中有编号为 $1,2,3,4$ 的 4 个小球. 现在从中不放回地抽取 4 次,每次取一个球,求没有一个球的编号与抽取的顺序相同的概率.

66. 一个质点在平面上从原点出发做随机游动,每秒走一步,步长为 1,其中向右走的概率为 p,向上走的概率为 $q=1-p,0<p<1$.

(1) 求 8 s 时走到点 $A(5,3)$ 的概率;

(2) 假设 8 s 时走到点 $A(5,3)$,求前 5 步均向右,后 3 步均向上走的概率.

67. 从 $0,1,\cdots,9$ 中有放回地随机抽取两次,每次抽取一个数. 记事件 $A=$ "取出的两个数的乘积等于 0",$B=$ "取出的两个数的和等于 5",求 $P(B|A)$.

68. 已知 $P(A\cup B)=1/3,P(B|A)=1/3,P(A|B)=1/2$,求 $P(A)$ 和 $P(B)$.

69. 设事件 A 和 B 相互独立,且已知 $P(A\cup B)=0.76,P(A-B)=0.36$,求 $P(A),P(B)$.

70. 第一个口袋中有 2 个红球和 3 个黑球,第二个口袋中有 3 个红球和 2 个黑球. 现从第一个口袋中任取一个球放入第二个口袋中,再从第二个口袋中任取一个球. 如果从第二个口袋中取出的是红球,求从第一个口袋中取出的球也是红球的概率.

71. 设 $P(A)=0.5,P(A\cup B)=0.8,P(A|B)=0.4$,求 $P(B|A)$.

72. 设有 9 个小球,其中 6 个是红球,3 个是黑球. 现任意把它们分装成 3 盒,每盒 3 个,求:

(1) 3 个黑球在一个盒子中的概率;

(2) 每个盒子中有一个黑球的概率;

(3) 3 个盒子中分别有 2,1 和 0 个黑球的概率.

第二章 随机变量及其概率分布

§1 随 机 变 量

为了进一步研究随机现象,需要将随机试验的结果数量化,这就是随机变量.随机变量的引入使概率论的研究前进了一大步.

例 2.1 考查抛掷硬币的试验.抛掷一枚质地均匀的硬币,有两种可能的结果:ω_0,表示正面朝上;ω_1,表示背面朝上.样本空间为 $\Omega=\{\omega_0,\omega_1\}$.如何将可能的结果 ω_0 和 ω_1 数量化呢?我们引入变量 X,令

$$X(\omega)=\begin{cases} 0, & \omega=\omega_0, \\ 1, & \omega=\omega_1, \end{cases}$$

于是 $X(\omega)$ 是定义在 Ω 上的实值函数.通常把 $X(\omega)$ 简记作 X.由于试验前不能预料 ω 的取值,因而 X 是取 0 还是取 1 也是随机的,故称 X 为随机变量.有了随机变量 X,以前讨论的各种随机事件均可以用 X 的变化范围来表示:

$A=$ "正面朝上" $=\{X=0\}$, $\quad B=$ "背面朝上" $=\{X=1\}$,
$C=$ "正面朝上或背面朝上" $=\{X=0$ 或 $X=1\}=\Omega$,
$D=$ "正面朝上且背面朝上" $=\{X=0$ 且 $X=1\}=\varnothing$.

反过来,X 的一个变化范围表示了一个随机事件.例如,对于 $0<X<2$,由于 X 只可能取 0 或 1 两个值,这就相当于 $X=1$,所以

$$\{0<X<2\}=\text{"背面朝上"}.$$

同理 $\qquad\{X<0\}=\varnothing, \quad \{-5\leqslant X\leqslant 5\}=\Omega,$
等等.

在例 2.1 中,我们引进了样本空间 Ω 上的实值函数,称之为随机变量.下面给出随机变量的定义.

定义 2.1 设随机试验的样本空间为 Ω.如果对于每一个可能

的试验结果(样本点)$\omega \in \Omega$,都唯一地存在一个实数值 $X(\omega)$ 与之对应,则称 $X(\omega)$ 为一个**随机变量**,简记为 X.

常用大写英文字母 X,Y,Z 等(或希腊字母 ξ,η,ζ 等)表示随机变量.

例 2.1 中的随机变量 X 只取有限个值. 事实上,随机变量还可以取可数个值或取连续值.

例 2.2 某射手每次射击命中目标的概率都是 $p(0<p<1)$. 现在他连续向一目标射击,直到第一次击中目标为止,则射击次数 X 是一个随机变量,X 可以取到任何正整数.

例 2.3 考虑测试灯泡寿命的试验,用 X 表示一个灯泡的寿命(以小时记),则 X 是一个取连续值的随机变量.

下面介绍两类最常用的随机变量——离散型随机变量和连续型随机变量.

§2 离散型随机变量及其概率分布

定义 2.2 如果随机变量 X 只能取到有限个或可数个值,则称 X 是**离散型随机变量**.

设 X 是一个离散型随机变量,它可能取到的值为 $x_1, x_2, \cdots$(有限个或可数个),称

$$p_k = P\{X = x_k\}, \quad k=1,2,\cdots$$

为 X 的**概率分布律**,简称为**分布律**.

根据概率的性质,分布律满足下述性质:

(1) $p_k \geqslant 0, k=1,2,\cdots$;

(2) $\sum\limits_{k} p_k = 1$.

这里 $\sum\limits_{k}$ 是对所有的 $p_1, p_2, \cdots$ 求和,它可能只有有限个值,也可能有可数个值.

离散型随机变量的分布律可用列表的形式给出,如表 2.1 所示,称作**概率分布表**. 特别是当随机变量只能取有限个值时,常常使用概率分布表.

表 2.1

X	x_1	x_2	$\cdots$	x_k	$\cdots$
p_k	p_1	p_2	$\cdots$	p_k	$\cdots$

例 2.1 和例 2.2 中的随机变量都是离散型随机变量. 在例 2.1 中,描述抛掷一枚硬币结果的随机变量 X 的概率分布表如表 2.2 所示.

表 2.2

X	0	1
p_k	1/2	1/2

在例 2.2 中,直到第一次击中目标为止的射击次数 X 的分布律为

$$P\{X=k\}=q^{k-1}p, \quad k=1,2,\cdots,$$

这里 $q=1-p$. 它的概率分布表如表 2.3 所示.

表 2.3

X	1	2	3	$\cdots$	k	$\cdots$
p_k	p	qp	$q^2 p$	$\cdots$	$q^{k-1}p$	$\cdots$

离散型随机变量的概率分布或分布律完全刻画了离散型随机变量取值的分布规律. 已知 X 的分布律,可以求得这个随机变量 X 所对应的概率空间中任何随机事件的概率. 下面介绍几种常见的离散型随机变量的概率分布.

1. 两点分布

如果随机变量 X 的分布律为

$$\begin{aligned} P\{X=a\}&=1-p, \\ P\{X=b\}&=p, \end{aligned} \quad 0<p<1, \tag{2.1}$$

则称 X 服从参数为 p 的**两点分布**. 特别地,当 $a=0, b=1$ 时,称 X 服从 0-1 **分布**. 0-1 分布也常常称为**伯努利分布**.

在随机试验中,如果只有两种可能的试验结果,那么对应的随机

变量都服从两点分布.例如,抛掷硬币的试验对应的随机变量服从 0-1 分布,$p=1/2$,见表 2.2.

例 2.4 设有 1000 件产品,其中 900 件是正品,100 件是次品.现在随机地抽取一件,假设抽到每一件的机会都相同,则抽得正品的概率为 0.9,而抽得次品的概率为 0.1.

定义随机变量 X 如下:

$$X=\begin{cases}1, & \text{抽得的产品为正品,}\\ 0, & \text{抽得的产品为次品,}\end{cases}$$

则

$$P\{X=1\}=0.9,\quad P\{X=0\}=0.1,$$

即 X 服从 0-1 分布.

2. 二项分布

如果随机变量 X 的取值为 $0,1,\cdots,n$,且

$$P\{X=k\}=C_n^k p^k q^{n-k}, \tag{2.2}$$

其中 $0<p<1$,$q=1-p$,$k=0,1,\cdots,n$,则称 X 服从参数为 n,p 的**二项分布**,记作 $X\sim B(n,p)$.

在伯努利试验中,事件 A 出现的次数 X 服从二项分布.

例 2.5 在例 2.4 中,将随机地抽取一件,改为有放回地抽取 5 件,在这 5 件中所含次品的件数 X 服从参数为 $p=0.1,n=5$ 的二项分布:

$$P\{X=k\}=C_5^k p^k q^{5-k}=C_5^k\times 0.1^k\times 0.9^{5-k},$$
$$k=0,1,2,3,4,5.$$

我们将 6 个概率值列入表 2.4 中.

表 2.4

X	0	1	2	3	4	5
p_k	0.5905	0.3281	0.0729	0.0081	0.0004	0.0000

3. 泊松分布

设随机变量 X 的可能取值为 $0,1,2,\cdots$,且

$$P\{X=k\}=\frac{\lambda^k}{k!}e^{-\lambda},\quad k=0,1,2,\cdots, \tag{2.3}$$

其中 $\lambda>0$ 为常数,则称 X 服从参数为 λ 的**泊松**(Poisson)**分布**,记作 $X\sim\mathscr{P}(\lambda)$.

记第一章例 1.12 中网站被访问的次数为 X,则 $X\sim\mathscr{P}(\lambda)$.

设随机变量 $X\sim\mathscr{P}(\lambda)$,使 $P\{X=k\}$ 取到最大值的 k 称作 X 的最大可能出现次数. 因为

$$\frac{P\{X=k\}}{P\{X=k-1\}}=\frac{\lambda}{k},$$

所以,当 $k<\lambda$ 时,$P\{X=k\}>P\{X=k-1\}$,当 $k>\lambda$ 时,$P\{X=k\}<P\{X=k-1\}$,因而随着 k 的增加,$P\{X=k\}$ 先增后减. 于是

(1) 当 λ 是正整数时,$P\{X=\lambda\}=P\{X=\lambda-1\}$ 取到最大值,λ 和 $\lambda-1$ 是最大可能出现次数;

(2) 当 λ 不是整数时,令 $k=\lfloor\lambda\rfloor$,则 $P\{X=k\}$ 取最大值,$\lfloor\lambda\rfloor$ 为最大可能出现次数.

λ 为整数及不是整数时,最大可能出现次数及对应的最大概率见图 2.1,其中 $p_k=P\{X=k\}$.

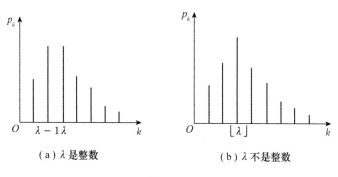

(a) λ 是整数   (b) λ 不是整数

图 2.1

下面给出二项分布与泊松分布的关系.

定理 2.1(泊松定理)   设随机变量 $X_n(n=1,2,\cdots)$ 服从二项分布,其分布律为

$$P\{X_n=k\}=C_n^k p_n^k(1-p_n)^{n-k},\quad k=0,1,\cdots,n,$$

又设 $np_n=\lambda>0$ 是常数,则

$$\lim_{n\to\infty} P\{X_n = k\} = \frac{\lambda^k}{k!} e^{-\lambda}, \quad k = 0, 1, 2, \cdots.$$

证 由 $p_n = \dfrac{\lambda}{n}$ 有

$$P\{X_n = k\} = C_n^k p_n^k (1-p_n)^{n-k}$$

$$= \frac{n(n-1)\cdots(n-k+1)}{k!} \left(\frac{\lambda}{n}\right)^k \left(1-\frac{\lambda}{n}\right)^{n-k}$$

$$= \frac{\lambda^k}{k!} \left[1 \cdot \left(1-\frac{1}{n}\right)\left(1-\frac{2}{n}\right)\cdots\left(1-\frac{k-1}{n}\right) \right]$$

$$\cdot \left(1-\frac{\lambda}{n}\right)^n \left(1-\frac{\lambda}{n}\right)^{-k}.$$

注意到,对于固定的 k,当 $n\to\infty$ 时,有

$$1 \cdot \left(1-\frac{1}{n}\right)\left(1-\frac{2}{n}\right)\cdots\left(1-\frac{k-1}{n}\right) \to 1,$$

$$\left(1-\frac{\lambda}{n}\right)^n \to e^{-\lambda}, \quad \left(1-\frac{\lambda}{n}\right)^{-k} \to 1,$$

所以
$$\lim_{n\to\infty} P\{X_n = k\} = \frac{\lambda^k}{k!} e^{-\lambda}.$$

显然,定理的条件 $np_n = \lambda$ 意味着,当 n 很大时, p_n 必定很小. 设 $X \sim B(n,p)$,当 n 很大, p 很小时,直接用二项概率公式计算的计算量是很大的. 令 $\lambda = np$,根据泊松定理,有下述近似公式:

$$C_n^k p^k (1-p)^{n-k} \approx \frac{\lambda^k}{k!} e^{-\lambda}, \quad k = 0, 1, \cdots, n. \tag{2.4}$$

查泊松分布表(见附表 6)即可得到所需的数值.

例 2.6 A 市有机动车 10 万辆. 根据已往的数据,每辆车在一周内发生重大交通事故的概率为十万分之三. 求:

(1) A 市一周发生重大交通事故的最大可能的次数;

(2) 一周发生的重大交通事故不超过 5 次的概率.

解 设 A 市一周发生重大交通事故的次数为 X,则 $X \sim B(n,p)$,其中 $n = 10^5, p = 3\times 10^{-5}$.

根据泊松定理,有

$$P\{X = k\} = C_n^k p^k q^{n-k} \approx \frac{\lambda^k}{k!} e^{-\lambda},$$

其中 $q=1-p, \lambda=np=3$. 也就是说,可以近似地认为 $X \sim \mathscr{P}(\lambda)$. 于是

(1) 最大可能的次数为 2 和 3;

(2) $P\{X \leqslant 5\} = \sum_{k=0}^{5} \frac{\lambda^k}{k!} e^{-\lambda} = 0.91608.$ （查附表 6）

由泊松定理可知,泊松分布可作为描绘大量试验中稀有事件出现频数 k 的概率分布的数学模型. 在例 2.6 中,可看成做 10^5 次试验,"重大交通事故"这一事件发生的概率为 3×10^{-5}, 这是稀有事件. 设"重大交通事故"数为 X, 则 X 近似服从泊松分布,其参数为 $np=3$. 从这一角度出发,我们可以认为许多现象服从泊松分布. 例如,在固定长度的时间内电话交换台接到用户的呼唤次数,候车的旅客数,原子放射粒子数,大量产品中不合格产品的数量,数字通信中传输数字时发生误码的个数,重大交通事故数,网站被访问的次数,等等,都服从泊松分布. 由于服从泊松分布的随机变量广泛存在,所以泊松分布是一种重要的概率分布,特别是在排队论中,泊松分布居重要地位.

4. 超几何分布

设一堆同类产品共 N 个,其中有 M 个次品. 现从中任取 n 个（假定 $n \leqslant N-M$）,则这 n 个中所含的次品数 X 是一个离散型随机变量, X 的概率分布律为

$$P\{X=k\} = \frac{C_M^k C_{N-M}^{n-k}}{C_N^n}, \quad k=0,1,\cdots,l, \qquad (2.5)$$

这里 $l = \min\{M, n\}$. 我们称这个概率分布为**超几何分布**.

显然, $P\{X=k\} \geqslant 0$. 为了证明 $\sum_{k=0}^{l} P\{X=k\} = 1$, 我们只需证明

$$\sum_{k=0}^{l} C_M^k C_{N-M}^{n-k} = C_N^n.$$

事实上,这两个数分别是等式

$$(1+x)^M (1+x)^{N-M} = (1+x)^N$$

两边 x^n 的系数,当然应该相等.

超几何分布具有下述性质:若当 $N \to \infty$ 时, $\frac{M}{N} \to p$ (n, k 不

变),则

$$\frac{C_M^k C_{N-M}^{n-k}}{C_N^n} \to C_n^k p^k (1-p)^{n-k}, \quad N \to \infty.$$

证明如下：

$$\frac{C_M^k C_{N-M}^{n-k}}{C_N^n} = \frac{M!}{(M-k)!k!} \cdot \frac{(N-M)!}{[N-M-(n-k)]!(n-k)!}$$

$$\cdot \frac{n!(N-n)!}{N!}$$

$$= \frac{n!}{k!(n-k)!} \cdot \frac{M(M-1)\cdots(M-k+1)}{N^k}$$

$$\cdot \frac{(N-M)(N-M-1)\cdots[N-M-(n-k)+1]}{N^{n-k}}$$

$$\cdot \frac{N^n}{N(N-1)\cdots(N-n+1)}$$

$$\to C_n^k p^k (1-p)^{n-k}, \quad N \to \infty.$$

设 N 件产品中有 M 件次品. 从中随机抽取 n 件,记取到的次品数为 X. 若是放回抽样,则 $X \sim B(n,p)$,其中 $p = \dfrac{M}{N}$. 若是不放回抽样,则 X 服从超几何分布. 当 N 比 n 大得多时,每次取到次品的概率差不多是一样的,都近似等于 p,从而 X 近似服从 $B(n,p)$. 这正是上面证明的结果.

5. 退化分布

如果随机变量 X 取值 C(常数)的概率为 1,即 $P\{X=C\}=1$,则称 X 服从**退化分布**或**单点分布**,有时也称 X 服从**常数分布**.

§3 随机变量的分布函数

定义 2.3 设 X 是一个随机变量,函数

$$F(x) = P\{X \leqslant x\}, \quad -\infty < x < +\infty \tag{2.6}$$

称作 X 的**分布函数**.

如果将 X 看成数轴上随机点的坐标,那么分布函数 $F(x)$ 在 x 处的函数值就表示点 X 落入区间 $(-\infty, x]$ 的概率. 对于任意的实

数 $x_1 < x_2$，随机点 X 落入区间 $(x_1, x_2]$ 的概率为

$$P\{x_1 < X \leqslant x_2\} = P\{X \leqslant x_2\} - P\{X \leqslant x_1\}$$
$$= F(x_2) - F(x_1). \tag{2.7}$$

于是，只要知道了随机变量 X 的分布函数，就可以描述 X 的统计特性了。

分布函数是一个普通实函数，正是通过它我们才能用分析的方法来研究随机变量。

下面先讨论离散型随机变量的分布函数及其特点。

例 2.7 设袋中有 5 个小球，其中 2 个红球，3 个绿球。任取 3 个球，取到的红球数记作 X，求 X 的分布函数并画图。

解 不难求得

$$P\{X=0\}=0.1, \quad P\{X=1\}=0.6, \quad P\{X=2\}=0.3.$$

(1) 当 $x < 0$ 时，$\{X \leqslant x\}$ 为不可能事件，因而

$$F(x) = P\{X \leqslant x\} = 0;$$

(2) 当 $0 \leqslant x < 1$ 时，$\{X \leqslant x\} = \{X = 0\}$，因而

$$F(x) = P\{X \leqslant x\} = P\{X = 0\} = 0.1;$$

(3) 当 $1 \leqslant x < 2$ 时，$\{X \leqslant x\} = \{X = 0\} \cup \{x = 1\}$，又事件 $\{X=0\}$ 与 $\{X=1\}$ 互不相容，所以

$$F(x) = P\{X \leqslant x\} = P\{X = 0\} + P\{X = 1\}$$
$$= 0.1 + 0.6 = 0.7;$$

(4) 当 $x \geqslant 2$ 时，事件 $\{X \leqslant x\}$ 为必然事件，因而

$$F(x) = P\{X \leqslant x\} = 1.$$

于是

$$F(x) = \begin{cases} 0, & x < 0, \\ 0.1, & 0 \leqslant x < 1, \\ 0.7, & 1 \leqslant x < 2, \\ 1, & x \geqslant 2. \end{cases}$$

$F(x)$ 在 $0, 1, 2$ 处有跳跃点，跳跃的高度恰好是 $X = 0, 1, 2$ 的概率 $0.1, 0.6, 0.3$。$F(x)$ 的图形如图 2.2 所示。

一般情况下，设 X 是离散型随机变量，其概率分布律为

$$p_k = P\{X = a_k\}, \quad k = 1, 2, \cdots, n,$$

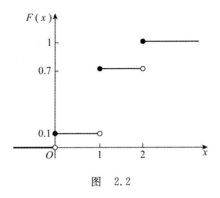

图 2.2

其中 $a_1 < a_2 < \cdots < a_n$，则 X 的分布函数为

$$F(x) = \begin{cases} 0, & x < a_1, \\ \sum_{i=1}^{k} p_i, & a_k \leqslant x < a_{k+1}, k = 1, 2, \cdots, n-1, \\ 1, & x \geqslant a_n. \end{cases} \quad (2.8)$$

$F(x)$ 是阶梯形的曲线，$x = a_1, a_2, \cdots, a_n$ 为它的跳跃点，其跳跃高度分别为 $p_1, p_2, \cdots, p_n$.

当 X 取可数个值 $a_1 < a_2 < \cdots$ 时，设

$$P\{X = a_k\} = p_k, \quad k = 1, 2, \cdots,$$

则 X 的分布函数为

$$F(x) = \begin{cases} 0, & x < a_1, \\ \sum_{i=1}^{k} p_i, & a_k \leqslant x < a_{k+1}, k = 1, 2, \cdots. \end{cases}$$

这时 $F(x)$ 的图形如图 2.3 所示.

随机变量 X 的分布函数有下列性质：

(1) $0 \leqslant F(x) \leqslant 1 (-\infty < x < +\infty)$；

(2) $F(x)$ 是非减函数：若 $x_1 < x_2$，则 $F(x_1) \leqslant F(x_2)$；

(3) $\lim_{x \to -\infty} F(x) = 0, \lim_{x \to +\infty} F(x) = 1$；

(4) $F(x)$ 右连续；

(5) $P\{X = x\} = F(x) - F(x-0)$，其中 $F(x-0) = \lim_{u \to x-0} F(u)$.

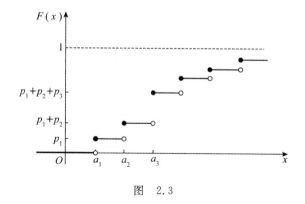

图 2.3

证 (1) 因为 $F(x)=P\{X\leqslant x\}$,$P\{X\leqslant x\}$ 是事件 $\{X\leqslant x\}$ 的概率,因而 $0\leqslant F(x)\leqslant 1$ 成立.

(2) 注意到 $F(x_2)-F(x_1)=P\{x_1<X\leqslant x_2\}\geqslant 0$,所以
$$F(x_1)\leqslant F(x_2).$$

对性质(3)~(5)仅做如下直观的说明,而不做严格的证明:

性质(3)是说当 $x\to-\infty$ 时,X 落入 $(-\infty,x]$ 的概率趋于 0;当 $x\to+\infty$ 时,X 落入 $(-\infty,x]$ 的概率趋于 1.

关于(4),由于当 $u\to x+0$ 时,区间 $(-\infty,u]\to(-\infty,x]$,从而 $\lim_{u\to x+0}P\{X\leqslant u\}=P\{X\leqslant x\}$,即 $\lim_{u\to x+0}F(u)=F(x)$,亦即 $F(x)$ 右连续.

关于(5),由于当 $u\to x-0$ 时,区间 $(-\infty,u]\to(-\infty,x)$,从而 $\lim_{u\to x-0}P\{X\leqslant u\}=P\{X<x\}$,即 $\lim_{u\to x-0}F(u)=P\{X<x\}$,亦即 $F(x-0)=P\{X<x\}$. 而 $P\{X=x\}=P\{X\leqslant x\}-P\{X<x\}$,故 $P\{X=x\}=F(x)-F(x-0)$. 性质(5)是说 $\{X=x\}$ 的概率等于分布函数 $F(x)$ 在 x 处跳跃的高度. 这些从前面的例子都可以看到.

§4 连续型随机变量及其概率密度

定义 2.4 设随机变量 X 的分布函数为 $F(x)$. 如果存在非负可积函数 $f(x)$,使得

$$F(x)=\int_{-\infty}^{x}f(t)\mathrm{d}t,\quad -\infty<x<+\infty \qquad (2.9)$$

则称 X 为**连续型随机变量**,并称 $f(x)$ 为 X 的**概率密度函数**,简称**概率密度**或**密度**.

由(2.9)式可知,连续型随机变量的分布函数是连续函数.

概率密度函数 $f(x)$ 有下列性质:

(1) $f(x) \geqslant 0$;

(2) $\int_{-\infty}^{+\infty} f(x)\mathrm{d}x = 1$;

(3) $P\{a < X \leqslant b\} = \int_a^b f(x)\mathrm{d}x$;

(4) 若 $f(x)$ 在 x 处连续,则 $F'(x) = f(x)$.

证 (1) 由定义可知 $f(x) \geqslant 0$.

(2) $\int_{-\infty}^{+\infty} f(t)\mathrm{d}t = \lim_{x \to +\infty} F(x) = 1$.

(3) $P\{a < X \leqslant b\} = F(b) - F(a)$
$$= \int_{-\infty}^b f(t)\mathrm{d}t - \int_{-\infty}^a f(t)\mathrm{d}t = \int_a^b f(t)\mathrm{d}t.$$

(4) $F(x)$ 是 $f(x)$ 的变上限定积分,由微积分中的有关定理知道,对于 $f(x)$ 的连续点 x,有
$$F'(x) = f(x).$$

从图形上看,$F(x)$ 等于曲线 $y = f(x)$ 在 $(-\infty, x]$ 上的曲边梯形面积,见图 2.4(a);性质(2)说明曲线 $y = f(x)$ 和 x 轴之间的面积等于 1,见图 2.4(b);而性质(3)表示 $P\{a < X \leqslant b\}$ 等于曲线 $y = f(x)$ 在区间 $(a, b]$ 上的曲边梯形的面积,见图 2.4(c).

还须指出,连续型随机变量 X 取任一给定值 a 的概率为 0,即
$$P\{X = a\} = 0.$$

事实上,由分布函数的性质(5)知 $P\{X = a\} = F(a) - F(a - 0)$,而连续型随机变量的分布函数 $F(x)$ 是连续的,有 $F(a - 0) = F(a)$,从而得到
$$P\{X = a\} = 0.$$

因此,当我们讨论连续型随机变量 X 落入某区间内的概率时,不用区分是否包括区间端点在内,即

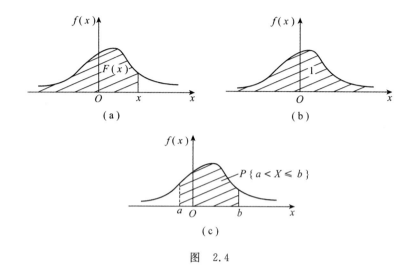

图 2.4

$$P\{a<X<b\}=P\{a<X\leqslant b\}=P\{a\leqslant X<b\}$$
$$=P\{a\leqslant X\leqslant b\}.$$

例 2.8 设 X 是连续型随机变量,已知 X 的概率密度为

$$f(x)=\begin{cases}Ae^{-\lambda x}, & x\geqslant 0,\\ 0, & x<0,\end{cases}$$

其中 λ 为正常数.

(1) 确定常数 A;   (2) 求 X 的分布函数.

解 (1) 由概率密度函数的性质(2)有

$$1=\int_{-\infty}^{+\infty}f(x)\mathrm{d}x=\int_{-\infty}^{0}0\mathrm{d}x+\int_{0}^{+\infty}Ae^{-\lambda x}\mathrm{d}x=0+\frac{A}{\lambda},$$

从而 $A=\lambda$.

(2) $F(x)=\int_{-\infty}^{x}f(t)\mathrm{d}t.$

当 $x<0$ 时,$F(x)=\int_{-\infty}^{x}0\mathrm{d}t=0;$

当 $x\geqslant 0$ 时,

$$F(x)=\int_{-\infty}^{x}f(t)\mathrm{d}t=\int_{-\infty}^{0}0\mathrm{d}t+\int_{0}^{x}\lambda e^{-\lambda t}\mathrm{d}t$$
$$=1-e^{-\lambda x}.$$

所以
$$F(x) = \begin{cases} 1-e^{-\lambda x}, & x \geqslant 0, \\ 0, & x < 0. \end{cases}$$
下面介绍几个常用的连续型随机变量的分布.

1. 均匀分布

如果连续型随机变量 X 的概率密度为
$$f(x) = \begin{cases} \dfrac{1}{b-a}, & a \leqslant x \leqslant b, \\ 0, & \text{其他}, \end{cases} \tag{2.10}$$
则称 X 服从区间 $[a,b]$ 上的**均匀分布**.

显然,有 $f(x) \geqslant 0, \int_{-\infty}^{+\infty} f(x)\mathrm{d}x = \int_{b}^{a} \dfrac{1}{b-a}\mathrm{d}x = 1.$

这时 X 的分布函数为
$$F(x) = \begin{cases} 0, & x < a, \\ \dfrac{x-a}{b-a}, & a \leqslant x < b, \\ 1, & x \geqslant b. \end{cases}$$
$f(x)$ 和 $F(x)$ 的图形如图 2.5 所示.

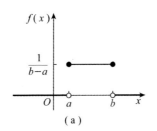
(a)

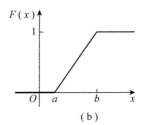
(b)

图 2.5

如果 X 服从区间 $[a,b]$ 上的均匀分布,则对于任意满足 $a \leqslant c < d \leqslant b$ 的 c 和 d,有
$$P\{c < X < d\} = \int_{c}^{d} \dfrac{\mathrm{d}x}{b-a} = \dfrac{d-c}{b-a}.$$
这说明,X 落入 $[a,b]$ 中任一小区间的概率与该小区间的长度成正

比,而与小区间的具体位置无关.这就是均匀分布的概率意义.

2. 指数分布

如果连续型随机变量 X 的概率密度为

$$f(x) = \begin{cases} \lambda e^{-\lambda x}, & x \geq 0, \\ 0, & x < 0, \end{cases} \quad \lambda \geq 0, \qquad (2.11)$$

则称 X 服从参数为 λ 的**指数分布**.

不难验证,$\int_{-\infty}^{+\infty} f(x)\,dx = \int_{0}^{+\infty} \lambda e^{-\lambda x}\,dx = 1$.

在例 2.8 中,已求得指数分布的分布函数为

$$F(x) = \begin{cases} 1 - e^{-\lambda x}, & x \geq 0, \\ 0, & x < 0. \end{cases}$$

$f(x)$ 和 $F(x)$ 的图形如图 2.6 所示.

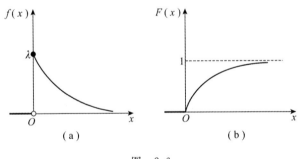

图 2.6

下面举例说明指数分布的实际背景.

例 2.9 已知使用了 t 小时的电子管在以后的 Δt 小时内损坏的概率为 $\lambda \Delta t + o(\Delta t)$,其中 λ 是不依赖于 t 的正常数.假设电子管寿命为零的概率为零,求电子管寿命的概率分布.

解 设 X 为电子管的寿命.对于成批的电子管而言,X 是一个随机变量.设 X 的分布函数为 $F(t)$.

由题设,"电子管在使用了 t 小时以后的 Δt 小时内损坏"的概率为 $\lambda \Delta t + o(\Delta t)$,即

$$P\{t < X \leq t + \Delta t \mid X > t\} = \lambda \Delta t + o(\Delta t).$$

由条件概率公式知,上式左边

$$P\{t<X\leqslant t+\Delta t\,|\,X>t\}=\frac{P\{t<X\leqslant t+\Delta t \text{ 且 } X>t\}}{P\{X>t\}}$$
$$=\frac{P\{t<X\leqslant t+\Delta t\}}{P\{X>t\}}=\frac{F(t+\Delta t)-F(t)}{1-F(t)},$$

因而
$$\frac{F(t+\Delta t)-F(t)}{1-F(t)}=\lambda\Delta t+o(\Delta t),$$
$$\frac{F(t+\Delta t)-F(t)}{\Delta t}=[1-F(t)]\left[\lambda+\frac{o(\Delta t)}{\Delta t}\right].$$

令 $\Delta t \to 0$，得
$$F'(t)=\lambda[1-F(t)].$$

这是一个关于 $F(t)$ 的一阶线性微分方程，注意到初始条件
$$F(0)=P\{X\leqslant 0\}=0,$$

可解出
$$F(t)=1-e^{-\lambda t}, \quad t\geqslant 0.$$

当 $t<0$ 时，显然 $F(t)=0$.

所以 X 的概率密度为
$$f(t)=F'(t)=\begin{cases}\lambda e^{-\lambda t}, & t\geqslant 0,\\ 0, & t<0.\end{cases}$$

可见，X 服从参数为 λ 的指数分布.

3. 正态分布

设连续型随机变量 X 的概率密度为
$$f(x)=\frac{1}{\sqrt{2\pi}\sigma}e^{-\frac{(x-\mu)^2}{2\sigma^2}}, \quad -\infty<x<+\infty, \tag{2.12}$$

其中 μ,σ 为常数，且 $\sigma>0$，则称 X 服从参数为 μ,σ 的**正态分布**，记作
$$X\sim N(\mu,\sigma^2).$$

可以证明
$$\int_{-\infty}^{+\infty}\frac{1}{\sqrt{2\pi}\sigma}e^{-\frac{(x-\mu)^2}{2\sigma^2}}\,\mathrm{d}x=1.$$

事实上，作积分变换 $t=\dfrac{x-\mu}{\sigma}$ 及 $u=\dfrac{t^2}{2}$，有

$$\int_{-\infty}^{+\infty} \frac{1}{\sqrt{2\pi}\sigma} e^{-\frac{(x-\mu)^2}{2\sigma^2}} dx = \frac{1}{\sqrt{2\pi}} \int_{-\infty}^{+\infty} e^{-t^2/2} dt = \sqrt{\frac{2}{\pi}} \int_{0}^{+\infty} e^{-t^2/2} dt$$

$$= \frac{1}{\sqrt{\pi}} \int_{0}^{+\infty} u^{-1/2} e^{-u} du = \frac{1}{\sqrt{\pi}} \Gamma\left(\frac{1}{2}\right) = 1, \text{①}$$

从而得证上面的积分等于 1.

正态分布的分布函数为

$$F(x) = \frac{1}{\sqrt{2\pi}\sigma} \int_{-\infty}^{x} e^{-\frac{(t-\mu)^2}{2\sigma^2}} dt, \quad -\infty < x < +\infty, \quad (2.13)$$

$f(x)$ 和 $F(x)$ 的图形分别如图 2.7 所示.

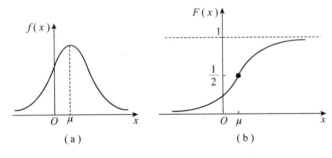

图 2.7

正态分布随机变量的概率密度函数 $f(x)$ 具有下列性质:

在直角坐标系内 $f(x)$ 的图形呈钟形(见图 2.7(a)),在 $x=\mu$ 处取得最大值 $f(\mu) = \frac{1}{\sqrt{2\pi}\sigma}$;相对于直线 $x=\mu$ 对称;在 $x=\mu\pm\sigma$ 处有拐点;当 $x\rightarrow \pm\infty$ 时,曲线以 x 轴为渐近线.

另外,当 σ 较大时,曲线平缓;当 σ 较小时,曲线陡峭(见图 2.8). 而如果 σ 固定,改变 μ 的值,则 $f(x)$ 的图形沿着 x 轴平行移动,但不

---

① $\Gamma(\alpha) = \int_{0}^{+\infty} x^{\alpha-1} e^{-x} dx, \alpha > 0$. 它有下述性质:
(i) $\Gamma(\alpha+1) = \alpha\Gamma(\alpha)$;
(ii) 对于正整数 $n, \Gamma(n+1) = n!$;
(iii) $\Gamma\left(\frac{1}{2}\right) = \sqrt{\pi}$.

改变其形状,见图 2.9. 可见 $f(x)$ 的形状完全由 σ 决定,而位置完全由 μ 来决定.

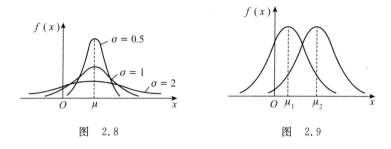

图 2.8　　　　　　　　　　图 2.9

当参数 $\mu=0$ 而 $\sigma=1$,即 $X\sim N(0,1)$ 时,称 X 服从**标准正态分布**,这时用 $\varphi(x)$ 和 $\Phi(x)$ 分别表示 X 的概率密度函数和分布函数,即

$$\varphi(x) = \frac{1}{\sqrt{2\pi}}e^{-x^2/2}, \quad -\infty < x < +\infty, \qquad (2.14)$$

$$\Phi(x) = \frac{1}{\sqrt{2\pi}}\int_{-\infty}^{x} e^{-t^2/2}dt, \quad -\infty < x < +\infty. \qquad (2.15)$$

$\varphi(x)$ 和 $\Phi(x)$ 的图形如图 2.10 所示.

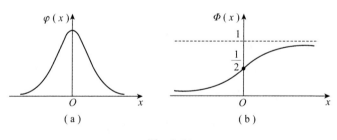

图 2.10

$\varphi(x)$ 和 $\Phi(x)$ 有下面的性质:

(1) $\varphi(x)$ 是偶函数: $\varphi(-x)=\varphi(x)$;

(2) 当 $x=0$ 时,$\varphi(x)$ 取最大值 $\dfrac{1}{\sqrt{2\pi}}$;

(3) $\Phi(-x)=1-\Phi(x)$;

(4) 设 $X \sim N(\mu, \sigma^2)$,则 X 的分布函数为
$$F(x) = \Phi\left(\frac{x-\mu}{\sigma}\right), \quad -\infty < x < +\infty. \tag{2.16}$$

证 性质(1),(2)显然成立.下面证明(3),(4).

(3) 根据性质(1),令 $u = -t$,则有
$$\Phi(-x) = \int_{-\infty}^{-x} \varphi(t) dt = -\int_{+\infty}^{x} \varphi(-u) du$$
$$= \int_{x}^{+\infty} \varphi(u) du = 1 - \Phi(x).$$

(4) 令 $u = \dfrac{t-\mu}{\sigma}$,则有
$$F(x) = \frac{1}{\sqrt{2\pi}\sigma} \int_{-\infty}^{x} e^{-\frac{(t-\mu)^2}{2\sigma^2}} dt = \frac{1}{\sqrt{2\pi}} \int_{-\infty}^{\frac{x-\mu}{\sigma}} e^{-u^2/2} du = \Phi\left(\frac{x-\mu}{\sigma}\right).$$

正态分布是最重要的概率分布.根据性质(4),任何正态分布函数的计算都可以转化为标准正态分布函数 $\Phi(x)$ 的计算.附表1给出 $\Phi(x)$ 的数值表.表中只给出 $x \geqslant 0$ 的 $\Phi(x)$ 值,当 $x < 0$ 时,可根据性质(3)查表得到,如
$$\Phi(-1) = 1 - \Phi(1) = 1 - 0.84134 = 0.15866.$$

例 2.10 已知 $X \sim N(\mu, \sigma^2)$,分别求 X 落入区间 $[\mu-\sigma, \mu+\sigma]$,$[\mu-2\sigma, \mu+2\sigma]$,$[\mu-3\sigma, \mu+3\sigma]$ 的概率.

解 (1) X 落入 $[\mu-\sigma, \mu+\sigma]$ 的概率为
$$P\{\mu-\sigma \leqslant X \leqslant \mu+\sigma\}$$
$$= F(\mu+\sigma) - F(\mu-\sigma) \quad (性质(4))$$
$$= \Phi\left(\frac{\mu+\sigma-\mu}{\sigma}\right) - \Phi\left(\frac{\mu-\sigma-\mu}{\sigma}\right)$$
$$= \Phi(1) - \Phi(-1) = \Phi(1) - 1 + \Phi(1)$$
$$= 2\Phi(1) - 1 \quad (查附表1)$$
$$= 2 \times 0.8413 - 1 = 0.6826.$$

(2) 类似地,X 落入 $[\mu-2\sigma, \mu+2\sigma]$ 的概率为
$$P\{\mu-2\sigma \leqslant X \leqslant \mu+2\sigma\} = 2\Phi(2) - 1$$
$$= 2 \times 0.97725 - 1 = 0.95450.$$

(3) X 落入 $[\mu-3\sigma, \mu+3\sigma]$ 的概率为

$$P\{\mu-3\sigma \leqslant X \leqslant \mu+3\sigma\}=2\Phi(3)-1$$
$$=2\times 0.99865-1=0.99730.$$

由上面三式可见,服从正态分布 $N(\mu,\sigma^2)$ 的随机变量 X 基本上落在区间 $[\mu-2\sigma,\mu+2\sigma]$ 内,而几乎全部落在区间 $[\mu-3\sigma,\mu+3\sigma]$ 内.

4. Γ 分布

如果随机变量的概率密度为

$$f(x)=\begin{cases}\dfrac{\beta^{\alpha}}{\Gamma(\alpha)}x^{\alpha-1}\mathrm{e}^{-\beta x}, & x>0,\\ 0, & x\leqslant 0,\end{cases} \quad (2.17)$$

其中 $\alpha>0,\beta>0$ 为常数,则称 X 服从参数为 α,β 的 **Γ 分布**,记为

$$X\sim \Gamma(\alpha,\beta).$$

根据 Γ 函数的定义,不难验证

$$\int_{-\infty}^{+\infty}f(x)\mathrm{d}x=\int_{0}^{+\infty}\frac{\beta^{\alpha}}{\Gamma(\alpha)}x^{\alpha-1}\mathrm{e}^{-\beta x}\mathrm{d}x$$

$$\xlongequal{\diamondsuit u=\beta x}\frac{1}{\Gamma(\alpha)}\int_{0}^{+\infty}u^{\alpha-1}\mathrm{e}^{-u}\mathrm{d}u=1.$$

Γ 分布含两个参数 α 和 β,很多常见的分布是 Γ 分布的特殊情况. 例如,$\Gamma(1,\beta)$ 是参数为 β 的指数分布,后面统计部分常用到的 χ^2 分布也是 Γ 分布的特殊情况.

§5 随机变量函数的分布

设 X 是一个随机变量,$g(x)$ 是一个普通实函数,则 $Y=g(X)$ 也是一个随机变量. 例如,设 X 是分子的速度,而 Y 是分子的动能,则 Y 是 X 的函数:$Y=\dfrac{1}{2}mX^2$(m 为分子的质量). 问题是如何由已知的 X 的分布来寻找 Y 的分布.

1. 离散型随机变量的函数

设 X 是离散型随机变量,则 $Y=g(X)$ 也是离散型随机变量. 设 X 的分布律为

$$p_k = P\{X = x_k\}, \quad k = 1, 2, \cdots.$$
记 $y_k = g(x_k)(k=1,2,\cdots)$. 如果诸 y_k 的值都不相同,则 Y 的分布律为
$$p_k = P\{Y = y_k\}, \quad k = 1, 2, \cdots.$$
如果 $g(x_1), g(x_2), \cdots$ 中某些值是相同的,则应把相同的值合并,将对应的概率加在一起.

例 2.11 已知 X 的分布律如表 2.5 所示,求 $Y = 2X + 1$ 和 $Z = (X-2)^2$ 的分布律.

表 2.5

x_k	0	1	2	3	4	5
$P\{X=x_k\}$	1/12	1/6	1/3	1/12	2/9	1/9

解 Y, Z 与 X 取值的对应关系如表 2.6 所示. 由于 Y 取值栏内的诸值都不相同,故只需将表 2.5 中的 X 取值栏换成 Y 取值栏即可得到 Y 的分布律,如表 2.7 所示. 而当 $X=0$ 和 4 时 $Z=4$, 当 $X=1$ 和 3 时 $Z=1$, 故在写 Z 的分布律时需合并这样的值. 例如,
$$P\{Z=4\} = P\{X=0\} + P\{X=4\} = \frac{11}{36}.$$
Z 的分布律如表 2.8 所示.

表 2.6

x_k	0	1	2	3	4	5
$y_k = 2x_k + 1$	1	3	5	7	9	11
$z_k = (x_k - 2)^2$	4	1	0	1	4	9

表 2.7

y_k	1	3	5	7	9	11
$P\{Y=y_k\}$	1/12	1/6	1/3	1/12	2/9	1/9

表 2.8

z_k	0	1	4	9
$P\{Z=z_k\}$	1/3	1/4	11/36	1/9

2. 连续型随机变量的函数

设连续型随机变量 X 的概率密度函数为 $f(x)$,$Y=g(X)$,其中 $g(x)$ 是一个连续函数. 于是,Y 的分布函数为

$$F_Y(y) = P\{Y \leqslant y\} = P\{g(x) \leqslant y\} = \int_{g(x) \leqslant y} f(x)\mathrm{d}x,$$

计算的关键在于给出积分区间,即满足条件 $g(x) \leqslant y$ 的 x 的变化范围. 由 $F_Y(y)$ 可以得到 Y 的概率密度 $f_Y(y)$. 这个方法称作**分布函数法**. 下面举例说明具体做法.

例 2.12 设 X 的概率密度为 $f(x)$,且 $f(x)$ 连续,求 $Y=aX+b$ 的概率密度,其中 a,b 为常数,且 $a \neq 0$.

解 设 Y 的分布函数为 $F_Y(y)$,即

$$F_Y(y) = P\{Y \leqslant y\} = P\{aX+b \leqslant y\}.$$

(1) 若 $a>0$,则

$$F_Y(y) = P\left\{X \leqslant \frac{y-b}{a}\right\} = \int_{-\infty}^{\frac{y-b}{a}} f(x)\mathrm{d}x,$$

得

$$F_Y'(y) = \frac{1}{a}f\left(\frac{y-b}{a}\right).$$

(2) 若 $a<0$,则

$$F_Y(y) = P\left\{X \geqslant \frac{y-b}{a}\right\} = \int_{\frac{y-b}{a}}^{+\infty} f(x)\mathrm{d}x,$$

得

$$F_Y'(y) = -\frac{1}{a}f\left(\frac{y-b}{a}\right).$$

综合上述结果,得

$$F_Y'(y) = \frac{1}{|a|}f\left(\frac{y-b}{a}\right).$$

因此,Y 也是连续型随机变量,其概率密度为

$$f_Y(y) = \frac{1}{|a|}f\left(\frac{y-b}{a}\right). \tag{2.18}$$

设 $X \sim N(\mu,\sigma^2)$,$Y=aX+b$,其中 $a>0$,则由 (2.18) 式,Y 的概率密度为

$$f_Y(y) = \frac{1}{\sqrt{2\pi}a\sigma} \mathrm{e}^{-\frac{1}{2(a\sigma)^2}[y-(a\mu+b)]^2},$$

即 $Y \sim N(a\mu+b, (a\sigma)^2)$.

特别地,取 $a=\dfrac{1}{\sigma}, b=-\dfrac{\mu}{\sigma}$,得

$$\frac{X-\mu}{\sigma} \sim N(0,1).$$

例 2.13 由统计物理学知道,分子运动速度的绝对值 X 服从麦克斯韦分布,其概率密度为

$$f(x) = \begin{cases} \dfrac{4x^2}{\alpha^3 \sqrt{\pi}} e^{-x^2/\alpha^2}, & x>0, \\ 0, & x\leqslant 0, \end{cases}$$

其中 $\alpha>0$ 为常数. 求分子动能 $Y=\dfrac{1}{2}mX^2$ (m 为分子的质量)的概率密度.

解 Y 的分布函数为

$$F_Y(y) = P\left\{\frac{1}{2}mX^2 \leqslant y\right\}.$$

显然,当 $y\leqslant 0$ 时, $F_Y(y)=0$. 当 $y>0$ 时,

$$F_Y(y) = P\left\{-\sqrt{\frac{2y}{m}} \leqslant X \leqslant \sqrt{\frac{2y}{m}}\right\}$$

$$= \int_0^{\sqrt{\frac{2y}{m}}} \frac{4x^2}{\alpha^3 \sqrt{\pi}} e^{-x^2/\alpha^2} dx,$$

$$F'_Y(y) = \frac{4}{\alpha^3 \sqrt{\pi}} \cdot \frac{2y}{m} e^{-2y/(\alpha^2 m)} \cdot \sqrt{\frac{2}{m}} \cdot \frac{1}{2\sqrt{y}}$$

$$= \frac{4\sqrt{2y}}{m^{3/2} \alpha^3 \sqrt{\pi}} e^{-2y/(\alpha^2 m)}.$$

故 Y 的概率密度为

$$f_Y(y) = \begin{cases} \dfrac{4\sqrt{2y}}{m^{3/2} \alpha^3 \sqrt{\pi}} e^{-2y/(\alpha^2 m)}, & y>0, \\ 0, & y\leqslant 0. \end{cases}$$

例 2.14 设 $F(x)$ 是一个分布函数,在区间 (a,b) 上有反函数 $F^{-1}(u)$ $(0<u<1)$,且当 $x\to a+0$ 时, $F(x)\to 0$; 当 $x\to b-0$ 时, $F(x)\to$

1. 这里可以有 $a=-\infty$ 或 $b=+\infty$. 若 U 服从区间 $(0,1)$ 上的均匀分布,试证明: $X=F^{-1}(U)$ 的分布函数为 $F(x)$.

证 对任意的 $x(a<x<b)$,有
$$P\{X\leqslant x\}=P\{F^{-1}(U)\leqslant x\}=P\{U\leqslant F(x)\}$$
$$=F(x).$$

当 $x\leqslant a$ 时,对任意的 $u(a<u<b)$,有
$$P\{X\leqslant x\}\leqslant P\{X\leqslant u\}=F(u)\to 0,\quad u\to a+0,$$
故 $P\{X\leqslant x\}=0$.

当 $x\geqslant b$ 时,对任意的 $u(a<u<b)$,有
$$P\{X\leqslant x\}\geqslant P\{X\leqslant u\}=F(u)\to 1,\quad u\to b-0,$$
故 $P\{X\leqslant x\}=1$.

综上,得证 $X=F^{-1}(U)$ 的分布函数为 $F(x)$.

例如,指数分布的分布函数为
$$F(x)=\mathrm{e}^{-\lambda x},\quad x>0,$$
其反函数为
$$F^{-1}(u)=-\frac{1}{\lambda}\ln u,\quad 0<u<1.$$
又设 U 服从区间 $(0,1)$ 上的均匀分布,则
$$X=-\frac{1}{\lambda}\ln U$$
服从指数分布.

在计算机上进行随机模拟或用蒙特卡罗方法计算(见例 1.11),需要产生给定分布的随机数.一般的程序设计语言只提供区间 $(0,1)$ 上均匀分布的随机数,这就需要借助 $(0,1)$ 上均匀分布的随机数生成给定分布的随机数.当所需的随机数的分布函数满足例 2.14 中的条件时,可以如下生成所需的随机数:设给定的分布函数为 $F(x)$,其反函数为 $F^{-1}(u)$.产生 n 个 $(0,1)$ 上服从均匀分布的随机数 $u_k(k=1,2,\cdots,n)$,令 $x_k=F^{-1}(u_k)(k=1,2,\cdots,n)$,得到 n 个所需的随机数.

例如,产生 n 个 $(0,1)$ 上服从均匀分布的随机数 $u_k(k=1,2,\cdots,n)$,令
$$x_k=-\frac{1}{\lambda}\ln u_k,\quad k=1,2,\cdots,n,$$

则得到 n 个参数为 λ 的指数分布随机数.

习 题 二

1. 设有产品 100 件,其中有 5 件次品. 现从中随机抽取 20 件, 试求抽取到次品数 X 的分布律.

2. 某射手每次射击打中目标的概率是 0.8. 现连续射击 30 次, 试求击中目标次数 X 的分布律.

3. 将一颗骰子连掷两次,以 X 表示两次所得点数之和,试写出随机变量 X 的分布律.

4. 将一枚硬币连续抛掷 n 次,以 X 表示 n 次中出现正面的次数,求 X 的分布律.

5. 抛掷一枚硬币,直到出现"正面朝上"时为止,求抛掷次数 X 的分布律.

6. 在汽车经过的路上有 4 个交叉路口,设在每个交叉路口碰到红灯的概率为 p,且各路口的红绿灯是相互独立的,求当汽车停止前进时,已通过的交叉路口个数的分布律.

7. 设随机变量 X 的分布律为

$$P\{X=k\}=\frac{A}{N}, \quad k=1,2,\cdots,N,$$

试确定常数 A.

8. 设随机变量 X 的分布律为

$$P\{X=k\}=A\frac{\lambda^k}{k!}, \quad k=0,1,2,\cdots,\lambda>0 \text{ 为常数},$$

试确定常数 A.

9. 设随机变量 X 服从泊松分布,且已知 $P\{X=1\}=P\{X=2\}$, 求 $P\{X=4\}$.

10. 已知一电话交换台每分钟接到的呼叫次数服从参数为 4 的泊松分布,求:

(1) 每分钟恰有 8 次呼叫的概率;

(2) 每分钟呼叫次数大于 8 的概率.

11. 验证等式 $\sum_{k=0}^{\infty} \dfrac{\lambda^k}{k!} e^{-\lambda} = 1$ $(\lambda > 0)$.

12. 利用恒等式
$$(1+x)^N = (1+x)^M \cdot (1+x)^{N-M}$$
两边 x^n 的系数相等,验证等式
$$\sum_{m=0}^{l} \dfrac{C_M^m C_{N-M}^{n-m}}{C_N^n} = 1,$$
其中 N, M, n 均为正整数,$N \geqslant M, N-M \geqslant n, l = \min\{M, n\}$.

13. 设有同类型的设备 300 台,各台工作是相互独立的,发生故障的概率都是 0.01;一台设备的故障可由一个工人及时处理. 问:至少需配备多少个工人,才能保证当设备发生故障时,不能及时维修的概率小于 0.01?

14. 一袋中有 5 个乒乓球,编号为 1,2,3,4,5. 从中任意地取 3 个,以 X 表示取出的 3 个球中的最大号码,试写出 X 的分布律和分布函数,并画出分布函数的图形.

15. 某射手每次射击打中目标的概率是 0.8. 现连续向一目标射击,直到第一次击中目标时为止,求射击次数 X 的分布律和分布函数,并画出分布函数的图形.

16. 设随机变量 X 的概率密度为
$$f(x) = \begin{cases} Cx, & 0 \leqslant x \leqslant 1, \\ 0, & \text{其他}, \end{cases}$$
求:

(1) 常数 C;　　(2) X 落在区间 $(0.3, 0.7)$ 内的概率.

17. 设随机变量 X 的概率密度为
$$f(x) = \begin{cases} \dfrac{C}{\sqrt{1-x^2}}, & |x| < 1, \\ 0, & \text{其他}, \end{cases}$$
求:

(1) 常数 C;　　(2) X 落在区间 $\left(-\dfrac{1}{2}, \dfrac{1}{2}\right)$ 内的概率.

18. 设随机变量 X 的概率密度为

$$f(x) = Ce^{-|x|}, \quad -\infty < x < +\infty,$$

求：

(1) 常数 C； (2) X 落入区间 $(0,1)$ 的概率.

19. 设随机变量 X 服从 0-1 分布，其分布律为
$$P\{X=1\}=p, \quad P\{X=0\}=1-p,$$
求 X 的分布函数，并作出图形.

20. 在区间 $[0,a]$ 上任意投掷一个质点，用 X 表示这个质点的坐标. 设这个质点落在 $[0,a]$ 中任意小区间内的概率与这个小区间的长度成正比例，试求 X 的分布函数.

21. 设随机变量 X 的分布函数为
$$F(x) = \begin{cases} 1-e^{-x}, & x \geq 0, \\ 0, & x < 0, \end{cases}$$

求：

(1) $P\{X \leq 2\}, P\{X > 3\}$； (2) X 的概率密度 $f(x)$.

22. 设随机变量 X 的概率密度为

(1) $f(x) = \begin{cases} \dfrac{2}{\pi}\sqrt{1-x^2}, & -1 \leq x \leq 1, \\ 0, & \text{其他}; \end{cases}$

(2) $f(x) = \begin{cases} x, & 0 \leq x < 1, \\ 2-x, & 1 \leq x \leq 2, \\ 0, & \text{其他}. \end{cases}$

求 X 的分布函数 $F(x)$，并作出 (2) 中 $f(x)$ 和 $F(x)$ 的图形.

23. 设 k 服从 $(0,5)$ 上的均匀分布，求方程
$$4x^2 + 4kx + k + 2 = 0$$
有实根的概率.

24. 设 $X \sim N(1, 0.6^2)$，求：

(1) $P\{X > 0\}$； (2) $P\{0.2 < X < 1.8\}$.

25. 乘以什么常数将使 e^{-x^2+x} 变成概率密度函数？

26. 设某机器生产的螺栓的长度(单位：cm)服从参数为 $\mu = 10.05$，$\sigma = 0.06$ 的正态分布. 规定长度在范围 10.05 ± 0.12 内为合格品，求螺栓的次品率.

27. 设随机变量 X 的分布律如表 2.9 所示,求 $Y=X^2$ 的分布律.

表 2.9

X	-2	-1	0	1	3
p_k	1/5	1/6	1/5	1/15	11/30

28. 设随机变量 X 服从 $[0,\pi]$ 上的均匀分布,$Y=\sin X$,求 Y 的概率密度.

29. 设随机变量 X 服从自由度为 n 的 χ^2 分布,即其概率密度为

$$f(x) = \begin{cases} \dfrac{1}{2^{n/2}\Gamma\left(\dfrac{n}{2}\right)} x^{n/2-1} e^{-x/2}, & x>0, \\ 0, & x\leqslant 0, \end{cases}$$

求 $Y=\sqrt{\dfrac{X}{n}}$ 的概率密度.

30. 设随机变量 $X \sim N(0,1)$,试证明:$Y=X^2$ 服从自由度为 1 的 χ^2 分布,即 Y 的概率密度为

$$f_Y(y) = \begin{cases} \dfrac{1}{\sqrt{2\pi}} y^{-1/2} e^{-y/2}, & y>0, \\ 0, & y\leqslant 0. \end{cases}$$

31. 设随机变量 $\ln X \sim N(1,2^2)$,求 $P\left\{\dfrac{1}{2}<X<2\right\}$.

32. 测量球的直径并计算球的体积. 设直径的测量值服从区间 $[a,b]$ 上的均匀分布,求体积的计算值的概率密度.

33. 点随机地落在以原点为中心、半径为 R 的圆周上,并且对弧长是均匀地分布的,求落点的横坐标的概率密度.

34. 设随机变量 X 的概率密度为

$$f(x) = \begin{cases} Ax^2, & |x|<1, \\ 0, & 其他, \end{cases}$$

求:

(1) 常数 A;   (2) X 的分布函数 $F(x)$;

(3) $P\left\{|X|\leqslant\dfrac{1}{2}\right\}$.

35. 设随机变量 X 的概率密度为
$$f(x)=\begin{cases} A\cos x, & |x|<\dfrac{\pi}{2}, \\ 0, & \text{其他}, \end{cases}$$
求：

(1) 常数 A；　　　　　　　(2) X 的分布函数 $F(x)$；

(3) $P\left\{|\sin X|<\dfrac{1}{2}\right\}$.

36. 设随机变量 X 服从参数为 $\lambda(\lambda>0)$ 的泊松分布，且 $P\{X=2\}=P\{X=3\}$，求：

(1) 参数 λ；　　　　　　(2) $P\{X=5\}$；

(3) $P\{2<X\leqslant 5\}$；　　　(4) $P\{2\leqslant X<5\}$；

(5) $P\{2<X<5\}$；　　　　(6) $P\{2\leqslant X\leqslant 5\}$.

以上计算可以查表，计算结果保留 5 位小数.

37. 设连续型随机变量 X 的分布函数为
$$F(x)=\dfrac{A}{1+e^{-x}}, \quad -\infty<x<+\infty,$$
求：

(1) 常数 A；　　　　　　　(2) X 的概率密度；

(3) $P\{X\leqslant 0\}$.

38. 设连续型随机变量 X 的分布函数为
$$F(x)=A+B\arctan x, \quad -\infty<x<+\infty,$$
求：

(1) 常数 A 和 B；　　　　　(2) X 的概率密度；

(3) $P\{X\leqslant 1\}$.

39. 设连续型随机变量 X 的分布函数为
$$F(x)=A\arctan e^{x}, \quad -\infty<x<+\infty,$$
求：

(1) X 的概率密度 $f(x)$；　　(2) $P\left\{0<X<\dfrac{1}{2}\ln 3\right\}$.

40. 设随机变量 X 的概率密度为
$$f(x) = \begin{cases} ax+b, & 0<x<1, \\ 0, & \text{其他}, \end{cases}$$
又已知 $P\left\{X<\dfrac{1}{3}\right\} = P\left\{X>\dfrac{1}{3}\right\}$,求常数 a 和 b.

41. 设随机变量 X 服从区间 $(0,1)$ 上的均匀分布,求 $Y=-2\ln X$ 的概率密度.

42. 设随机变量 X 的概率密度为
$$f(x) = \begin{cases} \dfrac{1}{2}x, & 0<x<2, \\ 0, & \text{其他}, \end{cases}$$
又已知 $P\{X \geqslant a\} = \dfrac{1}{2}$,求 a.

43. 设随机变量 X 的分布函数
$$F(x) = \begin{cases} 1-0.5e^{-(x-1)}, & x \geqslant 1, \\ 0.2(x^2+1), & 0 \leqslant x<1, \\ 0, & x<0, \end{cases}$$
求 $P\{0<X<1\}$.

44. 设某产品寿命(单位:h)的概率密度为
$$f(x) = \begin{cases} 1000x^{-2}, & x>1000, \\ 0, & x \leqslant 1000. \end{cases}$$
现买来 5 个这种产品,求至多有一个不能正常工作 1500 h 以上的概率.

45. 设某种元件的寿命(单位:h)服从 $\lambda=0.002$ 的指数分布,问:至少取几个才能保证至少有一个元件寿命大于 500 h 的概率不小于 0.9?

46. 设随机变量 X 的概率密度为
$$f(x) = \begin{cases} x, & 0 \leqslant x \leqslant 1, \\ 2-x, & 1<x \leqslant 2, \\ 0, & \text{其他}, \end{cases}$$
求 $Y=(X-1)^2$ 的概率密度.

47. 有 m 个盒子和许多小球,将小球一个一个地放入盒子中. 若每个小球放入每个盒子的可能性相等，试写出下述随机变量 X 的分布律：

(1) 共放入 n 个小球，X 是第一个盒子中的小球数；

(2) X 是第一次把小球放入第一个盒子中后，总共放入的小球数；

(3) X 是在第一个盒子中放入 r 个小球后，总共放入的小球数；

(4) X 是直到每个盒子中都有小球时，总共放入的小球数.

第三章 多维随机变量及其概率分布

有些随机试验的结果必须用两个或两个以上的随机变量来描述.例如,某种圆柱形零件的长度和直径、人的身高和体重、打靶时弹着点的横坐标和纵坐标、飞机在空中位置的三个坐标等等,都必须用两个或两个以上的随机变量来表示.这就是多维随机变量.下面主要介绍二维随机变量,有关概念和结论容易推广到 n ($n\geqslant 3$) 维情况.

§1 二维随机变量

定义 3.1 设随机试验的样本空间为 Ω,X 和 Y 是定义在 Ω 上的两个随机变量,称向量 (X,Y) 为**二维随机变量**或**二维随机向量**.

一、二维随机变量的分布函数

定义 3.2 设 (X,Y) 是一个二维随机变量,二元函数
$$F(x,y)=P\{X\leqslant x,Y\leqslant y\},\quad -\infty<x,y<+\infty \quad (3.1)$$
称为 (X,Y) 的**分布函数**,或称为 X 与 Y 的**联合分布函数**.

如果将 (X,Y) 看成平面上的随机点,则分布函数 $F(x,y)$ 表示点 (X,Y) 落在无限的矩形区域 "$-\infty<X\leqslant x,-\infty<Y\leqslant y$" 内的概率,见图 3.1.

二维随机变量的分布函数 $F(x,y)$ 有下列诸条性质:

(1) $0\leqslant F(x,y)\leqslant 1$.

(2) $F(x,y)$ 对 x 和 y 分别是单调不减的,即对任意的 y,若 $x_1<x_2$,则
$$F(x_1,y)\leqslant F(x_2,y);$$
对任意的 x,若 $y_1<y_2$,则
$$F(x,y_1)\leqslant F(x,y_2).$$

(3) $F(x,y)$ 对每个变元是右连续的.

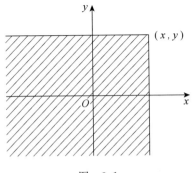

图 3.1

(4) $\lim\limits_{x \to -\infty} F(x,y) = 0$, $\quad \lim\limits_{y \to -\infty} F(x,y) = 0$,

$\lim\limits_{\substack{x \to -\infty \\ y \to -\infty}} F(x,y) = 0$, $\quad \lim\limits_{\substack{x \to +\infty \\ y \to +\infty}} F(x,y) = 1$.

性质(4)中的结果常常分别记成

$F(-\infty, y) = 0, \quad F(x, -\infty) = 0,$

$F(-\infty, -\infty) = 0, \quad F(+\infty, +\infty) = 1.$

这些性质与一维随机变量分布函数的性质相似,证明从略.

二、二维离散型随机变量

定义 3.3 如果二维随机变量 (X,Y) 只能取到有限对或可数对值,则称它是**离散型**的.

设 X 的可能取值为 $a_i (i=1,2,\cdots)$, Y 的可能取值为 $b_j (j=1,2,\cdots)$, 则 (X,Y) 的可能取值为 $(a_i, b_j)(i,j=1,2,\cdots)$. 我们把

$$p_{ij} = P\{X=a_i, Y=b_j\}, \quad i,j=1,2,\cdots \quad (3.2)$$

称为 (X,Y) 的**分布律**,或称为 X 与 Y 的**联合分布律**,见表 3.1.

p_{ij} 具有下述性质:

(1) $p_{ij} \geqslant 0$;

(2) $\sum\limits_{i} \sum\limits_{j} p_{ij} = 1$;

(3) $F(x,y) = \sum\limits_{a_i \leqslant x} \sum\limits_{b_j \leqslant y} p_{ij}$.

表 3.1

X \ Y	b_1	b_2	$\cdots$	b_j	$\cdots$
a_1	p_{11}	p_{12}	$\cdots$	p_{1j}	$\cdots$
a_2	p_{21}	p_{22}	$\cdots$	p_{2j}	$\cdots$
$\vdots$	$\vdots$	$\vdots$	$\vdots$	$\vdots$	$\vdots$
a_i	p_{i1}	p_{i2}	$\cdots$	p_{ij}	$\cdots$
$\vdots$	$\vdots$	$\vdots$	$\vdots$	$\vdots$	$\vdots$

例 3.1 设有两个口袋,每个口袋中装了 2 个红球和 2 个绿球. 先从第一个口袋中任取 2 个球放入第二个口袋中,再从第二个口袋中任取 2 个球. 把两次取到的红球数分别记作 X 和 Y,求 (X,Y) 的分布律.

解 X,Y 可能取到的值为 $0,1,2$,分布律为
$$P\{X=i, Y=j\} = P\{X=i\} \cdot P\{Y=j \mid X=i\}$$
$$= \frac{C_2^i C_2^{2-i}}{C_4^2} \cdot \frac{C_{2+i}^j C_{4-i}^{2-j}}{C_6^2}, \quad i,j = 0,1,2.$$

计算结果如表 3.2 所示.

表 3.2

X \ Y	0	1	2
0	6/90	8/90	1/90
1	12/90	36/90	12/90
2	1/90	8/90	6/90

三、二维连续型随机变量

定义 3.4 如果存在非负可积函数 $f(x,y)$,使得二维随机变量 (X,Y) 的分布函数为

$$F(x,y) = \int_{-\infty}^{y} \int_{-\infty}^{x} f(u,v) \mathrm{d}u \mathrm{d}v, \quad -\infty < x, y < +\infty,$$

(3.3)

则称 (X,Y) 是**二维连续型随机变量**,其中函数 $f(x,y)$ 称为二维随机

变量(X,Y)的**概率密度**,或称为 X 与 Y 的**联合分布密度**.

$f(x,y)$有下列性质:

(1) $f(x,y) \geqslant 0$;

(2) $\int_{-\infty}^{+\infty}\int_{-\infty}^{+\infty} f(x,y)\mathrm{d}x\mathrm{d}y = 1$;

(3) 若$f(x,y)$在点(x,y)连续,则

$$\frac{\partial^2 F(x,y)}{\partial x \partial y} = f(x,y);$$

(4) 设 D 为 xy 平面上的一个区域,则

$$P\{(X,Y) \in D\} = \iint\limits_D f(x,y)\mathrm{d}x\mathrm{d}y.$$

由定义及变上限积分的性质可知性质(1)和(3)成立.

由定义及分布函数的性质可证明(2)成立.事实上,

$$\int_{-\infty}^{+\infty}\int_{-\infty}^{+\infty} f(u,v)\mathrm{d}u\mathrm{d}v = \lim_{\substack{x \to +\infty \\ y \to +\infty}} \int_{-\infty}^{y}\int_{-\infty}^{x} f(u,v)\mathrm{d}u\mathrm{d}v$$

$$= \lim_{\substack{x \to +\infty \\ y \to +\infty}} F(x,y) = 1.$$

性质(4)的证明要用到较多的数学知识,这里就不证明了.现仅就 D 为矩形区域,即由不等式 $a < x \leqslant b, c < y \leqslant d$ 所确定的区域时说明如下:这时(见图 3.2)

$$P\{a < X \leqslant b, c < Y \leqslant d\}$$

$$= P\{X \leqslant b, Y \leqslant d\} - P\{X \leqslant a, Y \leqslant d\}$$

$$\quad - P\{X \leqslant b, Y \leqslant c\} + P\{X \leqslant a, Y \leqslant c\}$$

$$= F(b,d) - F(a,d) - F(b,c) + F(a,c)$$

$$= \int_{-\infty}^{d}\int_{-\infty}^{b} f(x,y)\mathrm{d}x\mathrm{d}y - \int_{-\infty}^{d}\int_{-\infty}^{a} f(x,y)\mathrm{d}x\mathrm{d}y$$

$$\quad - \int_{-\infty}^{c}\int_{-\infty}^{b} f(x,y)\mathrm{d}x\mathrm{d}y + \int_{-\infty}^{c}\int_{-\infty}^{a} f(x,y)\mathrm{d}x\mathrm{d}y$$

$$= \int_{-\infty}^{d}\int_{a}^{b} f(x,y)\mathrm{d}x\mathrm{d}y - \int_{-\infty}^{c}\int_{a}^{b} f(x,y)\mathrm{d}x\mathrm{d}y$$

$$= \int_{c}^{d}\int_{a}^{b} f(x,y)\mathrm{d}x\mathrm{d}y.$$

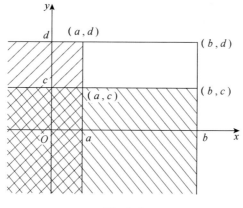

图 3.2

例 3.2 设二维随机变量 (X,Y) 的概率密度为

$$f(x,y)=\begin{cases} Ce^{-(x+y)}, & x\geqslant 0, y\geqslant 0, \\ 0, & 其他, \end{cases}$$

(1) 求常数 C；

(2) 求 (X,Y) 落入区域 $0<x<1,0<y<1$ 的概率.

解 (1) 由概率密度的性质(2)可知

$$1=\int_{-\infty}^{+\infty}\int_{-\infty}^{+\infty}f(x,y)\mathrm{d}x\mathrm{d}y=\int_{0}^{+\infty}\int_{0}^{+\infty}Ce^{-(x+y)}\mathrm{d}x\mathrm{d}y=C,$$

所以 $C=1$.

(2) $P\{0<X<1,0<Y<1\}=\int_{0}^{1}\int_{0}^{1}e^{-(x+y)}\mathrm{d}x\mathrm{d}y=(1-e^{-1})^2.$

下面给出两个常用的二维分布.

1. 均匀分布

设 D 是有界的平面区域，其面积为 A. 如果二维随机变量 (X,Y) 的概率密度为

$$f(x,y)=\begin{cases} \dfrac{1}{A}, & (x,y)\in D, \\ 0, & 其他, \end{cases}$$

则称 (X,Y) 服从 D 上的**均匀分布**.

2. 二维正态分布

如果二维随机变量(X,Y)的概率密度为

$$f(x,y) = \frac{1}{2\pi\sigma_1\sigma_2\sqrt{1-\rho^2}}$$

$$\cdot e^{-\frac{1}{2(1-\rho^2)}\left[\frac{(x-\mu_1)^2}{\sigma_1^2} - 2\rho\frac{(x-\mu_1)(y-\mu_2)}{\sigma_1\sigma_2} + \frac{(y-\mu_2)^2}{\sigma_2^2}\right]}, \quad (3.4)$$

其中$\mu_1,\mu_2,\sigma_1,\sigma_2,\rho$为常数,且$\sigma_1>0,\sigma_2>0,|\rho|<1$,则称$(X,Y)$服从二维正态分布,记作$(X,Y) \sim N(\mu_1,\mu_2,\sigma_1^2,\sigma_2^2,\rho)$.

四、n 维随机变量

设$X_1,X_2,\cdots,X_n$是定义在样本空间Ω上的n个随机变量,则称$(X_1,X_2,\cdots,X_n)$是n维随机变量或n维随机向量.

n维随机变量$(X_1,X_2,\cdots,X_n)$的分布函数定义为

$$F(x_1,x_2,\cdots,x_n) = P\{X_1 \leqslant x_1, X_2 \leqslant x_2, \cdots, X_n \leqslant x_n\}, \quad (3.5)$$

也称作$X_1,X_2,\cdots,X_n$的**联合分布函数**.

如果存在非负可积函数$f(x_1,x_2,\cdots,x_n)$,使得

$$F(x_1,x_2,\cdots,x_n)$$

$$= \int_{-\infty}^{x_n}\int_{-\infty}^{x_{n-1}}\cdots\int_{-\infty}^{x_1} f(u_1,u_2,\cdots,u_n)\mathrm{d}u_1\mathrm{d}u_2\cdots\mathrm{d}u_n, \quad (3.6)$$

则称$(X_1,X_2,\cdots,X_n)$是n维连续型随机变量,$f(x_1,x_2,\cdots,x_n)$为$(X_1,X_2,\cdots,X_n)$的**概率密度**或$X_1,X_2,\cdots,X_n$的**联合分布密度**.

§2 边 缘 分 布

对于二维随机变量(X,Y),分量X的概率分布称为(X,Y)**关于X的边缘分布**;分量Y的概率分布称为(X,Y)**关于Y的边缘分布**.

由于事件$\{X \leqslant x\}$就是$\{X \leqslant x, Y < +\infty\}$,事件$\{Y \leqslant y\}$就是$\{X < +\infty, Y \leqslant y\}$,因此可以由$(X,Y)$的联合分布容易地求得关于$X$和关于$Y$的边缘分布. 设$(X,Y)$的联合分布函数为$F(x,y)$,关于$X$和关于$Y$的边缘分布函数分别为$F_X(x)$和$F_Y(y)$,则

$$F_X(x)=P\{X\leqslant x\}=P\{X\leqslant x,Y<+\infty\}=F(x,+\infty),$$
$$F_Y(y)=P\{Y\leqslant y\}=P\{X<+\infty,Y\leqslant y\}=F(+\infty,y),$$
即
$$F_X(x)=F(x,+\infty), \quad F_Y(y)=F(+\infty,y). \quad (3.7)$$

下面分别讨论二维离散型随机变量和二维连续型随机变量的边缘分布.

一、二维离散型随机变量的边缘分布

设 (X,Y) 是二维离散型随机变量,其分布律为
$$P\{X=a_i,Y=b_j\}=p_{ij}, \quad i,j=1,2,\cdots,$$
则关于 X 的边缘分布律为
$$P\{X=a_i\}=\sum_j P\{X=a_i,Y=b_j\}=\sum_j p_{ij}. \quad (3.8)$$
常常把(3.8)式的右端记成 $p_{i\cdot}$,即
$$p_{i\cdot}=\sum_j p_{ij}.$$
类似地,关于 Y 的边缘分布律为
$$P\{Y=b_j\}=\sum_i P\{X=a_i,Y=b_j\}=\sum_i p_{ij}, \quad (3.8)'$$
记为
$$p_{\cdot j}=\sum_i p_{ij}.$$

例 3.1(续) 对于例 3.1 中的 (X,Y),求关于 X 和关于 Y 的边缘分布律.

解 (X,Y) 的分布律如表 3.2 所示,表中第 i 行的 3 个数之和即为 $p_{i\cdot}$,第 j 列的 3 个数之和即为 $p_{\cdot j}$. 计算结果如表 3.3 所示,表中最右边的一列给出了关于 X 的边缘分布律,最下面的一行给出了关于 Y 的边缘分布律,右下角的 1 恰好等于最右列的各数之和,也等于最下行的各数之和,还等于表中除这一列和这一行外的所有数之和,即
$$\sum_i p_{i\cdot}=\sum_j p_{\cdot j}=\sum_{i,j} p_{ij}=1.$$

表 3.3

X \ Y	0	1	2	$P\{X=i\}=p_i.$
0	$\frac{6}{90}$	$\frac{8}{90}$	$\frac{1}{90}$	$\frac{1}{6}$
1	$\frac{12}{90}$	$\frac{36}{90}$	$\frac{12}{90}$	$\frac{2}{3}$
2	$\frac{1}{90}$	$\frac{8}{90}$	$\frac{6}{90}$	$\frac{1}{6}$
$P\{Y=j\}=p_{\cdot j}$	$\frac{19}{90}$	$\frac{52}{90}$	$\frac{19}{90}$	1

二、二维连续型随机变量的边缘分布

设 (X,Y) 是二维连续型随机变量，其概率密度为 $f(x,y)$. 由公式(3.7)及二维连续型随机变量的定义有

$$F_X(x) = F(x, +\infty) = \int_{-\infty}^{+\infty}\int_{-\infty}^{x} f(x,y)\mathrm{d}x\mathrm{d}y$$
$$= \int_{-\infty}^{x}\left[\int_{-\infty}^{+\infty} f(x,y)\mathrm{d}y\right]\mathrm{d}x.$$

令

$$f_X(x) = \int_{-\infty}^{+\infty} f(x,y)\mathrm{d}y. \qquad (3.9)$$

显然 $f_X(x)$ 是非负可积的，因而 X 是连续型随机变量，其概率密度 $f_X(x)$ 即为关于 X 的边缘分布概率密度.

类似地，有

$$F_Y(y) = \int_{-\infty}^{y}\left[\int_{-\infty}^{+\infty} f(x,y)\mathrm{d}x\right]\mathrm{d}y.$$

令

$$f_Y(y) = \int_{-\infty}^{+\infty} f(x,y)\mathrm{d}x, \qquad (3.9)'$$

则 $f_Y(y)$ 是关于 Y 的边缘分布概率密度.

例 3.3 设二维随机变量 (X,Y) 服从

$$D=\{(x,y) \mid 0<x<1, 0<y<x^2\}$$

上的均匀分布，求关于 X 和关于 Y 的边缘分布.

解 D 如图 3.3 所示,有
$$|D| = \int_0^1 x^2 \mathrm{d}x = \frac{1}{3},$$

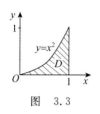

图 3.3

于是 (X,Y) 的概率密度为
$$f(x,y) = \begin{cases} 3, & 0<x<1, 0<y<x^2, \\ 0, & \text{其他}. \end{cases}$$

关于 X 的边缘分布概率密度为
$$f_X(x) = \int_{-\infty}^{+\infty} f(x,y) \mathrm{d}y.$$

当 $x \leqslant 0$ 或 $x \geqslant 1$ 时,
$$f_X(x) = 0;$$

当 $0 < x < 1$ 时,
$$f_X(x) = \int_0^{x^2} 3 \mathrm{d}y = 3x^2.$$

最后得到
$$f_X(x) = \begin{cases} 3x^2, & 0<x<1, \\ 0, & \text{其他}. \end{cases}$$

关于 Y 的边缘分布概率密度为
$$f_Y(y) = \int_{-\infty}^{+\infty} f(x,y) \mathrm{d}x.$$

当 $y \leqslant 0$ 或 $y \geqslant 1$ 时,
$$f_Y(y) = 0;$$

当 $0 < y < 1$ 时,
$$f_Y(x) = \int_{\sqrt{y}}^1 3 \mathrm{d}x = 3(1-\sqrt{y}).$$

最后得到
$$f_Y(y) = \begin{cases} 3(1-\sqrt{y}), & 0<y<1, \\ 0, & \text{其他}. \end{cases}$$

例 3.4 设 (X,Y) 服从二维正态分布 $N(\mu_1, \mu_2, \sigma_1^2, \sigma_2^2, \rho)$,求关于 X 和关于 Y 的边缘分布概率密度.

解 由公式 (3.9) 有
$$f_X(x) = \frac{1}{2\pi\sigma_1\sigma_2\sqrt{1-\rho^2}} \int_{-\infty}^{+\infty} \mathrm{e}^{-\frac{1}{2(1-\rho^2)}\left[\frac{(x-\mu_1)^2}{\sigma_1^2} - 2\rho\frac{(x-\mu_1)(y-\mu_2)}{\sigma_1\sigma_2} + \frac{(y-\mu_2)^2}{\sigma_2^2}\right]} \mathrm{d}y.$$

对被积函数的指数部分进行配方、化简,得

$$-\frac{1}{2(1-\rho^2)}\left[\frac{(x-\mu_1)^2}{\sigma_1^2}-2\rho\frac{(x-\mu_1)(y-\mu_2)}{\sigma_1\sigma_2}+\frac{(y-\mu_2)^2}{\sigma_2^2}\right]$$

$$=-\frac{1}{2(1-\rho^2)}\left[\left(\frac{y-\mu_2}{\sigma_2}-\rho\frac{x-\mu_1}{\sigma_1}\right)^2+(1-\rho^2)\frac{(x-\mu_1)^2}{\sigma_1^2}\right]$$

$$=-\frac{1}{2(1-\rho^2)}\left(\frac{y-\mu_2}{\sigma_2}-\rho\frac{x-\mu_1}{\sigma_1}\right)^2-\frac{(x-\mu_1)^2}{2\sigma_1^2}.$$

令 $t=\dfrac{1}{\sqrt{1-\rho^2}}\left(\dfrac{y-\mu_2}{\sigma_2}-\rho\dfrac{x-\mu_1}{\sigma_1}\right)$,得

$$f_X(x)=\frac{1}{2\pi\sigma_1\sigma_2\sqrt{1-\rho^2}}\int_{-\infty}^{+\infty}e^{-\frac{t^2}{2}-\frac{(x-\mu_1)^2}{2\sigma_1^2}}\cdot\sigma_2\sqrt{1-\rho^2}\,dt$$

$$=\frac{1}{\sqrt{2\pi}\sigma_1}e^{-\frac{(x-\mu_1)^2}{2\sigma_1^2}}\cdot\frac{1}{\sqrt{2\pi}}\int_{-\infty}^{+\infty}e^{-\frac{t^2}{2}}\,dt=\frac{1}{\sqrt{2\pi}\sigma_1}e^{-\frac{(x-\mu_1)^2}{2\sigma_1^2}}.$$

这表明 $X\sim N(\mu_1,\sigma_1^2)$.

同理可计算出

$$f_Y(y)=\frac{1}{\sqrt{2\pi}\sigma_2}e^{-\frac{(y-\mu_2)^2}{2\sigma_2^2}},$$

所以 $Y\sim N(\mu_2,\sigma_2^2)$.

§3 随机变量的独立性

定义 3.5 设 X,Y 是两个随机变量. 如果对于任意的 x 和 y,事件 $\{X\leqslant x\},\{Y\leqslant y\}$ 相互独立,即

$$P\{X\leqslant x,Y\leqslant y\}=P\{X\leqslant x\}\cdot P\{X\leqslant y\},\qquad(3.10)$$

则称 X 与 Y **相互独立**.

设 $F_X(x),F_Y(y)$ 分别为 X 和 Y 的分布函数,$F(x,y)$ 为 X 与 Y 的联合分布函数,则 X 与 Y 相互独立的充要条件是,对任意的 x 和 y,有

$$F(x,y)=F_X(x)F_Y(y).\qquad(3.10)'$$

对于离散型随机变量有下述定理:

定理 3.1 设 X 和 Y 都是离散型随机变量，X 的可能取值为 $a_1, a_2, \cdots, a_i, \cdots$（有限个或可数个），$Y$ 的可能取值为 $b_1, b_2, \cdots, b_j, \cdots$（有限个或可数个），则 X 与 Y 相互独立的充分必要条件是，对一切 i, j，都有

$$P\{X = a_i, Y = b_j\} = P\{X = a_i\} \cdot P\{Y = b_j\}, \qquad (3.11)$$

即

$$p_{ij} = p_{i\cdot} \cdot p_{\cdot j}.$$

证 这里只证充分性。

如果对一切 i, j，有

$$P\{X = a_i, Y = b_j\} = P\{X = a_i\} \cdot P\{Y = b_j\},$$

则对于任意的 x 和 y，有

$$\begin{aligned}
P\{X \leqslant x, Y \leqslant y\} &= \sum_{\substack{a_i \leqslant x \\ b_j \leqslant y}} P\{X = a_i, Y = b_j\} \\
&= \sum_{\substack{a_i \leqslant x \\ b_j \leqslant y}} P\{X = a_i\} \cdot P\{Y = b_j\} \\
&= \Big(\sum_{a_i \leqslant x} P\{X = a_i\}\Big) \cdot \Big(\sum_{b_j \leqslant y} P\{Y = b_j\}\Big) \\
&= P\{X \leqslant x\} \cdot P\{Y \leqslant y\}.
\end{aligned}$$

定理 3.2 设连续型随机变量 X 和 Y 的概率密度分别为 $f_X(x)$ 和 $f_Y(y)$，联合概率密度为 $f(x, y)$。如果 $f_X(x), f_Y(y)$ 和 $f(x, y)$ 连续，则 X 与 Y 相互独立的充分必要条件是，对任意的 x, y，都有

$$f(x, y) = f_X(x) f_Y(y). \qquad (3.11)'$$

证 必要性 已知 X 与 Y 相互独立，所以

$$F(x, y) = F_X(x) F_Y(y).$$

上式两端同时对 x, y 求偏导数，得

$$\frac{\partial^2 F(x, y)}{\partial x \partial y} = \frac{\partial^2 (F_X(x) F_Y(y))}{\partial x \partial y} = F_X'(x) F_Y'(y).$$

由于 $f_X(x), f_Y(y), f(x, y)$ 是连续的，所以

$$f(x, y) = f_X(x) f_Y(y).$$

充分性 已知

$$f(x, y) = f_X(x) f_Y(y),$$

于是
$$F(x,y) = \int_{-\infty}^{y}\int_{-\infty}^{x} f(u,v)\mathrm{d}u\mathrm{d}v$$
$$= \int_{-\infty}^{y}\int_{-\infty}^{x} f_X(u)f_Y(v)\mathrm{d}u\mathrm{d}v$$
$$= \int_{-\infty}^{x} f_X(u)\mathrm{d}u \cdot \int_{-\infty}^{y} f_Y(v)\mathrm{d}v$$
$$= F_X(x)F_Y(y).$$

这就证明了充分性.

实际上,当 $f_X(x)$ 和 $f_Y(y)$ 至多有可数个间断点,$f(x,y)$ 至多在可数条曲线上不连续时,(3.11)′式只需对所有的连续点成立.

例 3.5 设 X 和 Y 都服从参数为 $\lambda = 1$ 的指数分布,且相互独立,试求 $P\{X+Y \leqslant 1\}$.

解 设 $f_X(x)$ 和 $f_Y(y)$ 分别为 X 与 Y 的概率密度,则

$$f_X(x) = \begin{cases} \mathrm{e}^{-x}, & x \geqslant 0, \\ 0, & x < 0, \end{cases}$$

$$f_Y(y) = \begin{cases} \mathrm{e}^{-y}, & y \geqslant 0, \\ 0, & y < 0, \end{cases}$$

由于 X 与 Y 相互独立,所以 X 与 Y 的联合概率密度为

$$f(x,y) = f_X(x)f_Y(y) = \begin{cases} \mathrm{e}^{-(x+y)}, & x \geqslant 0, y \geqslant 0, \\ 0, & \text{其他}. \end{cases}$$

于是
$$P\{X+Y \leqslant 1\} = \iint_{x+y \leqslant 1} f(x,y)\mathrm{d}x\mathrm{d}y$$
$$= \int_0^1 \mathrm{d}x \int_0^{1-x} \mathrm{e}^{-(x+y)}\mathrm{d}y$$
$$= 1 - 2\mathrm{e}^{-1} \approx 0.2642.$$

例 3.6 设 (X,Y) 服从二维正态分布 $N(\mu_1, \mu_2, \sigma_1^2, \sigma_2^2, \rho)$,则 X 与 Y 相互独立的充分必要条件是 $\rho = 0$.

证 充分性是显然的,当 $\rho = 0$ 时,有

$$f(x,y) = \frac{1}{2\pi\sigma_1\sigma_2} \mathrm{e}^{-\frac{1}{2}\left[\frac{(x-\mu_1)^2}{\sigma_1^2} + \frac{(y-\mu_2)^2}{\sigma_2^2}\right]}$$

$$= \frac{1}{\sqrt{2\pi}\sigma_1} e^{-\frac{(x-\mu_1)^2}{2\sigma_1^2}} \cdot \frac{1}{\sqrt{2\pi}\sigma_2} e^{-\frac{(y-\mu_2)^2}{2\sigma_2^2}}$$

$$= f_X(x) f_Y(y).$$

反之，若 $f(x,y) = f_X(x) f_Y(y)$，即

$$\frac{1}{2\pi\sigma_1\sigma_2\sqrt{1-\rho^2}} e^{-\frac{1}{2(1-\rho^2)}\left[\frac{(x-\mu_1)^2}{\sigma_1^2} - 2\rho\frac{(x-\mu_1)(y-\mu_2)}{\sigma_1\sigma_2} + \frac{(y-\mu_2)^2}{\sigma_2^2}\right]}$$

$$= \frac{1}{\sqrt{2\pi}\sigma_1} e^{-\frac{(x-\mu_1)^2}{2\sigma_1^2}} \cdot \frac{1}{\sqrt{2\pi}\sigma_2} e^{-\frac{(y-\mu_2)^2}{2\sigma_2^2}},$$

令 $x = \mu_1, y = \mu_2$，则有

$$\frac{1}{2\pi\sigma_1\sigma_2\sqrt{1-\rho^2}} = \frac{1}{\sqrt{2\pi}\sigma_1} \cdot \frac{1}{\sqrt{2\pi}\sigma_2},$$

得证 $\rho = 0$.

边缘分布及相互独立性的概念可以推广到 n 维随机变量的情况.

设 n 维随机变量 $(X_1, X_2, \cdots, X_n)$ 的分布函数为 $F(x_1, x_2, \cdots, x_n)$，概率密度为 $f(x_1, x_2, \cdots, x_n)$，则关于 X_i 的边缘分布函数为

$$F_i(x_i) = P\{X_i \leqslant x_i\}$$
$$= F(+\infty, \cdots, +\infty, x_i, +\infty \cdots, +\infty), \quad (3.12)$$

边缘概率密度为

$$f_i(x_i)$$
$$= \int_{-\infty}^{+\infty} \cdots \int_{-\infty}^{+\infty} f(x_1, \cdots, x_{i-1}, x_i, x_{i+1} \cdots, x_n) \mathrm{d}x_1 \cdots \mathrm{d}x_{i-1} \mathrm{d}x_{i+1} \cdots \mathrm{d}x_n.$$
$$(3.13)$$

如果对任意的 $x_1, x_2, \cdots, x_n$，随机事件 $\{X_1 \leqslant x_1\}, \{X_2 \leqslant x_2\}, \cdots,$ $\{X_n \leqslant x_n\}$ 相互独立，则称随机变量 $X_1, X_2, \cdots, X_n$ **相互独立**.

可以证明，$X_1, X_2, \cdots, X_n$ 相互独立的充分必要条件是，对任意的 $x_1, x_2, \cdots, x_n$，有

$$F(x_1, x_2, \cdots, x_n) = F_1(x_1) F_2(x_2) \cdots F_n(x_n). \quad (3.14)$$

如果 $X_1, X_2, \cdots, X_n$ 是连续型随机变量，其概率密度分别为 $f_1(x_1)$, $f_2(x_2), \cdots, f_n(x_n)$，联合概率密度为 $f(x_1, x_2, \cdots, x_n)$，且 $f_1, f_2, \cdots,$

f_n 及 f 都是连续函数,则 $X_1, X_2, \cdots, X_n$ 相互独立的充分必要条件是,对任意的 $x_1, x_2, \cdots, x_n$,有

$$f(x_1, x_2, \cdots, x_n) = f_1(x_1) f_2(x_2) \cdots f_n(x_n). \tag{3.15}$$

§4 两个随机变量的函数的分布

可以与上一章 §5 一样,用分布函数法求两个随机变量的函数的分布.

例 3.7 设 X 和 Y 相互独立,且都服从 $N(0, \sigma^2)$,求 $Z = \sqrt{X^2 + Y^2}$ 的概率密度.

解 已知 X, Y 的概率密度分别为

$$f_X(x) = \frac{1}{\sqrt{2\pi}\sigma} e^{-\frac{x^2}{2\sigma^2}}, \quad -\infty < x < +\infty,$$

$$f_Y(y) = \frac{1}{\sqrt{2\pi}\sigma} e^{-\frac{y^2}{2\sigma^2}}, \quad -\infty < y < +\infty,$$

采用分布函数法,先求 Z 的分布函数

$$F_Z(z) = P\{\sqrt{X^2 + Y^2} \leqslant z\}.$$

当 $z \leqslant 0$ 时,$F_Z(z) = 0$.

当 $z > 0$ 时,

$$F_Z(z) = P\{\sqrt{X^2 + Y^2} \leqslant z\} = \iint\limits_{\sqrt{x^2+y^2} \leqslant z} \frac{1}{2\pi\sigma^2} e^{-\frac{x^2+y^2}{2\sigma^2}} dxdy.$$

作极坐标变换

$$\begin{cases} x = r\cos\theta, \\ y = r\sin\theta, \end{cases} \quad r \geqslant 0, 0 \leqslant \theta < 2\pi,$$

于是

$$F_Z(z) = \frac{1}{2\pi\sigma^2} \int_0^{2\pi} d\theta \int_0^z e^{-\frac{r^2}{2\sigma^2}} r dr = 1 - e^{-\frac{z^2}{2\sigma^2}},$$

$$F_Z'(z) = \frac{z}{\sigma^2} e^{-\frac{z^2}{2\sigma^2}}.$$

所以,Z 的概率密度为

$$f_Z(z) = \begin{cases} \dfrac{z}{\sigma^2} e^{-\frac{z^2}{2\sigma^2}}, & z > 0, \\ 0, & z \leqslant 0. \end{cases}$$

这个分布称为参数为 $\sigma(\sigma>0)$ 的**瑞利**(Rayleigh)**分布**.

下面给出几个计算常用函数的分布的公式.

一、和 $Z=X+Y$ 的分布

设 (X,Y) 的概率密度为 $f(x,y)$,求 $Z=X+Y$ 的概率密度.

仍采用分布函数法. $Z=X+Y$ 的分布函数为

$$F_Z(z) = P\{X+Y \leqslant z\} = \iint\limits_{x+y \leqslant z} f(x,y) \mathrm{d}x\mathrm{d}y$$

$$= \int_{-\infty}^{+\infty} \left[\int_{-\infty}^{z-y} f(x,y) \mathrm{d}x \right] \mathrm{d}y,$$

其中积分区域 D: $x+y \leqslant z$ 如图 3.4 所示. 令 $x=u-y$,则

$$F_Z(z) = \int_{-\infty}^{+\infty} \left[\int_{-\infty}^{z} f(u-y, y) \mathrm{d}u \right] \mathrm{d}y$$

$$= \int_{-\infty}^{z} \left[\int_{-\infty}^{+\infty} f(u-y, y) \mathrm{d}y \right] \mathrm{d}u.$$

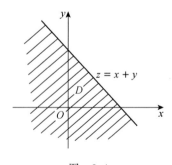

图 3.4

由此得到 Z 的概率密度

$$f_Z(z) = \int_{-\infty}^{+\infty} f(z-y, y) \mathrm{d}y. \tag{3.16}$$

由 X,Y 的对称性,$f_Z(z)$ 又可表示成

$$f_Z(z) = \int_{-\infty}^{+\infty} f(x, z-x)\,\mathrm{d}x. \tag{3.16}'$$

当 X 与 Y 相互独立时,$f(x,y)=f_X(x)f_Y(y)$.将这个结果代入公式(3.16)及(3.16)′,得

$$f_Z(z) = \int_{-\infty}^{+\infty} f_X(z-y)f_Y(y)\,\mathrm{d}y \tag{3.17}$$

及

$$f_Z(z) = \int_{-\infty}^{+\infty} f_X(x)f_Y(z-x)\,\mathrm{d}x. \tag{3.17}'$$

公式(3.17)及(3.17)′称为**卷积公式**.

例 3.8 设 X 与 Y 相互独立且都服从 $N(0,1)$,求 $Z=X+Y$ 的概率密度.

解 已知 X 和 Y 的概率密度分别为

$$f_X(x) = \frac{1}{\sqrt{2\pi}} e^{-x^2/2}, \quad -\infty < x < +\infty,$$

$$f_Y(y) = \frac{1}{\sqrt{2\pi}} e^{-y^2/2}, \quad -\infty < y < +\infty.$$

由公式(3.17)′知 $Z=X+Y$ 的概率密度为

$$\begin{aligned}
f_Z(z) &= \int_{-\infty}^{+\infty} \frac{1}{2\pi} e^{-x^2/2} \cdot e^{-(z-x)^2/2}\,\mathrm{d}x \\
&= \frac{1}{2\pi} \int_{-\infty}^{+\infty} e^{-\left(x^2-xz+\frac{z^2}{2}\right)}\,\mathrm{d}x = \frac{e^{-z^2/4}}{2\pi} \int_{-\infty}^{+\infty} e^{-\left(x-\frac{z}{2}\right)^2}\,\mathrm{d}x \\
&\xrightarrow{\text{令}\, x-\frac{z}{2}=\frac{t}{\sqrt{2}}} \frac{e^{-z^2/4}}{2\pi\sqrt{2}} \int_{-\infty}^{+\infty} e^{-t^2/2}\,\mathrm{d}t \\
&= \frac{1}{\sqrt{2\pi}\cdot\sqrt{2}} e^{-\frac{z^2}{2(\sqrt{2})^2}},
\end{aligned}$$

所以 $Z \sim N(0,2)$.

一般地,可以证明:若 X 与 Y 相互独立,且 $X \sim N(\mu_1,\sigma_1^2)$,$Y \sim N(\mu_2,\sigma_2^2)$,则

$$X+Y \sim N(\mu_1+\mu_2, \sigma_1^2+\sigma_2^2).$$

用归纳法可进一步证明:

若 $X_k \sim N(\mu_k,\sigma_k^2)(k=1,2,\cdots,n)$,且 $X_1, X_2, \cdots, X_n$ 相互独

立,则
$$X_1+X_2+\cdots+X_n \sim N(\mu_1+\mu_2+\cdots+\mu_n, \sigma_1^2+\sigma_2^2+\cdots+\sigma_n^2).$$

例 3.9 设 X,Y 都服从 $(0,1)$ 上的均匀分布且相互独立,求 $Z=X+Y$ 的概率密度.

解 已知 X,Y 的概率密度分别为
$$f_X(x)=\begin{cases}1, & 0<x<1,\\ 0, & \text{其他},\end{cases}$$
$$f_Y(y)=\begin{cases}1, & 0<y<1,\\ 0, & \text{其他}.\end{cases}$$

由公式 $(3.17)'$ 知 $Z=X+Y$ 的概率密度为
$$f_Z(z)=\int_{-\infty}^{+\infty} f_X(x)f_Y(z-x)\mathrm{d}x,$$

其中
$$f_X(x)f_Y(z-x)=\begin{cases}1, & 0<x<1 \text{ 且 } 0<z-x<1,\\ 0, & \text{其他}.\end{cases}$$

注意到 $0<x<1$ 且 $0<z-x<1$,即 $0<x<1$ 且 $z-1<x<z$,亦即
$$\max\{0,z-1\}<x<\min\{1,z\}.$$

对 z 分情况讨论如下:

当 $z\leqslant 0$ 时, $f_Z(z)=0$;

当 $0<z\leqslant 1$ 时, $f_Z(z)=\int_0^z \mathrm{d}x=z$;

当 $1<z<2$ 时, $f_Z(z)=\int_{z-1}^1 \mathrm{d}x=2-z$;

当 $z\geqslant 2$ 时, $f_Z(z)=0$.

所以
$$f_Z(z)=\begin{cases}z, & 0<z\leqslant 1,\\ 2-z, & 1<z<2,\\ 0, & \text{其他}.\end{cases}$$

二、商 $Z=\dfrac{X}{Y}$ 的分布

设 (X,Y) 的概率密度为 $f(x,y)$,求 $Z=\dfrac{X}{Y}(Y\neq 0)$ 的概率密度.

Z 的分布函数为

$$F_Z(z) = P\left\{\frac{X}{Y} \leqslant z\right\} = \iint_{\frac{x}{y} \leqslant z} f(x,y)\,dx\,dy$$

$$= \int_0^{+\infty}\left[\int_{-\infty}^{yz} f(x,y)\,dx\right]dy + \int_{-\infty}^0 \left[\int_{yz}^{+\infty} f(x,y)\,dx\right]dy,$$

其中积分区域 $D = \left\{(x,y)\,\middle|\,\dfrac{x}{y} \leqslant z\right\}$ 如图 3.5 所示. 令 $x = yu$, 则

$$F_Z(z) = \int_0^{+\infty}\left[\int_{-\infty}^z f(yu,y)y\,du\right]dy + \int_{-\infty}^0 \left[\int_z^{-\infty} f(yu,y)y\,du\right]dy$$

$$= \int_{-\infty}^{+\infty}\left[\int_{-\infty}^z f(yu,y)|y|\,du\right]dy = \int_{-\infty}^z \left[\int_{-\infty}^{+\infty} f(yu,y)|y|\,dy\right]du,$$

得

$$f_Z(z) = \int_{-\infty}^{+\infty} f(yz,y)|y|\,dy. \qquad (3.18)$$

这里假设所有积分都收敛.

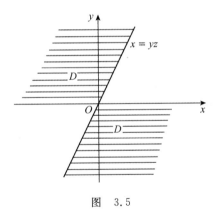

图 3.5

特别地,当 X 与 Y 相互独立时,有

$$f_Z(z) = \int_{-\infty}^{+\infty} f_X(yz)f_Y(y)|y|\,dy. \qquad (3.18)'$$

三、$M = \max\{X,Y\}$ 及 $N = \min\{X,Y\}$ 的分布

设 X 与 Y 相互独立,分布函数分别为 $F_X(x)$ 和 $F_Y(y)$.

首先求 $M=\max\{X,Y\}$ 的分布函数.

对于任意的实数 z,有
$$\{\max\{X,Y\}\leqslant z\}=\{X\leqslant z,Y\leqslant z\},$$
于是
$$\begin{aligned}F_M(z)&=P\{\max\{X,Y\}\leqslant z\}=P\{X\leqslant z,Y\leqslant z\}\\&=P\{X\leqslant z\}\cdot P\{Y\leqslant z\}\quad(X,Y\text{ 相互独立})\\&=F_X(z)F_Y(z),\end{aligned}$$
即
$$F_M(z)=F_X(z)F_Y(z). \tag{3.19}$$

下面求 $N=\min\{X,Y\}$ 的分布函数. 注意到
$$\{\min\{X,Y\}>z\}=\{X>z,Y>z\},$$
于是
$$\begin{aligned}F_N(z)&=P\{\min\{X,Y\}\leqslant z\}\\&=1-P\{\min\{X,Y\}>z\}\\&=1-P\{X>z,Y>z\}\\&=1-P\{X>z\}\cdot P\{Y>z\}\quad(X,Y\text{ 相互独立})\\&=1-[1-F_X(z)][1-F_Y(z)]. \end{aligned} \tag{3.20}$$

一般情况下,设 $X_1,X_2,\cdots,X_n$ 相互独立,分布函数分别为 $F_1(x)$, $F_2(x),\cdots,F_n(x)$,则 $M=\max\{X_1,X_2,\cdots,X_n\}$ 的分布函数为
$$F_M(z)=F_1(z)F_2(z)\cdots F_n(z),$$
$N=\min\{X_1,X_2,\cdots,X_n\}$ 的分布函数为
$$F_N(z)=1-[1-F_1(z)][1-F_2(z)]\cdots[1-F_n(z)].$$

特别地,当 $X_1,X_2,\cdots,X_n$ 独立同分布时,设分布函数为 $F(x)$,则
$$F_M(z)=[F(z)]^2,\quad F_N(z)=1-[1-F(z)]^n.$$

例 3.10 对某种电子装置的输出测量 5 次,设观察值 $X_1,X_2,\cdots$, X_5 相互独立且都服从参数为 $\sigma(\sigma>0)$ 的瑞利分布(见例 3.7),求 $\max\{X_1,X_2,\cdots,X_5\}>4$ 的概率.

解 已知 $X_i(i=1,2,\cdots,5)$ 的概率密度为
$$f(x)=\begin{cases}\dfrac{x}{\sigma^2}\mathrm{e}^{-\frac{x^2}{2\sigma^2}}, & x>0,\\ 0, & x\leqslant 0,\end{cases}$$

分布函数为

$$F(x)=\begin{cases}1-\mathrm{e}^{-\frac{x^2}{2\sigma^2}}, & x>0,\\ 0, & x\leqslant 0,\end{cases}$$

于是

$$P\{\max\{X_1,X_2,\cdots,X_5\}>4\}$$
$$=1-P\{\max\{X_1,X_2,\cdots,X_5\}\leqslant 4\}$$
$$=1-[F(4)]^5=1-(1-\mathrm{e}^{-8/\sigma^2})^5.$$

若 $\sigma=2$,则

$$P\{\max\{X_1,X_2,\cdots,X_5\}>4\}=1-(1-\mathrm{e}^{-2})^5=0.517.$$

以上我们讨论的是连续型随机变量函数的分布问题. 事实上,对于离散型随机变量,也可以讨论它们的函数的分布.

设 X,Y 是离散型随机变量且相互独立,其分布律分别为

$$P\{X=i\}=p_i, \quad i=0,1,2,\cdots,$$
$$P\{Y=j\}=q_j, \quad j=0,1,2,\cdots,$$

求 $Z=X+Y$ 的分布律.

由于

$$P\{Z=k\}=P\{X+Y=k\}$$
$$=\sum_{i=0}^{k}P\{X=i,Y=k-i\}$$
$$=\sum_{i=0}^{k}P\{X=i\}\cdot P\{Y=k-i\}\quad(X,Y\text{相互独立}),$$

于是有

$$P\{X+Y=k\}=\sum_{i=0}^{k}p_iq_{k-i}, \quad k=0,1,2,\cdots. \tag{3.21}$$

这就是 $Z=X+Y$ 的分布律.

例 3.11 设 X,Y 是相互独立的随机变量,分别服从参数为 λ_1, λ_2 的泊松分布,试证明: $Z=X+Y$ 服从参数为 $\lambda_1+\lambda_2$ 的泊松分布.

证 已知

$$P\{X=i\}=\frac{\lambda_1^i}{i!}\mathrm{e}^{-\lambda_1}, \quad i=0,1,2,\cdots,$$

$$P\{Y=j\}=\frac{\lambda_2^j}{j!}\mathrm{e}^{-\lambda_2}, \quad j=0,1,2,\cdots.$$

由公式(3.21)有

$$\begin{aligned}P\{Z=k\}&=\sum_{i=0}^{k}\frac{\lambda_1^i}{i!}\mathrm{e}^{-\lambda_1}\cdot\frac{\lambda_2^{k-i}}{(k-i)!}\mathrm{e}^{-\lambda_2}\\&=\mathrm{e}^{-(\lambda_1+\lambda_2)}\sum_{i=0}^{k}\frac{\lambda_1^i\lambda_2^{k-i}}{i!(k-i)!}\\&=\frac{1}{k!}\mathrm{e}^{-(\lambda_1+\lambda_2)}\sum_{i=0}^{k}\frac{k!}{i!(k-i)!}\lambda_1^i\lambda_2^{k-i}.\\&=\frac{1}{k!}\mathrm{e}^{-(\lambda_1+\lambda_2)}(\lambda_1+\lambda_2)^k,\end{aligned}$$

得到

$$P\{Z=k\}=\frac{(\lambda_1+\lambda_2)^k}{k!}\mathrm{e}^{-(\lambda_1+\lambda_2)}, \quad k=0,1,2,\cdots,$$

从而证明了 $Z=X+Y$ 服从参数为 $\lambda_1+\lambda_2$ 的泊松分布.

习 题 三

1. 在一个盒子里装有 12 个小球,其中有 2 个是红球.今在其中随机地取两次,每次取一球.考虑两种抽样方法:

(1) 放回抽取;

(2) 不放回抽取.

我们定义随机变量 X,Y 如下:

$$X=\begin{cases}1, & \text{第一次取出的是红球,}\\ 0, & \text{第一次取出的不是红球;}\end{cases}$$

$$Y=\begin{cases}1, & \text{第二次取出的是红球,}\\ 0, & \text{第二次取出的不是红球.}\end{cases}$$

就(1),(2)两种情况,写出 X 与 Y 的联合分布律.

2. 将一枚硬币连掷三次,以 X 表示三次中出现正面的次数,以 Y 表示三次中出现正面次数与出现背面次数之差的绝对值,试写出 X 与 Y 的联合分布律.

3. 从 1,2,3,4 四个整数中随机地取一个,记所取的数为 X;再从 1 到 X 中随机地取一个,记所取的数为 Y. 求 (X,Y) 的联合分布律.

4. 设二维随机变量 (X,Y) 的概率密度为
$$f(x,y)=\begin{cases} Ce^{-(3x+4y)}, & x>0, y>0, \\ 0, & \text{其他}. \end{cases}$$
(1) 确定常数 C;　(2) 求 (X,Y) 的分布函数;
(3) 求 $P\{0<X\leqslant 1, 0<Y\leqslant 2\}$.

5. 已知二维随机变量 (X,Y) 在矩形区域
$$D=\{(x,y)|a<x<b, c<y<d\}$$
上服从均匀分布,求 (X,Y) 的概率密度和边缘概率密度.

6. 二维随机变量 (X,Y) 的概率密度为
$$f(x,y)=\begin{cases} C(R-\sqrt{x^2+y^2}), & x^2+y^2<R^2, \\ 0, & \text{其他}, \end{cases}$$
求:
(1) 常数 C;
(2) (X,Y) 落在圆 $x^2+y^2\leqslant r^2$ $(0<r<R)$ 内的概率.

7. 设二维随机变量 (X,Y) 的概率密度为
$$f(x,y)=\begin{cases} A\sin(x+y), & 0<x<\dfrac{\pi}{2}, 0<y<\dfrac{\pi}{2}, \\ 0, & \text{其他}, \end{cases}$$
求:
(1) 常数 A;　(2) 关于 X 和关于 Y 的边缘概率密度.

8. 设二维随机变量 (X,Y) 服从二维正态分布,其概率密度为
$$f(x,y)=\frac{1}{2\pi\sigma^2}e^{-\frac{1}{2}(\frac{x^2}{\sigma^2}+\frac{y^2}{\sigma^2})},$$
求 $P\{X<Y\}$.

9. 设二维随机变量 (X,Y) 的概率密度为
$$f(x,y)=\begin{cases} x^2+\dfrac{xy}{3}, & 0\leqslant x\leqslant 1, 0\leqslant y\leqslant 2, \\ 0, & \text{其他}, \end{cases}$$

求 $P\{X+Y\geqslant 1\}$.

10. 设二维随机变量 (X,Y) 在区域 D 上服从均匀分布,其中 D 为直线 $y=x$ 和抛物线 $y=x^2$ 所围成的区域,试求 (X,Y) 的概率密度以及关于 X 和关于 Y 的边缘概率密度.

11. 对于表 3.4 中的三组参数,分别写出二维正态随机变量的概率密度和边缘概率密度.

表 3.4

组别	μ_1	μ_2	σ_1	σ_2	ρ
A	3	0	1	1	1/2
B	1	1	1/2	1/2	1/2
C	1	2	1	1/2	0

12. 设 X 与 Y 相互独立,其概率密度分别为

$$f_X(x)=\begin{cases}1, & 0\leqslant x\leqslant 1,\\ 0, & 其他,\end{cases}$$

$$f_Y(y)=\begin{cases}e^{-y}, & y>0,\\ 0, & y\leqslant 0,\end{cases}$$

求 $X+Y$ 的概率密度.

13. 在一简单电路中,两电阻 R_1 和 R_2 串联连接. 设 R_1 与 R_2 相互独立,它们的概率密度分别为

$$f_1(r_1)=\begin{cases}\dfrac{10-r_1}{50}, & 0<r_1\leqslant 10,\\ 0, & 其他,\end{cases}$$

$$f_2(r_2)=\begin{cases}\dfrac{10-r_2}{50}, & 0<r_2<10,\\ 0, & 其他,\end{cases}$$

求总电阻 $R=R_1+R_2$ 的概率密度.

14. 设 $X_1,X_2,\cdots,X_n$ 相互独立,它们都服从参数为 p 的 0-1 分布,证明:$Z=X_1+X_2+\cdots+X_n$ 服从参数为 n,p 的二项分布.

15. 设 X,Y 是相互独立的随机变量,它们都服从参数为 n,p 的二项分布,证明:$Z=X+Y$ 服从参数为 $2n,p$ 的二项分布.

16. 设二维随机变量 (X,Y) 的概率密度为
$$f(x,y)=\frac{1}{2\pi\sigma^2}e^{-\frac{x^2+y^2}{2\sigma^2}}, \quad -\infty<x,y<+\infty,$$
求 $Z=X^2+Y^2$ 的概率密度.

17. 设 X 与 Y 相互独立,且分别服从自由度为 k_1,k_2 的 χ^2 分布,即
$$f_X(x)=\begin{cases}\dfrac{1}{2^{k_1/2}\Gamma\left(\dfrac{k_1}{2}\right)}x^{k_1/2-1}e^{-x/2}, & x>0,\\ 0, & x\leqslant 0,\end{cases}$$
$$f_Y(y)=\begin{cases}\dfrac{1}{2^{k_2/2}\Gamma\left(\dfrac{k_2}{2}\right)}y^{k_2/2-1}e^{-y/2}, & y>0,\\ 0, & y\leqslant 0,\end{cases}$$
证明: $Z=X+Y$ 服从自由度为 k_1+k_2 的 χ^2 分布.

18. 设 $X\sim N(\mu_1,\sigma_1^2)$, $Y\sim N(\mu_2,\sigma_2^2)$, 且 X 与 Y 相互独立, 证明:
$$\frac{X+Y}{2}\sim N\left(\frac{\mu_1+\mu_2}{2},\frac{\sigma_1^2+\sigma_2^2}{4}\right).$$

19. 某种商品一周的需要量是一个随机变量,其概率密度为
$$f(x)=\begin{cases}xe^{-x}, & x>0,\\ 0, & x\leqslant 0.\end{cases}$$
如果各周的需要量是相互独立的,试求:

(1) 两周需要量的概率密度;   (2) 三周需要量的概率密度.

20. 某种型号电子管的寿命(单位:h)近似地服从正态分布 $N(160,20^2)$. 现随机选取 4 只这种型号的电子管,求其中没有一只寿命小于 180 h 的概率.

21. 设 X 与 Y 相互独立,且 X 服从正态分布 $N(0,1)$, Y 服从自由度为 n 的 χ^2 分布(见第 17 题),证明: $T=\dfrac{X}{\sqrt{Y/n}}$ 服从自由度为 n 的 t 分布,即 T 的概率密度为

$$f(z) = \frac{\Gamma\left(\frac{n+1}{2}\right)}{\sqrt{n\pi}\,\Gamma\left(\frac{n}{2}\right)}\left(1+\frac{z^2}{n}\right)^{-\frac{n+1}{2}}, \quad -\infty < z < +\infty.$$

提示：先求 $\sqrt{\frac{Y}{n}}$ 的概率密度，见第二章第 29 题.

22. 设 X 与 Y 相互独立，且分别服从自由度为 n_1 和 n_2 的 χ^2 分布（见第 17 题），证明：$F = \dfrac{X/n_1}{Y/n_2}$ 服从自由度为 n_1 和 n_2 的 F 分布，即 F 的概率密度为

$$f(z) = \begin{cases} \dfrac{\Gamma\left(\frac{n_1+n_2}{2}\right)}{\Gamma\left(\frac{n_1}{2}\right)\Gamma\left(\frac{n_2}{2}\right)}\left(\frac{n_1}{n_2}\right)^{n_1/2} z^{n_1/2-1}\left(1+\frac{n_1}{n_2}z\right)^{-(n_1+n_2)/2}, & z > 0, \\ 0, & z \leq 0. \end{cases}$$

23. 已知三维随机变量 (X, Y, Z) 的概率密度为

$$f(x, y, z) = \begin{cases} e^{-(x+y+z)}, & x > 0, y > 0, z > 0, \\ 0, & 其他, \end{cases}$$

分别求出关于 X, Y, Z 的边缘概率密度. X, Y, Z 相互独立吗？

24. 设 $X_1, X_2, \cdots, X_n$ 独立同分布，都服从正态分布 $N(\mu, \sigma^2)$，求 n 维随机变量 $(X_1, X_2, \cdots, X_n)$ 的概率密度.

25. 设 X, Y, Z 独立同分布，都服从标准正态分布 $N(0, 1)$，求 $W = \sqrt{X^2 + Y^2 + Z^2}$ 的概率密度.

26. 设三维随机变量 (X, Y, Z) 的概率密度为

$$f(x, v, z) = \begin{cases} \dfrac{1}{8\pi^3}(1 - \sin x \sin y \sin z), & 0 \leq x, y, z \leq 2\pi, \\ 0, & 其他, \end{cases}$$

证明：X, Y, Z 两两独立，但不相互独立.

27. 设系统 L 由两个子系统 L_1 和 L_2 串联而成，并且已知 L_1，L_2 的寿命 X, Y 相互独立，分别服从参数为 λ 和 μ 的指数分布，求系统 L 的寿命 Z 的概率密度.

28. 设系统 L 由两个子系统 L_1 和 L_2 并联而成，并且已知 L_1，L_2 的寿命 X, Y 相互独立，且都服从参数为 λ 的指数分布，求系统 L

的寿命 Z 的概率密度.

29. 设随机变量 X 与 Y 相互独立,且都服从区间 $(0,1)$ 上的均匀分布,求 $\max\{X,Y\}$ 的概率密度.

30. 设随机变量 X 与 Y 相互独立,且都服从区间 $(0,1)$ 上的均匀分布,求 $Z=X+Y$ 的概率密度.

31. 设随机变量 X 与 Y 相互独立,且都服从标准正态分布 $N(0,1)$,求 $Z=\sqrt{X^2+Y^2}$ 的概率密度.

32. 设二维随机变量 (X,Y) 服从区域 $D=\{(x,y)\,|\,x^2+y^2\leqslant 1\}$ 上的均匀分布,求 $Z=\sqrt{X^2+Y^2}$ 的概率密度.

33. 设二维随机变量 (X,Y) 服从区域
$$D=\{(x,y)\,|\,0\leqslant x\leqslant 1, 0\leqslant y\leqslant 1 \text{ 且 } x+y\leqslant 1\}$$
上的均匀分布,求 X 与 Y 的联合概率密度和边缘概率密度,并判断 X 与 Y 是否独立.

34. 设二维随机变量 (X,Y) 服从单位圆 $D=\{(x,y)\,|\,x^2+y^2\leqslant 1\}$ 上的均匀分布,求关于 X 和关于 Y 的边缘概率密度,并判断 X 与 Y 是否独立.

35. 某种钻头的寿命服从参数 $\lambda=0.001$ 的指数分布,即概率密度
$$f(x)=\begin{cases} 0.001\mathrm{e}^{-0.001x}, & x>0, \\ 0, & x\leqslant 0. \end{cases}$$
现要打一口深度为 2000 m 的井,求:

(1) 只需要一根钻头的概率; (2) 需要两根钻头的概率.

(注:钻头的寿命是钻头直到磨损报废为止所钻透的地层厚度,单位:m)

36. 已知二维随机变量 (X,Y) 服从区域 $D=\{(x,y)\,|\,0<x<y<1\}$ 上的均匀分布,求 $P\{0<X<0.5, 0<Y<0.5\}$.

37. 设质点从原点出发沿 x 轴向右移动,步长是随机变量,服从区间 $(0,1)$ 上的均匀分布,且各步步长是相互独立的,求:

(1) 质点恰好两步走出区间 $[0,1]$ 的概率;

(2) 质点恰好三步走出区间 $[0,1]$ 的概率.

38. 设随机变量 X 与 Y 相互独立,都服从标准正态分布 $N(0,1)$,求 $|X-Y| \leqslant \sqrt{2}$ 的概率.

39. 设随机变量 X 与 Y 相互独立,概率密度分别为

$$f_X(x) = \begin{cases} 2x, & 0<x<1, \\ 0, & \text{其他}, \end{cases} \quad f_Y(y) = \begin{cases} e^{-y}, & y>0, \\ 0, & y\leqslant 0, \end{cases}$$

求 $P\{X+Y\leqslant 2\}$.

40. 设随机变量 A 与 B 相互独立,都服从标准正态分布 $N(0,1)$,求方程 $x^2+2Ax+B^2=0$ 有实根的概率.

41. 设随机变量 $X_1, X_2, \cdots, X_n$ 相互独立,都服从参数 λ 的指数分布,求 $Y=\min\{X_1, X_2, \cdots, X_n\}$ 的概率密度.

42. 设随机变量 X 的分布律为 $P\{X=1\}=0.2, P\{X=2\}=0.8$,$Y$ 服从区间 $(0,1)$ 上的均匀分布,求 $Z=X+Y$ 的概率密度.

43. 设二维随机变量 (X,Y) 的概率密度为

$$f(x,y) = \begin{cases} e^{-y}, & 0<x<y, \\ 0, & \text{其他}. \end{cases}$$

(1) 求关于 X 和关于 Y 的边缘概率密度 $f_X(x), f_Y(y)$;

(2) 计算 $P\{X+Y<2\}$.

44. 设 D 是由直线 $x+y=1, y=x$ 及 x 轴围成的平面区域,二维随机变量 (X,Y) 服从 D 上的均匀分布,求关于 X 和关于 Y 的边缘分布.

45. 设随机变量 X 与 Y 相互独立,且 X 服从 $\lambda=1$ 的指数分布,Y 的概率密度为

$$f_Y(y) = \begin{cases} 2y, & 0<y<1, \\ 0, & \text{其他}, \end{cases}$$

求 $X+Y$ 的概率密度.

第四章 随机变量的数字特征

在实际问题中,人们往往希望了解随机变量的某些统计特征,如随机变量取值的平均情况、分散程度等.可以用一些数字来刻画这些统计特征,这就是随机变量的数字特征.本章介绍的随机变量数字特征包括随机变量的数学期望和方差以及多维随机变量的协方差和相关系数.

§1 数 学 期 望

一、离散型随机变量的数学期望

设随机变量 X 的分布律为
$$P\{X=x_i\}=p_i, \quad i=1,2,\cdots.$$
我们希望能够找到这样一个数值,它体现 X 取值的"平均"大小.这类似于通常意义下一堆数字的平均数.

对于 n 个数 $a_1,a_2,\cdots,a_n$,它们的平均数为 $\frac{1}{n}(a_1+a_2+\cdots+a_n)$. 可是,对于一个随机变量 X,如果它的可能取值为 $a_1,a_2,\cdots,a_n$,则 $\frac{1}{n}(a_1+a_2+\cdots+a_n)$ 这种方式的"平均"并不能真正起到平均的作用.因为随机变量 X 取到 $a_1,a_2,\cdots,a_n$ 的可能性不一定相同,因而不能用简单的求平均的方式求 X 的平均值.

例如,某车间生产某种产品,检验员每天随机地抽取 n 件产品做检验,查出的废品数 X 是一个随机变量,它的可能取值为 $0,1,2,\cdots,n$. 设检验员共查 N 天,出现废品为 $0,1,2,\cdots,n$ 的天数分别为 m_0, $m_1,\cdots,m_n \left(\sum_{k=0}^{n} m_k = N\right)$. 显然,$N$ 天出现的废品的平均数应为

$$\frac{N \text{天出现的废品数}}{N} = \frac{\sum_{k=0}^{n} k m_k}{N} = \sum_{k=0}^{n} k \frac{m_k}{N}.$$

在上面和式中,每一项都是两个数的乘积,其中数 k 是废品数,而另一个数 $\frac{m_k}{N}$ 是 X 取到 k 的频率. 当 N 很大时, $\frac{m_k}{N} \approx p_k$,其中 p_k 为出现 k 的概率,因而

$$\sum_{k=0}^{n} k \frac{m_k}{N} \approx \sum_{k=0}^{n} k p_k.$$

由此,我们给出下面的定义:

定义 4.1 设离散型随机变量 X 的分布律为

$$P\{X = x_k\} = p_k, \quad k = 1, 2, \cdots.$$

若级数 $\sum_k x_k p_k$ 绝对收敛,则称

$$\sum_k x_k p_k \tag{4.1}$$

为 X 的**数学期望**,简称为**期望**或**均值**,记作 $E(X)$.

定义 4.1 中的绝对收敛是对 X 可以取到无穷可数个值而言的,它保证级数的收敛性及和与项的顺序无关.

例 4.1 甲、乙两人进行打靶,命中环数分别记为 X 和 Y. 已知 X 与 Y 的分布律分别如表 4.1 和表 4.2 所示,试评定他们技术的优劣.

表 4.1

X	0	5	6	7	8	9	10
p_k	0.05	0.05	0.05	0.05	0.1	0.2	0.5

表 4.2

Y	0	5	6	7	8	9	10
p_k	0.25	0.2	0.2	0.1	0.1	0.1	0.05

解 为了评定甲、乙技术的优劣,我们先来求随机变量 X 与 Y 的平均值,即数学期望. 由(4.1)式有

$$E(X) = 0 \times 0.05 + 5 \times 0.05 + 6 \times 0.05$$

$$+7\times 0.05+8\times 0.1+9\times 0.2+10\times 0.5$$
$$=8.5,$$
$$E(Y)=0\times 0.25+5\times 0.2+6\times 0.2+7\times 0.1$$
$$+8\times 0.1+9\times 0.1+10\times 0.05$$
$$=5.1.$$

从平均命中环数看,甲的射击水平比乙的射击水平高.

下面介绍几个常用的离散型随机变量的数学期望.

1. 0-1 分布

设随机变量 X 服从 0-1 分布,其分布律为
$$P\{X=0\}=q, \quad P\{X=1\}=p, \quad p+q=1.$$

由(4.1)式有
$$E(X)=1\cdot p+0\cdot q=p,$$

即
$$E(X)=p.$$

2. 二项分布

设随机变量 X 服从二项分布 $B(n,p)$,即
$$P\{X=k\}=C_n^k p^k q^{n-k}, \quad k=0,1,2,\cdots,n.$$

由(4.1)式有
$$E(X)=\sum_{k=0}^{n} k C_n^k p^k q^{n-k} = \sum_{k=1}^{n} \frac{kn!}{k!(n-k)!} p^k q^{n-k}$$
$$=np \sum_{k=1}^{n} \frac{(n-1)!}{(k-1)![(n-1)-(k-1)]!} p^{k-1} q^{n-1-(k-1)}$$
$$\xrightarrow{\diamondsuit k'=k-1} np \sum_{k'=0}^{n-1} \frac{(n-1)!}{k'![(n-1)-k']!} p^{k'} q^{n-1-k'}$$
$$=np(p+q)^{n-1}=np,$$

即
$$E(X)=np.$$

3. 泊松分布

设随机变量 X 服从泊松分布 $\mathscr{P}(\lambda)$,即
$$P\{X=k\}=\frac{\lambda^k}{k!}e^{-\lambda}, \quad k=0,1,2,\cdots, \lambda>0.$$

由(4.1)式有

$$E(X) = \sum_{k=0}^{\infty} k \frac{\lambda^k}{k!} e^{-\lambda} = \lambda e^{-\lambda} \sum_{k=1}^{\infty} \frac{\lambda^{k-1}}{(k-1)!}$$

$$\xrightarrow{\diamondsuit\ k'=k-1} \lambda e^{-\lambda} \sum_{k'=0}^{\infty} \frac{\lambda^{k'}}{k'!}$$

$$= \lambda e^{-\lambda} \cdot e^{\lambda} = \lambda,$$

即
$$E(X) = \lambda.$$

4. 超几何分布

设随机变量 X 服从参数为 $N, M, n\ (n \leqslant N-M)$ 的超几何分布,即

$$P\{X=m\} = \frac{C_M^m C_{N-M}^{n-m}}{C_N^n}, \quad m=0,1,\cdots,l,\ l=\min\{M,n\}.$$

由(4.1)式有

$$E(X) = \sum_{m=0}^{l} m \frac{C_M^m C_{N-M}^{n-m}}{C_N^n} = \sum_{m=1}^{l} m \frac{\dfrac{M!}{m!(M-m)!}}{\dfrac{N!}{n!(N-n)!}} C_{N-M}^{n-m}$$

$$= \frac{nM}{N} \sum_{m=1}^{l} \frac{\dfrac{(M-1)!}{(m-1)!(M-m)!}}{\dfrac{(N-1)!}{(n-1)!(N-n)!}} C_{N-M}^{n-m}$$

$$= \frac{nM}{N} \sum_{m=1}^{l} \frac{C_{M-1}^{m-1} C_{N-M}^{n-m}}{C_{N-1}^{n-1}}.$$

令 $N'=N-1, M'=M-1, n'=n-1, m'=m-1, l'=\min\{M', n'\}$,则

$$\sum_{m=1}^{l} \frac{C_{M-1}^{m-1} C_{N-M}^{n-m}}{C_{N-1}^{n-1}} = \sum_{m'=0}^{l'} \frac{C_{M'}^{m'} C_{N'-M'}^{n'-m'}}{C_{N'}^{n'}} = 1.$$

所以
$$E(X) = \frac{nM}{N}.$$

二、连续型随机变量的数学期望

设随机变量 X 的概率密度为 $f(x)$。在数轴上取等分点:

$$\cdots < x_{-2} < x_{-1} < x_0 < x_1 < \cdots < x_i < x_{i+1} < \cdots,$$

并设 $x_i - x_{i-1} = \lambda\ (i=\cdots,-2,-1,0,1,2,\cdots)$,则 X 落入区间 $[x_i, x_{i+1}]$ 的概率为

$$P\{x_i \leqslant x < x_{i+1}\} = \int_{x_i}^{x_{i+1}} f(x)\mathrm{d}x,$$

其中 $i = \cdots, -2, -1, 0, 1, 2, \cdots$. 将 X 离散化,定义一个新的离散型随机变量:

$$X^* = x_i, \quad x_i \leqslant X < x_{i+1}, \quad i = \cdots, -1, 0, 1, \cdots.$$

X^* 的取值与 X 相近,而且 λ 越小,它们就越接近. 由(4.1)式有

$$\mathrm{E}(X^*) = \sum_i x_i P\{X^* = x_i\}.$$

根据 X^* 的定义,应有

$$P\{X^* = x_i\} = P\{x_i \leqslant X < x_{i+1}\},$$

于是

$$\begin{aligned}\mathrm{E}(X^*) &= \sum_i x_i P\{x_i \leqslant X < x_{i+1}\} \\ &= \sum_i x_i \int_{x_i}^{x_{i+1}} f(x)\mathrm{d}x = \sum_i \int_{x_i}^{x_{i+1}} x_i f(x)\mathrm{d}x.\end{aligned}$$

当 $\lambda \to 0$ 时,有

$$\mathrm{E}(X^*) \to \int_{-\infty}^{+\infty} xf(x)\mathrm{d}x.$$

这表明,数值 $\int_{-\infty}^{+\infty} xf(x)\mathrm{d}x$ 反映了连续型随机变量 X 取值的"平均数".

定义 4.2 设连续型随机变量 X 的概率密度为 $f(x)$. 若广义积分 $\int_{-\infty}^{+\infty} xf(x)\mathrm{d}x$ 绝对收敛,则称

$$\int_{-\infty}^{+\infty} xf(x)\mathrm{d}x \tag{4.2}$$

为 X 的**数学期望**,简称为**期望**或**均值**,记作 $\mathrm{E}(X)$.

下面列举出几个常用的连续型随机变量的数学期望.

1. 均匀分布

设随机变量 X 服从区间 $[a,b]$ 上的均匀分布,即概率密度为

$$f(x) = \begin{cases} \dfrac{1}{b-a}, & a \leqslant x \leqslant b, \\ 0, & \text{其他}. \end{cases}$$

由(4.2)式有
$$E(X) = \int_a^b x \cdot \frac{1}{b-a} dx = \frac{1}{2}(a+b),$$
即
$$E(X) = \frac{1}{2}(a+b).$$
它恰是区间$[a,b]$的中点,这与 $E(X)$ 的意义相符.

2. 指数分布

设随机变量 X 服从参数为 $\lambda > 0$ 的指数分布,即概率密度为
$$f(x) = \begin{cases} \lambda e^{-\lambda x}, & x \geqslant 0, \\ 0, & x < 0. \end{cases}$$
由(4.2)式有
$$E(X) = \int_0^{+\infty} x \lambda e^{-\lambda x} dx \xrightarrow{\diamondsuit\, t = \lambda x} \frac{1}{\lambda} \int_0^{+\infty} t e^{-t} dt$$
$$= \frac{1}{\lambda}(-t e^{-t} - e^{-t}) \Big|_0^{+\infty} = \frac{1}{\lambda},$$
即
$$E(X) = \frac{1}{\lambda}.$$

3. 正态分布

设随机变量 X 服从正态分布 $N(\mu, \sigma^2)$,则
$$E(X) = \frac{1}{\sqrt{2\pi}\sigma} \int_{-\infty}^{+\infty} x e^{-\frac{1}{2\sigma^2}(x-\mu)^2} dx$$
$$\xrightarrow{\diamondsuit\, t = x - \mu} \frac{1}{\sqrt{2\pi}\sigma} \int_{-\infty}^{+\infty} (t+\mu) e^{-\frac{t^2}{2\sigma^2}} dt$$
$$= \frac{1}{\sqrt{2\pi}\sigma} \int_{-\infty}^{+\infty} t e^{-\frac{t^2}{2\sigma^2}} dt + \mu \frac{1}{\sqrt{2\pi}\sigma} \int_{-\infty}^{+\infty} e^{-\frac{t^2}{2\sigma^2}} dt.$$
上式右端第一项的被积函数为奇函数,因而积分为零;而第二项中
$$\frac{1}{\sqrt{2\pi}\sigma} \int_{-\infty}^{+\infty} e^{-\frac{t^2}{2\sigma^2}} dt = 1.$$
所以
$$E(X) = \mu.$$
这说明,正态分布的参数 μ 恰是该分布的均值.

4. Γ 分布

设随机变量 X 服从 $\Gamma(\alpha,\beta)$，即概率密度为

$$f(x)=\begin{cases}\dfrac{\beta^\alpha}{\Gamma(\alpha)}x^{\alpha-1}\mathrm{e}^{-\beta x}, & x>0,\\ 0, & x\leqslant 0,\end{cases}\quad \alpha>0,\beta>0.$$

由(4.2)式有

$$E(X)=\dfrac{\beta^\alpha}{\Gamma(\alpha)}\int_0^{+\infty}x\cdot x^{\alpha-1}\mathrm{e}^{-\beta x}\mathrm{d}x$$

$$\xlongequal{\diamondsuit\, t=\beta x}\dfrac{1}{\Gamma(\alpha)\beta}\int_0^{+\infty}t^\alpha \mathrm{e}^{-t}\mathrm{d}t$$

$$=\dfrac{\Gamma(\alpha+1)}{\beta\Gamma(\alpha)}.$$

由于 $\Gamma(\alpha+1)=\alpha\Gamma(\alpha)$，得到

$$E(X)=\dfrac{\alpha}{\beta}.$$

三、随机变量函数的数学期望公式

设 X 为一随机变量，下面研究 X 的函数 $Y=\varphi(X)$ 的数学期望. 当然可以由 X 的分布计算出 $Y=\varphi(X)$ 的分布，然后按公式(4.1)或(4.2)来计算 $E(Y)$. 但实际上可由下述定理来计算 $E(Y)$.

定理 4.1 设 $\varphi(x)$ 是连续函数，$Y=\varphi(X)$ 是随机变量 X 的函数.

(1) 设 X 是离散型随机变量，其分布律为

$$P\{X=x_k\}=p_k,\quad k=1,2,\cdots.$$

若级数 $\sum\limits_{k}\varphi(x_k)p_k$ 绝对收敛，则

$$E(Y)=E[\varphi(X)]=\sum_k\varphi(x_k)p_k. \tag{4.3}$$

(2) 设 X 是连续型随机变量，其密度函数为 $f(x)$. 若广义积分 $\int_{-\infty}^{+\infty}\varphi(x)f(x)\mathrm{d}x$ 绝对收敛，则

$$E(Y)=E[\varphi(X)]=\int_{-\infty}^{+\infty}\varphi(x)f(x)\mathrm{d}x. \tag{4.3}'$$

定理的证明超出本教材的范围,下面仅用一个例子加以说明.

设离散型随机变量 X 的分布律如表 4.3 所示,$\varphi(x)=x^2-x+1$,求 $E[\varphi(X)]$.

表 4.3

X	-2	-1	0	1	2
p_k	0.1	0.2	0.3	0.3	0.1

令 $Y=\varphi(X)=X^2-X+1$,由 $\varphi(-2)=7, \varphi(-1)=3, \varphi(0)=1$,$\varphi(1)=1, \varphi(2)=3$ 得到 Y 的分布律

$$P\{Y=1\}=P\{X=0\}+P\{X=1\}=0.3+0.3=0.6,$$
$$P\{Y=3\}=P\{X=-1\}+P\{X=2\}=0.2+0.1=0.3,$$
$$P\{Y=7\}=P\{X=-2\}=0.1.$$

根据数学期望的定义,得

$$E(Y)=1\times 0.6+3\times 0.3+7\times 0.1=2.2.$$

上式中间的式子又可以写成

$$1\times 0.6+3\times 0.3+7\times 0.1$$
$$=1\times(0.3+0.3)+3\times(0.2+0.1)+7\times 0.1$$
$$=1\times 0.3+1\times 0.3+3\times 0.2+3\times 0.1+7\times 0.1,$$

从而

$$E[\varphi(X)]=\varphi(0)P\{X=0\}+\varphi(1)P\{X=1\}+\varphi(-1)P\{X=-1\}$$
$$+\varphi(2)P\{X=2\}+\varphi(-2)P\{X=-2\}.$$

这就是定理 4.1 中的(4.3)式.

实际上,对于离散型随机变量,(4.3)式就是把 $E[\varphi(X)]$ 中的每一项 $y_j P\{\varphi(X)=y_j\}$ 拆为构成 $P\{\varphi(X)=y_j\}$ 的各项之和:

$$y_j P\{\varphi(X)=y_j\}=\sum_{\varphi(x_i)=y_j} y_j P\{X=x_i\}=\sum_{\varphi(x_i)=y_j}\varphi(x_i)P\{X=x_i\}.$$

用定理 4.1 计算随机变量函数的期望,要比先求出随机变量函数的分布,再根据期望的定义计算方便得多,特别是对连续型随机变量.

上述定理可以推广到多个随机变量函数的情况.

设 $(X_1,\cdots,X_n)$ 的概率密度为 $f(x_1,\cdots,x_n)$,$\varphi(x_1,\cdots,x_n)$ 是 n

元连续实函数,则

$$\mathrm{E}[\varphi(X_1,\cdots,X_n)]$$
$$=\int_{-\infty}^{+\infty}\cdots\int_{-\infty}^{+\infty}\varphi(x_1,\cdots,x_n)f(x_1,\cdots,x_n)\mathrm{d}x_1\cdots\mathrm{d}x_n, \quad (4.4)$$

这里要求上式右边的广义积分绝对收敛.

例 4.2 已知随机变量 $X \sim N(0,1)$,求 $\mathrm{E}(X^2)$.

解 由公式 $(4.3)'$ 有

$$\mathrm{E}(X^2)=\int_{-\infty}^{+\infty}x^2\frac{1}{\sqrt{2\pi}}\mathrm{e}^{-x^2/2}\mathrm{d}x=-\int_{-\infty}^{+\infty}x\mathrm{d}\left(\frac{1}{\sqrt{2\pi}}\mathrm{e}^{-x^2/2}\right)$$
$$=-x\frac{1}{\sqrt{2\pi}}\mathrm{e}^{-x^2/2}\bigg|_{-\infty}^{+\infty}+\int_{-\infty}^{+\infty}\frac{1}{\sqrt{2\pi}}\mathrm{e}^{-x^2/2}\mathrm{d}x$$
$$=0+1=1.$$

可见,利用公式 $(4.3)'$ 计算比先求出 $Y=X^2$ 的概率密度,再求 $\mathrm{E}(Y)$ 方便多了.

例 4.3 设随机变量 X 服从区间 $[0,1]$ 上的均匀分布,随机变量 Y 服从参数为 $\lambda=1$ 的指数分布,且两者相互独立,求 $\mathrm{E}(X+Y)$.

解 X 和 Y 的联合概率密度为

$$f(x,y)=f_X(x)f_Y(y)$$
$$=\begin{cases}\mathrm{e}^{-y}, & 0\leqslant x\leqslant 1, y>0,\\ 0, & \text{其他}.\end{cases}$$

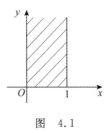

图 4.1

利用公式 (4.4),得

$$\mathrm{E}(X+Y)=\int_{-\infty}^{+\infty}\int_{-\infty}^{+\infty}(x+y)f(x,y)\mathrm{d}x\mathrm{d}y=\int_{0}^{+\infty}\mathrm{d}y\int_{0}^{1}(x+y)\mathrm{e}^{-y}\mathrm{d}x$$
$$=\int_{0}^{+\infty}\left(\frac{1}{2}+y\right)\mathrm{e}^{-y}\mathrm{d}y=-\left(\frac{1}{2}+y\right)\mathrm{e}^{-y}\bigg|_{0}^{+\infty}+\int_{0}^{+\infty}\mathrm{e}^{-y}\mathrm{d}y$$
$$=\frac{1}{2}+1=\frac{3}{2}.$$

四、数学期望的性质

数学期望具有下述性质:

(1) $E(C) = C$;

(2) $E(CX) = CE(X)$;

(3) $E(X+Y) = E(X) + E(Y)$;

(4) 设 X 与 Y 相互独立, 则 $E(XY) = E(X)E(Y)$;

(5) $|E(XY)|^2 \leqslant E(X^2)E(Y^2)$.

其中的 C 为常数, 所提及的数学期望都存在.

证 (1) 常数 C 作为随机变量 X 而言, 是一个离散型随机变量, 它只可能取到值 C, 故 $P\{X=C\}=1$. 于是

$$E(C) = E(X) = C \cdot P\{X=C\} = C.$$

下面对连续型的情况证明 (2), (3), (4). 关于离散型的情况, 读者可自行证明.

(2) 设 X 的概率密度为 $f(x)$. 由公式 (4.3)' 有

$$E(CX) = \int_{-\infty}^{+\infty} Cx f(x) dx = C \int_{-\infty}^{+\infty} x f(x) dx = CE(X).$$

(3) 设 (X,Y) 的概率密度为 $f(x,y)$. 由公式 (4.4) 有

$$E(X+Y) = \int_{-\infty}^{+\infty} \int_{-\infty}^{+\infty} (x+y) f(x,y) dx dy$$

$$= \int_{-\infty}^{+\infty} \int_{-\infty}^{+\infty} x f(x,y) dx dy + \int_{-\infty}^{+\infty} \int_{-\infty}^{+\infty} y f(x,y) dx dy,$$

又由公式 (4.4) 有

$$E(X) = \int_{-\infty}^{+\infty} \int_{-\infty}^{+\infty} x f(x,y) dx dy,$$

$$E(Y) = \int_{-\infty}^{+\infty} \int_{-\infty}^{+\infty} y f(x,y) dx dy,$$

得证

$$E(X+Y) = E(X) + E(Y).$$

(4) 由于 X 与 Y 相互独立, 所以

$$f(x,y) = f_X(x) f_Y(y),$$

其中 $f(x,y)$ 为 (X,Y) 的概率密度, $f_X(x)$, $f_Y(y)$ 分别为 X, Y 的概率密度. 于是

$$E(XY) = \int_{-\infty}^{+\infty} \int_{-\infty}^{+\infty} xy f(x,y) dx dy$$

$$= \int_{-\infty}^{+\infty}\int_{-\infty}^{+\infty} xy f_X(x) f_Y(y) \mathrm{d}x \mathrm{d}y$$
$$= \int_{-\infty}^{+\infty} x f_X(x) \mathrm{d}x \cdot \int_{-\infty}^{+\infty} y f_Y(y) \mathrm{d}y$$
$$= \mathrm{E}(X)\mathrm{E}(Y).$$

(5) 对任意的实数 λ, 考虑
$$\mathrm{E}[(\lambda X + Y)^2] = \mathrm{E}(\lambda^2 X^2 + 2\lambda XY + Y^2)$$
$$= \lambda^2 \mathrm{E}(X^2) + 2\lambda \mathrm{E}(XY) + \mathrm{E}(Y^2).$$

由于对任意的 λ 恒有 $\mathrm{E}[(\lambda X + Y)^2] \geqslant 0$, 即
$$\lambda^2 \mathrm{E}(X^2) + 2\lambda \mathrm{E}(XY) + \mathrm{E}(Y^2) \geqslant 0,$$
故判别式
$$4|\mathrm{E}(XY)|^2 - 4\mathrm{E}(X^2)\mathrm{E}(Y^2) \leqslant 0,$$
即
$$|\mathrm{E}(XY)|^2 \leqslant \mathrm{E}(X^2)\mathrm{E}(Y^2).$$

这个不等式称作**施瓦茨**(Schwarz)**不等式**.

以上完成了 5 条性质的证明.

性质(3)和(4)可以推广到任意有限个随机变量的情况:
$$\mathrm{E}(X_1 + X_2 + \cdots + X_n) = \mathrm{E}(X_1) + \mathrm{E}(X_2) + \cdots + \mathrm{E}(X_n);$$
若 $X_1, X_2, \cdots, X_n$ 相互独立, 则
$$\mathrm{E}(X_1 X_2 \cdots X_n) = \mathrm{E}(X_1)\mathrm{E}(X_2)\cdots \mathrm{E}(X_n).$$

注意对于"和", 不要求 $X_1, X_2, \cdots, X_n$ 相互独立; 对于"积", 要求 $X_1, X_2, \cdots, X_n$ 相互独立.

例 4.4 一民航机场的送客汽车载有 20 位旅客, 自机场开出, 沿途有 10 个车站, 如到达一个车站没有旅客下车, 就不停车. 以 X 表示停车次数, 求 $\mathrm{E}(X)$ (设每个旅客在各个车站下车是等可能的).

解 设 10 个车站依次记为第 $1, 2, \cdots, 10$ 个车站, 并设
$$X_i = \begin{cases} 1, & \text{在第 } i \text{ 个车站有下车的旅客}, \\ 0, & \text{否则}, \end{cases} \quad i = 1, 2, \cdots, 10,$$
则
$$X = X_1 + X_2 + \cdots + X_{10}.$$
为了求 $\mathrm{E}(X)$, 我们先求 $\mathrm{E}(X_i), i = 1, 2, \cdots, 10$.

按题意, 任一旅客在第 i 个车站不下车的概率为 $\dfrac{9}{10}$, 旅客是否

下车是彼此独立的. 因此, 20 位旅客在第 i 个车站都不下车的概率为 $\left(\frac{9}{10}\right)^{20}$, 在第 i 个车站有人下车的概率为 $1-\left(\frac{9}{10}\right)^{20}$. 于是

$$P\{X_i=0\}=\left(\frac{9}{10}\right)^{20}, \quad P\{X_i=1\}=1-\left(\frac{9}{10}\right)^{20}, \quad i=1,2,\cdots,10,$$

因而

$$E(X_i)=1-\left(\frac{9}{10}\right)^{20}, \quad i=1,2,\cdots,10.$$

由期望的性质(3)的推广有

$$\begin{aligned}E(X)&=E(X_1+X_2+\cdots+X_{10})\\&=E(X_1)+E(X_2)+\cdots+E(X_{10})\\&=10\left[1-\left(\frac{9}{10}\right)^{20}\right]=8.784.\end{aligned}$$

这就是说, 送客汽车平均停车 8.784 次.

本例将随机变量 X 分解成若干个随机变量之和, 通过求这若干个随机变量的期望而求得 X 的期望.

二项分布的数学期望也可以用这个方法计算. 设 X 服从二项分布 $B(n,p)$. 把 X 看作 n 次独立重复试验中事件 A 发生的次数, 这里 A 发生的概率为 p. 令

$$X_i=\begin{cases}1, & \text{在第 } i \text{ 次试验中 } A \text{ 发生,}\\0, & \text{否则,}\end{cases} \quad i=1,2,\cdots,n,$$

则 $X_1,X_2,\cdots,X_n$ 相互独立, 且都服从参数为 p 的 0-1 分布. 于是

$$X=X_1+X_2+\cdots+X_n,$$

故

$$E(X)=E(X_1)+E(X_2)+\cdots+E(X_n)=np.$$

这个结果与直接按定义求得的结果是一致的.

§2 方　　差

对于随机变量 X, 我们不仅要考查它的均值, 而且常常要考查 X 的分散程度. X 的分散程度可以用 X 偏离 $E(X)$ 的大小的平方的平均值来度量, 这就是方差.

一、方差的定义

定义 4.3 设 X 是一随机变量. 若 $E\{[X-E(X)]^2\}$ 存在,则称它为 X 的**方差**,记作 $D(X)$,即

$$D(X) = E\{[X-E(X)]^2\}. \qquad (4.5)$$

称 $\sqrt{D(X)}$ 为 X 的**均方差**或**标准差**.

若 X 为离散型随机变量,其分布律为

$$P\{X=x_k\} = p_k, \quad k=1,2,\cdots,$$

则

$$D(X) = \sum_k [x_k - E(X)]^2 p_k. \qquad (4.5)'$$

若 X 为连续型随机变量,其概率密度为 $f(x)$,则

$$D(X) = \int_{-\infty}^{+\infty} [x - E(X)]^2 f(x) \mathrm{d}x. \qquad (4.5)''$$

由定义可知 $D(X) \geqslant 0$.

由方差的定义及期望的性质可推导出方差的计算公式:

$$D(X) = E(X^2) - [E(X)]^2. \qquad (4.6)$$

事实上,

$$\begin{aligned}
D(X) &= E\{[X-E(X)]^2\} \\
&= E\{X^2 - 2XE(X) + [E(X)]^2\} \\
&= E(X^2) - E[2XE(X)] + E\{[E(X)]^2\} \\
&= E(X^2) - 2E(X)E(X) + [E(X)]^2 \\
&= E(X^2) - [E(X)]^2.
\end{aligned}$$

为了方便起见,今后常常将 $[E(X)]^2$ 记成 $E^2(X)$,于是公式 (4.6) 可以写成

$$D(X) = E(X^2) - E^2(X). \qquad (4.6)'$$

下面推导几个常用分布随机变量的方差.

1. 0-1 分布

设随机变量 X 服从 0-1 分布. 已知 $E(X) = p$,而

$$E(X^2) = 1^2 \cdot p + 0^2 \cdot q = p,$$

于是

$$D(X) = E(X^2) - E^2(X) = p - p^2 = p(1-p) = pq,$$

得到
$$D(X) = pq.$$

2. 二项分布

设随机变量 $X \sim B(n, p)$. 不妨设 $n \geq 2$. 已知 $E(X) = np$，而

$$\begin{aligned}
E(X^2) &= \sum_{k=0}^{n} k^2 C_n^k p^k q^{n-k} = \sum_{k=0}^{n} [k(k-1) + k] C_n^k p^k q^{n-k} \\
&= \sum_{k=0}^{n} k(k-1) \frac{n!}{k!(n-k)!} p^k q^{n-k} + \sum_{k=0}^{n} k C_n^k p^k q^{n-k} \\
&= \sum_{k=2}^{n} \frac{n!}{(k-2)!(n-k)!} p^k q^{n-k} + E(X) \\
&\xlongequal{\diamondsuit\, k' = k-2} n(n-1) p^2 \sum_{k'=0}^{n-2} \frac{(n-2)!}{k'!(n-2-k')!} p^{k'} q^{(n-2)-k'} + E(X) \\
&= n(n-1) p^2 + np,
\end{aligned}$$

于是
$$\begin{aligned}
D(X) &= E(X^2) - E^2(X) \\
&= n(n-1) p^2 + np - n^2 p^2 = npq,
\end{aligned}$$

得到
$$D(X) = npq.$$

当 $n=1$ 时，二项分布就是两点分布，此式仍成立.

3. 泊松分布

设随机变量 $X \sim \mathscr{P}(\lambda)$. 已知 $E(X) = \lambda$，又

$$\begin{aligned}
E(X^2) &= \sum_{k=0}^{\infty} k^2 \frac{\lambda^k}{k!} e^{-\lambda} = \sum_{k=1}^{\infty} (k-1+1) \frac{\lambda^k}{(k-1)!} e^{-\lambda} \\
&= \sum_{k=2}^{\infty} \frac{\lambda^{k-2} \cdot \lambda^2}{(k-2)!} e^{-\lambda} + \sum_{k=1}^{\infty} \frac{\lambda^k}{(k-1)!} e^{-\lambda} \\
&= \lambda^2 \sum_{k'=0}^{\infty} \frac{\lambda^{k'}}{k'!} e^{-\lambda} + \lambda \sum_{k''=0}^{\infty} \frac{\lambda^{k''}}{k''!} e^{-\lambda} = \lambda^2 + \lambda,
\end{aligned}$$

于是
$$D(X) = E(X^2) - E^2(X) = \lambda^2 + \lambda - \lambda^2 = \lambda,$$

得到
$$D(X)=\lambda.$$

4. 均匀分布

设随机变量 X 服从 $[a,b]$ 上的均匀分布. 已知 $E(X)=\dfrac{1}{2}(a+b)$, 而

$$E(X^2) = \frac{1}{b-a}\int_a^b x^2\,dx = \frac{b^3-a^3}{3(b-a)} = \frac{1}{3}(b^2+ab+a^2),$$

于是

$$\begin{aligned}D(X) &= E(X^2)-E^2(X)\\ &=\frac{1}{3}(b^2+ab+a^2)-\frac{1}{4}(b^2+2ab+a^2)\\ &=\frac{1}{12}(b-a)^2,\end{aligned}$$

得到

$$D(X)=\frac{1}{12}(b-a)^2.$$

5. 指数分布

设随机变量 X 服从参数为 $\lambda\,(\lambda>0)$ 的指数分布. 已知 $E(X)=\dfrac{1}{\lambda}$, 而

$$E(X^2) = \lambda\int_0^{+\infty} x^2 e^{-\lambda x}\,dx \xrightarrow{\;\diamondsuit\, t=\lambda x\;} \frac{1}{\lambda^2}\int_0^{+\infty} t^2 e^{-t}\,dt = \frac{2}{\lambda^2},$$

于是

$$D(X)=E(X^2)-E^2(X)=\frac{2}{\lambda^2}-\frac{1}{\lambda^2}=\frac{1}{\lambda^2},$$

得到

$$D(X)=\frac{1}{\lambda^2}.$$

6. 正态分布

设随机变量 $X \sim N(\mu,\sigma^2)$. 对于正态分布来说, 按定义比按公式 (4.6)′ 求方差更方便些. 已知 $E(X)=\mu$, 由公式 (4.5)″ 有

$$D(X) = \frac{1}{\sqrt{2\pi}\sigma} \int_{-\infty}^{+\infty} (x-\mu)^2 e^{-\frac{(x-\mu)^2}{2\sigma^2}} dx$$

$$\xrightarrow{\diamondsuit\, t = \frac{x-\mu}{\sigma}} \frac{\sigma^2}{\sqrt{2\pi}} \int_{-\infty}^{+\infty} t^2 e^{-t^2/2} dt$$

$$= -\frac{\sigma^2}{\sqrt{2\pi}} t e^{-t^2/2} \Big|_{-\infty}^{+\infty} + \frac{\sigma^2}{\sqrt{2\pi}} \int_{-\infty}^{+\infty} e^{-t^2/2} dt.$$

由于 $\frac{1}{\sqrt{2\pi}} \int_{-\infty}^{+\infty} e^{-t^2/2} dt = 1$,故

$$D(X) = \sigma^2.$$

至此,得到正态分布 $N(\mu, \sigma^2)$ 中两个参数的统计含义:μ 是期望值,σ^2 是方差.σ^2 越大,X 取值越分散;而 σ^2 越小,X 取值越集中.

7. Γ 分布

设随机变量 $X \sim \Gamma(\alpha, \beta)$. 已知 $E(X) = \frac{\alpha}{\beta}$,而

$$E(X^2) = \int_0^{+\infty} x^2 \frac{\beta^\alpha}{\Gamma(\alpha)} x^{\alpha-1} e^{-\beta x} dx$$

$$\xrightarrow{\diamondsuit\, t = \beta x} \frac{1}{\Gamma(\alpha)\beta^2} \int_0^{+\infty} t^{\alpha+1} e^{-t} dt$$

$$= \frac{\Gamma(\alpha+2)}{\Gamma(\alpha)\beta^2} = \frac{(\alpha+1)\alpha}{\beta^2},$$

于是

$$D(X) = E(X^2) - E^2(X) = \frac{(\alpha+1)\alpha}{\beta^2} - \frac{\alpha^2}{\beta^2} = \frac{\alpha}{\beta^2},$$

得到

$$D(X) = \frac{\alpha}{\beta^2}.$$

二、方差的性质及切比雪夫不等式

设 X, Y 是随机变量,C 为常数,并设以下提及的方差均存在.方差有下述性质:

(1) $D(C) = 0$;

(2) $D(CX) = C^2 D(X)$;

(3) 若 X 与 Y 相互独立，则
$$D(X+Y) = D(X) + D(Y);$$

(4) $D(X) = 0$ 的充分必要条件是 $P\{X=C\} = 1$.

证 (1) 已知 $E(C) = C$, 所以
$$D(C) = E\{[C - E(C)]^2\} = E(0^2) = 0.$$

(2) $D(CX) = E[(CX)^2] - E^2(CX) = E(C^2 X^2) - [CE(X)]^2$
$$= C^2 E(X^2) - C^2[E(X)]^2 = C^2[E(X^2) - E^2(X)]$$
$$= C^2 D(X).$$

(3) $D(X+Y) = E[(X+Y)^2] - [E(X+Y)]^2$
$$= E(X^2 + 2XY + Y^2) - [E(X) + E(Y)]^2$$
$$= E(X^2) + 2E(XY) + E(Y^2) - [E(X)]^2$$
$$\quad - 2E(X)E(Y) - [E(Y)]^2$$
$$= E(X^2) - E^2(X) + E(Y^2) - E^2(Y)$$
$$\quad + 2E(XY) - 2E(X)E(Y).$$

因为 X 与 Y 相互独立，所以 $E(XY) = E(X)E(Y)$，从而得到
$$D(X+Y) = D(X) + D(Y).$$

(4) 充分性是显然的，必要性留待稍后证明.

另外，若 X 与 Y 相互独立，则 X 与 $-Y$ 也相互独立. 于是
$$D(X-Y) = D[X+(-Y)]$$
$$\xlongequal{\text{性质}(3)} D(X) + D(-Y)$$
$$\xlongequal{\text{性质}(2)} D(X) + (-1)^2 D(Y)$$
$$= D(X) + D(Y),$$

因而性质(3)可改成：若 X 与 Y 相互独立，则
$$D(X \pm Y) = D(X) + D(Y).$$

还可以将性质(3)推广到多个随机变量的情况：设 $X_1, X_2, \cdots, X_n$ 相互独立，则
$$D(X_1 + X_2 + \cdots + X_n) = D(X_1) + D(X_2) + \cdots + D(X_n).$$

利用这条性质，能较容易地计算出二项分布的方差.

设 $X \sim B(n, p)$，则 X 可表示成

$$X = X_1 + X_2 + \cdots + X_n,$$

其中 $X_1, X_2, \cdots, X_n$ 相互独立,且都服从参数为 p 的 0-1 分布. 于是

$$D(X) = D(X_1) + D(X_2) + \cdots + D(X_n) = npq.$$

下面我们来介绍一个重要的不等式——切比雪夫(Чебышев)不等式.

定理 4.2(切比雪夫不等式) 设随机变量 X 的期望 $E(X)$ 与方差 $D(X)$ 存在,则对任意的 $\varepsilon > 0$,有

$$P\{|X - E(X)| \geq \varepsilon\} \leq \frac{D(X)}{\varepsilon^2}. \tag{4.7}$$

证 这里仅对 X 是连续型随机变量的情况给出证明. 设 X 的概率密度为 $f(x)$,则有

$$\begin{aligned}
P\{|X - E(X)| \geq \varepsilon\} &= \int_{|x-E(X)| \geq \varepsilon} f(x) dx \\
&\leq \int_{|x-E(X)| \geq \varepsilon} \frac{[x - E(X)]^2}{\varepsilon^2} f(x) dx \\
&= \frac{1}{\varepsilon^2} \int_{|x-E(X)| \geq \varepsilon} [x - E(X)]^2 f(x) dx \\
&\leq \frac{1}{\varepsilon^2} \int_{-\infty}^{+\infty} [x - E(X)]^2 f(x) dx \\
&= \frac{D(X)}{\varepsilon^2}.
\end{aligned}$$

在(4.7)式中,取 $\varepsilon = k\sqrt{D(X)}$,则有

$$P\{|X - E(X)| \geq k\sqrt{D(X)}\} \leq \frac{1}{k^2}.$$

特别地,取 $k = 3$,则有

$$P\{|X - E(X)| \geq 3\sqrt{D(X)}\} \leq \frac{1}{9}.$$

切比雪夫不等式还有另外一种形式:

$$P\{|X - E(X)| < \varepsilon\} \geq 1 - \frac{D(X)}{\varepsilon^2}. \tag{4.7}'$$

切比雪夫不等式给出了在未知 X 的分布的情况下,对概率 $P\{|X - E(X)| \geq \varepsilon\}$(或 $P\{|X - E(X)| < \varepsilon\}$)的一种估计,它在理论

上有重要意义,下一章将要用到它. 但是,当已知 X 的分布时,这种估计往往是太粗略了. 例如,对于 $X\sim N(\mu,\sigma^2)$,用切比雪夫不等式估算得

$$P\{|X-\mu|<3\sigma\}\geqslant 1-\frac{\sigma^2}{9\sigma^2}=\frac{8}{9}\approx 0.8889,$$

而实际上,

$$P\{|X-\mu|<3\sigma\}=0.9973.$$

现在证明方差的性质(4)的必要性.

对于每一个 $n=1,2,\cdots$,根据切比雪夫不等式,令 $C=E(X)$,则有

$$P\left\{|X-C|\geqslant\frac{1}{n}\right\}\leqslant n^2 D(X)=0,$$

从而

$$P\left\{|X-C|\geqslant\frac{1}{n}\right\}=0.$$

于是

$$P\{X\neq C\}=P\left\{\bigcup_{n=1}^{\infty}\left(|X-C|\geqslant\frac{1}{n}\right)\right\}$$

$$\leqslant\sum_{n=1}^{\infty}P\left\{|X-C|\geqslant\frac{1}{n}\right\}=0,$$

得证 $P\{X=C\}=1$.

例 4.5 设随机变量 X 的概率密度为

$$f(x)=\begin{cases}\dfrac{x^m}{m!}e^{-x}, & x>0,\\ 0, & x\leqslant 0,\end{cases}$$

其中 m 为非负整数,试证明:

$$P\{0<X<2(m+1)\}\geqslant\frac{m}{m+1}.$$

证 由于

$$E(X)=\int_0^{+\infty}x\cdot\frac{x^m}{m!}e^{-x}dx=\frac{1}{m!}\int_0^{+\infty}x^{m+1}e^{-x}dx$$

$$=\frac{1}{m!}\Gamma(m+2)=\frac{(m+1)!}{m!}=m+1,$$

$$E(X^2) = \int_0^{+\infty} \frac{x^{m+2}}{m!} e^{-x} dx = \frac{1}{m!} \Gamma(m+3)$$
$$= (m+2)(m+1),$$

因此
$$D(X) = E(X^2) - E^2(X)$$
$$= (m+2)(m+1) - (m+1)^2$$
$$= m+1.$$

由切比雪夫不等式有
$$P\{|X - E(X)| < (m+1)\} \geqslant 1 - \frac{D(X)}{(m+1)^2},$$

即
$$P\{|X - (m+1)| < (m+1)\} \geqslant 1 - \frac{m+1}{(m+1)^2} = \frac{m}{m+1},$$

而
$$P\{|X - (m+1)| < (m+1)\} = P\{0 < X < 2(m+1)\},$$

故得
$$P\{0 < X < 2(m+1)\} \geqslant \frac{m}{m+1}.$$

例 4.6 投资的收益通常是一个随机变量.在经济学中常常用收益率的方差描述投资的风险.老王选择了两项投资:一项是国债,年收益率 0.05,无任何风险;另一项是风险较大的债券,预期年收益率服从 $\mu = 0.15, \sigma = 0.2$ 的正态分布.假设国债和债券的年收益率是相互独立的.老王希望在风险(方差)不超过 0.05^2 的条件下平均年收益率尽可能的高,问:老王对这两项投资应如何分配资金?

解 记 X 为国债的年收益率,Y 为债券的年收益率.设老王对国债和债券的资金分配为 $c_1 : c_2$,其中 $c_1 + c_2 = 1, c_1 \geqslant 0, c_2 \geqslant 0$,则老王投资的年收益率为
$$Z = c_1 X + c_2 Y = (1 - c_2) X + c_2 Y.$$
由题设有 $E(X) = 0.05, D(X) = 0, E(Y) = 0.15, D(Y) = 0.04$,于是
$$E(Z) = 0.05(1 - c_2) + 0.15 c_2 = 0.05 + 0.1 c_2,$$
$$D(Z) = 0.04 c_2^2.$$
根据对风险的要求,有

$0.04c_2^2 \leqslant 0.0025$, 即 $c_2 \leqslant 0.25$.

因此,当 $c_2 = 0.25$ 时,$E(Z)$ 取到最大值 $0.05 + 0.1 \times 0.25 = 0.075$. 老王对国债和债券的投资比例应为 $0.75 : 0.25$,即 $3 : 1$,其年收益率为 0.075,风险为 0.05^2.

按此比例投资,老王不赔本的概率为

$$P\{Z \geqslant 0\} = P\left\{\frac{Z-0.075}{0.05} \geqslant -\frac{0.075}{0.05}\right\}$$
$$= 1 - \Phi(-1.5) = \Phi(1.5) = 0.933.$$

为了便于查找,我们将常用的分布及其期望和方差列入书末的附表 9 中.

§3 协方差和相关系数

对于二维随机变量 (X,Y),除了要研究 X,Y 各自的期望和方差之外,还需要研究表征它们相互联系的数字特征. 协方差和相关系数就是描述两个随机变量之间联系的数字特征.

定义 4.4 设 (X,Y) 是二维随机变量. 若
$$E\{[X-E(X)][Y-E(Y)]\}$$
存在,则把它称作 X 和 Y 的**协方差**,记作 $\mathrm{cov}(X,Y)$,即
$$\mathrm{cov}(X,Y) = E\{[X-E(X)][Y-E(Y)]\}. \tag{4.8}$$
又若 $D(X) \neq 0, D(Y) \neq 0$,则称
$$\rho_{XY} = \frac{\mathrm{cov}(X,Y)}{\sqrt{D(X)} \cdot \sqrt{D(Y)}} \tag{4.9}$$
为 X 和 Y 的**相关系数**.

方差是协方差的特殊情况:$\mathrm{cov}(X,X) = D(X)$. 我们常常将 $\mathrm{cov}(X,Y)$ 简记成 σ_{XY}. 对应地,也常常将 $D(X), D(Y)$ 分别记 σ_{XX} 和 σ_{YY}.

协方差与方差及期望有如下关系:

(1) $D(X \pm Y) = \sigma_{XX} + \sigma_{YY} \pm 2\sigma_{XY}$;

(2) $\sigma_{XY} = E(XY) - E(X)E(Y)$.

证 (1) 由定义有

$$D(X \pm Y) = E\{[(X \pm Y) - E(X \pm Y)]^2\}$$
$$= E\{[X - E(X)] \pm [Y - E(Y)]\}^2$$
$$= E\{[X - E(X)]^2\} + E\{[Y - E(Y)]^2\}$$
$$\pm 2E\{[X - E(X)][Y - E(Y)]\}$$
$$= D(X) + D(Y) \pm 2\operatorname{cov}(X, Y)$$
$$= \sigma_{XX} + \sigma_{YY} \pm 2\sigma_{XY}.$$

(2) $\sigma_{XY} = \operatorname{cov}(X, Y)$
$$= E\{[X - E(X)][Y - E(Y)]\}$$
$$= E\{XY - XE(Y) - YE(X) + E(X)E(Y)\}$$
$$= E(XY) - E[XE(Y)] - E[YE(X)]$$
$$+ E[E(X)E(Y)]$$
$$= E(XY) - E(X)E(Y) - E(Y)E(X)$$
$$+ E(X)E(Y)$$
$$= E(XY) - E(X)E(Y).$$

例 4.7 从 $1 \sim 3$ 中任取一个整数,记作 X;再从 $1 \sim X$ 中任取一个整数,记作 Y. 求 $\operatorname{cov}(X,Y)$ 和 ρ_{XY}.

解 X 和 Y 的联合分布律为

$$P\{X=i, Y=j\} = P\{X=i\}P\{Y=j \mid X=i\} = \frac{1}{3} \cdot \frac{1}{i} = \frac{1}{3i},$$
$$j = 1, \cdots, i, \quad i = 1, 2, 3.$$

将 X 和 Y 的联合分布律及边缘分布律列于表 4.4 中. 于是

$$E(X) = \frac{1}{3}(1 + 2 + 3) = 2,$$
$$E(Y) = \frac{11}{18} + 2 \times \frac{5}{18} + 3 \times \frac{2}{18} = \frac{3}{2},$$
$$E(X^2) = \frac{1}{3}(1^2 + 2^2 + 3^2) = \frac{14}{3},$$
$$E(Y^2) = \frac{11}{18} + 2^2 \times \frac{5}{18} + 3^2 \times \frac{2}{18} = \frac{49}{18},$$
$$D(X) = \frac{14}{3} - 2^2 = \frac{2}{3}, \quad D(Y) = \frac{49}{18} - \left(\frac{3}{2}\right)^2 = \frac{17}{36},$$

$$E(XY) = \frac{1}{3} + 2 \times 1 \times \frac{1}{6} + 2 \times 2 \times \frac{1}{6} + 3 \times 1 \times \frac{1}{9}$$
$$+ 3 \times 2 \times \frac{1}{9} + 3 \times 3 \times \frac{1}{9} = \frac{10}{3},$$
$$\text{cov}(X,Y) = \frac{10}{3} - 2 \times \frac{3}{2} = \frac{1}{3},$$
$$\rho_{XY} = \frac{\frac{1}{3}}{\sqrt{\frac{2}{3} \times \frac{17}{36}}} = \sqrt{\frac{6}{17}} \approx 0.594.$$

表 4.4

X \ Y	1	2	3	$p_i.$
1	1/3	0	0	1/3
2	1/6	1/6	0	1/3
3	1/9	1/9	1/9	1/3
$p._j$	11/18	5/18	2/18	1

例 4.8 设 (X,Y) 服从二维正态分布 $N(\mu_1, \mu_2, \sigma_1^2, \sigma_2^2, \rho)$,求 σ_{XY} 和 ρ_{XY}.

解 由例 3.4 知 $X \sim N(\mu_1, \sigma_1^2)$,$Y \sim N(\mu_2, \sigma_2^2)$,因而 $E(X) = \mu_1$,$D(X) = \sigma_1^2$;$E(Y) = \mu_2$,$D(Y) = \sigma_2^2$. 令 $u = \dfrac{x - \mu_1}{\sigma_1}$,$v = \dfrac{y - \mu_2}{\sigma_2}$,则

$$\sigma_{XY} = \text{cov}(X,Y)$$
$$= \int_{-\infty}^{+\infty} \int_{-\infty}^{+\infty} [x - E(X)][y - E(X)] f(x,y) \, dx \, dy$$
$$= \frac{1}{2\pi \sigma_1 \sigma_2 \sqrt{1-\rho^2}} \int_{-\infty}^{+\infty} \int_{-\infty}^{+\infty} (x-\mu_1)(y-\mu_2)$$
$$\cdot e^{-\frac{1}{2(1-\rho^2)} \left[\frac{(x-\mu_1)^2}{\sigma_1^2} - 2\rho \frac{(x-\mu_1)(y-\mu_2)}{\sigma_1 \sigma_2} + \frac{(y-\mu_2)^2}{\sigma_2^2} \right]} dx \, dy$$
$$= \frac{\sigma_1 \sigma_2}{2\pi \sqrt{1-\rho^2}} \int_{-\infty}^{+\infty} \int_{-\infty}^{+\infty} uv \, e^{-\frac{1}{2(1-\rho^2)}(u^2 - 2\rho uv + v^2)} du \, dv$$
$$= \frac{\sigma_1 \sigma_2}{2\pi \sqrt{1-\rho^2}} \int_{-\infty}^{+\infty} \left\{ \int_{-\infty}^{+\infty} uv \, e^{-\frac{1}{2(1-\rho^2)}[(u-\rho v)^2 + (1-\rho^2)v^2]} du \right\} dv$$
$$= \frac{\sigma_1 \sigma_2}{\sqrt{2\pi}} \int_{-\infty}^{+\infty} \left[v e^{-\frac{1}{2}v^2} \frac{1}{\sqrt{2\pi} \cdot \sqrt{1-\rho^2}} \int_{-\infty}^{+\infty} u \, e^{-\frac{1}{2(1-\rho^2)}(u-\rho v)^2} du \right] dv$$

$$= \frac{\sigma_1 \sigma_2}{\sqrt{2\pi}} \int_{-\infty}^{+\infty} \rho v^2 \mathrm{e}^{-\frac{1}{2}v^2} \mathrm{d}v = \sigma_1 \sigma_2 \rho.$$

注意在上面计算过程中的最后两步,积分

$$\frac{1}{\sqrt{2\pi} \cdot \sqrt{1-\rho^2}} \int_{-\infty}^{+\infty} u \mathrm{e}^{-\frac{1}{2(1-\rho^2)}(u-\rho v)^2} \mathrm{d}u$$

是正态分布 $N(\rho v, 1-\rho^2)$ 的数学期望,因而等于 ρv;又设 $X_1 \sim N(0,1)$,则积分

$$\frac{1}{\sqrt{2\pi}} \int_{-\infty}^{+\infty} v^2 \mathrm{e}^{-\frac{1}{2}v^2} \mathrm{d}v = \mathrm{E}(X_1^2) = \mathrm{D}(X_1) + \mathrm{E}^2(X_1) = 1.$$

由定义有

$$\rho_{XY} = \frac{\mathrm{cov}(X,Y)}{\sqrt{\mathrm{D}(X)} \cdot \sqrt{\mathrm{D}(Y)}} = \frac{\sigma_1 \sigma_2 \rho}{\sigma_1 \sigma_2} = \rho.$$

由本例结果可知,二维正态分布中的第五个参数 ρ 正是 X 与 Y 的相关系数 ρ_{XY}.

协方差有下面几条性质:

(1) $\mathrm{cov}(X,Y) = \mathrm{cov}(Y,X)$;

(2) $\mathrm{cov}(a_1 X + b_1, a_2 Y + b_2) = a_1 a_2 \mathrm{cov}(X,Y)$,其中 a_1, a_2, b_1, b_2 为常数;

(3) $\mathrm{cov}(X_1 + X_2, Y) = \mathrm{cov}(X_1, Y) + \mathrm{cov}(X_2, Y)$;

(4) $|\mathrm{cov}(X,Y)|^2 \leqslant \mathrm{D}(X)\mathrm{D}(Y)$;

(5) 若 X 与 Y 相互独立,则 $\mathrm{cov}(X,Y) = 0$.

证 根据定义和期望的性质,容易验证性质(1)~(3).

(4) 由施瓦茨不等式(期望的性质(5))有

$$|\mathrm{E}\{[X-\mathrm{E}(X)][Y-\mathrm{E}(Y)]\}|^2$$
$$\leqslant \mathrm{E}\{[X-\mathrm{E}(X)]^2\} \mathrm{E}\{[Y-\mathrm{E}(Y)]^2\},$$

即
$$|\mathrm{cov}(X,Y)|^2 \leqslant \mathrm{D}(X)\mathrm{D}(Y).$$

(5) 若 X 与 Y 相互独立,则 $\mathrm{E}(XY) = \mathrm{E}(X)\mathrm{E}(Y)$,从而
$$\mathrm{cov}(X,Y) = \mathrm{E}(XY) - \mathrm{E}(X)\mathrm{E}(Y) = 0.$$

需要注意的是,根据性质(5),$\mathrm{cov}(X,Y) = 0$ 是 X 与 Y 相互独立的必要条件;但反之不真,由 $\mathrm{cov}(X,Y) = 0$ 不能推出 X 与 Y 相互独立.请看下面的例子.

例 4.9 设二维随机变量 (X,Y) 服从 $D=\{(x,y)\mid x^2+y^2\leqslant 1\}$ 上的均匀分布,求 σ_{XY} 和 ρ_{XY},并且讨论 X 与 Y 的独立性.

解 D 是以原点为圆心,1 为半径的圆,其面积等于 π,故 (X,Y) 的概率密度为

$$f(x,y)=\begin{cases}\dfrac{1}{\pi}, & x^2+y^2\leqslant 1,\\ 0, & \text{其他}.\end{cases}$$

于是

$$E(X)=\int_{-\infty}^{+\infty}\int_{-\infty}^{+\infty}xf(x,y)\mathrm{d}x\mathrm{d}y=\frac{1}{\pi}\iint_{x^2+y^2\leqslant 1}x\mathrm{d}x\mathrm{d}y$$

$$=\frac{1}{\pi}\int_0^{2\pi}\int_0^1 r\cos\theta\cdot r\mathrm{d}r\mathrm{d}\theta=\frac{1}{\pi}\int_0^{2\pi}\cos\theta\mathrm{d}\theta\cdot\int_0^1 r^2\mathrm{d}r$$

$$=0.$$

同样地,$E(Y)=0$. 而

$$\sigma_{XY}=\int_{-\infty}^{+\infty}\int_{-\infty}^{+\infty}[x-E(X)][Y-E(Y)]f(x,y)\mathrm{d}x\mathrm{d}y$$

$$=\frac{1}{\pi}\iint_{x^2+y^2\leqslant 1}xy\mathrm{d}x\mathrm{d}y=\frac{1}{\pi}\int_0^{2\pi}\int_0^1 r^2\sin\theta\cos\theta\cdot r\mathrm{d}r\mathrm{d}\theta$$

$$=\frac{1}{\pi}\int_0^{2\pi}\sin\theta\cos\theta\mathrm{d}\theta\cdot\int_0^1 r^3\mathrm{d}r=0,$$

由此得 $\rho_{XY}=0$.

当 $|x|\leqslant 1$ 时,

$$f_X(x)=\int_{-\sqrt{1-x^2}}^{\sqrt{1-x^2}}\frac{1}{\pi}\mathrm{d}y=\frac{2}{\pi}\sqrt{1-x^2}.$$

当 $|y|\leqslant 1$ 时,

$$f_Y(y)=\int_{-\sqrt{1-y^2}}^{\sqrt{1-y^2}}\frac{1}{\pi}\mathrm{d}x=\frac{2}{\pi}\sqrt{1-y^2}.$$

显然

$$f_X(x)f_Y(y)\neq f(x,y),$$

故 X 和 Y 不是相互独立的. 这说明,$\sigma_{XY}=\mathrm{cov}(X,Y)=0$ 不是 X 与 Y 相互独立的充分条件.

相关系数具有下述性质:

(1) $|\rho_{XY}|\leqslant 1$;

(2) $|\rho_{XY}|=1$ 的充分必要条件是 X 和 Y 以概率为 1 地线性相关,即
$$P\{Y=aX+b\}=1,$$
其中 a,b 是常数,且 $a\neq 0$.

证 (1) 由协方差的性质(4)和相关系数的定义可知 $|\rho_{XY}|\leqslant 1$ 成立.

(2) 必要性 设 $|\rho_{XY}|=1$,记 $D(X)=\sigma_1^2$,$D(Y)=\sigma_2^2$,$\sigma_1,\sigma_2>0$. 考虑

$$D\left(\frac{X}{\sigma_1}\pm\frac{Y}{\sigma_2}\right)=D\left(\frac{X}{\sigma_1}\right)+D\left(\frac{Y}{\sigma_2}\right)\pm 2\mathrm{cov}\left(\frac{X}{\sigma_1},\frac{Y}{\sigma_2}\right)$$
$$=\frac{1}{\sigma_1^2}D(X)+\frac{1}{\sigma_2^2}D(Y)\pm\frac{2}{\sigma_1\sigma_2}\mathrm{cov}(X,Y)$$
$$=2\pm 2\rho_{XY}=2(1\pm\rho_{XY}).$$

当 $\rho_{XY}=1$ 时,$D\left(\dfrac{X}{\sigma_1}-\dfrac{Y}{\sigma_2}\right)=0$. 由方差的性质(4)可知,存在常数 c,使得
$$P\left\{\frac{X}{\sigma_1}-\frac{Y}{\sigma_2}=c\right\}=1,$$
即
$$P\{Y=aX+b\}=1,$$
其中
$$a=\frac{\sigma_2}{\sigma_1},\quad b=-\sigma_2 c.$$

当 $\rho_{XY}=-1$ 时,$D\left(\dfrac{X}{\sigma_1}+\dfrac{Y}{\sigma_2}\right)=0$,于是存在常数 d,使得
$$P\left\{\frac{X}{\sigma_1}+\frac{Y}{\sigma_2}=d\right\}=1,$$
即
$$P\{Y=aX+b\}=1,$$
其中
$$a=-\frac{\sigma_2}{\sigma_1},\quad b=\sigma_2 d.$$

充分性 设 $P\{Y=aX+b\}=1$,$a\neq 0$. 由方差的性质(4)得
$$D(Y-aX)=0,$$
于是
$$D(Y)+D(aX)-2\mathrm{cov}(Y,aX)=0,$$
即
$$D(Y)+a^2 D(X)=2a\mathrm{cov}(X,Y)=\pm 2a|\mathrm{cov}(X,Y)|,$$

这里注意到左端大于等于 0,故当 $a>0$ 时取 $+$ 号,当 $a<0$ 时取 $-$ 号. 因此

$$(\sqrt{D(Y)} \mp a\sqrt{D(X)})^2 = D(Y) + a^2 D(X) \mp 2a\sqrt{D(X)D(Y)}$$
$$= \pm 2a[|\text{cov}(X,Y)| - \sqrt{D(X)D(Y)}].$$

由协方差的性质(4)知,上式右端小于或等于 0,而左端大于或等于 0,从而两端必等于 0,得

$$|\text{cov}(X,Y)| = \sqrt{D(X)D(Y)}.$$

所以
$$|\rho_{XY}| = 1.$$

相关系数的性质(2)说明,相关系数 ρ_{XY} 刻画了 X,Y 之间的线性相关关系. 当 $\rho_{XY}=0$ 时,我们称 X,Y **不相关**(注意,这里指的是它们之间没有线性相关关系).

不相关与相互独立,在一般情况下是不等价的. 当 X 与 Y 相互独立时,X 与 Y 必不相关,但反过来不一定成立.

根据方差与协方差的关系,方差的性质(3)中 X 与 Y 相互独立可以减弱为 X 与 Y 不相关. 把它作为方差的性质(5):

(5) 若 X 与 Y 不相关,则
$$D(X+Y) = D(X) + D(Y).$$

这条性质可以推广到多个随机变量的和:

若 $X_1, X_2, \cdots, X_n$ 两两不相关,则
$$D(X_1 + X_2 + \cdots + X_n) = D(X_1) + D(X_2) + \cdots + D(X_n).$$

证 $D\left(\sum_{k=1}^{n} X_k\right) = E\left\{\left[\sum_{k=1}^{n} X_k - E\left(\sum_{k=1}^{n} X_k\right)\right]^2\right\}$

$$= E\left\{\left\{\sum_{k=1}^{n} [X_k - E(X_k)]\right\}^2\right\}$$

$$= E\left\{\sum_{k=1}^{n} [X_k - E(X_k)]^2 \right.$$
$$\left. + 2\sum_{1 \leqslant i < j \leqslant n} [X_i - E(X_i)][X_j - E(X_j)]\right\}$$

$$= \sum_{k=1}^{n} E\{[X_k - E(X_k)]^2\}$$
$$+ 2\sum_{1 \leqslant i < j \leqslant n} E\{[X_i - E(X_i)][X_j - E(X_j)]\}$$

$$= \sum_{k=1}^{n} D(X_k) + 2 \sum_{1 \leqslant i < j \leqslant n} \text{cov}(X_i, X_j).$$

由于 $X_1, X_2, \cdots, X_n$ 两两不相关,所有的 $\text{cov}(X_i, X_j) = 0$,得证

$$D\left(\sum_{k=1}^{n} X_k\right) = \sum_{k=1}^{n} D(X_k).$$

最后,给出矩的定义.

定义 4.5 设 X 和 Y 是随机变量.

(1) 若

$$E(X^k), \quad k=1,2,\cdots \qquad (4.10)$$

存在,则称它为 X 的 k **阶原点矩**;

(2) 若

$$E\{[X-E(X)]^k\}, \quad k=2,3,\cdots \qquad (4.11)$$

存在,则称它为 X 的 k **阶中心矩**;

(3) 若

$$E(X^k Y^l), \quad k,l=1,2,\cdots \qquad (4.12)$$

存在,则称它为 X 和 Y 的 $k+l$ **阶混合矩**;

(4) 若

$$E\{[X-E(X)]^k [Y-E(Y)]^l\}, \quad k,l=1,2,\cdots \qquad (4.13)$$

存在,则称它为 X 和 Y 的 $k+l$ **阶中心混合矩**.

显然,期望 $E(X), E(Y)$ 是一阶原点矩,方差 $D(X)$ 和 $D(Y)$ 是二阶中心矩,协方差 σ_{XY} 是二阶中心混合矩.

习 题 四

1. 某射手每次射击击中目标的概率都是 p. 现连续向一目标射击,直到第一次击中为止,求射击次数 X 的期望和方差.

2. 盒中有 5 个球,其中有 3 个白球,2 个黑球. 从中任取 2 个球,求取得白球数 X 的期望和方差.

3. 射击比赛中,每人射击 4 次(每次一发子弹),约定全部未击中得 0 分,只击中 1 次得 15 分,击中 2 次得 30 分,击中 3 次得 55 分,击中 4 次得 100 分. 设某人每次射击的命中率为 3/5,求他得分

的期望值.

4. 某射手每次射击击中目标的概率为 p. 他手中有 10 发子弹准备对一目标连续射击(每次一发子弹),一旦击中目标或子弹打完了就立刻转移到别的地方去. 问:他在转移前平均射击几次?

5. 设 15000 件产品中有 1000 件废品. 从中抽取 150 件进行检查,求查得废品数的数学期望.

6. 设随机变量 X 的概率密度为

$$f(x) = \begin{cases} \dfrac{2}{\pi}\cos^2 x, & |x| \leqslant \dfrac{\pi}{2}, \\ 0, & |x| > \dfrac{\pi}{2}, \end{cases}$$

求 $E(X)$ 和 $D(X)$.

7. 设连续型随机变量 X 的分布函数为

$$F(x) = \begin{cases} 0, & x < -1, \\ a + b\arcsin x, & -1 \leqslant x < 1, \\ 1, & x \geqslant 1, \end{cases}$$

试确定常数 a, b,并求 $E(X), D(X)$.

8. 设随机变量 X 的概率密度为

$$f(x) = \begin{cases} 2x, & 0 \leqslant x \leqslant 1, \\ 0, & \text{其他}, \end{cases}$$

求 X 的期望和方差.

9. 设随机变量 X 的概率密度为

$$f(x) = \dfrac{1}{2}e^{-|x|}, \quad -\infty < x < +\infty,$$

求 $E(X)$ 和 $D(X)$.

10. 设轮船横向摇摆的随机振幅 X 的概率密度为

$$f(x) = \dfrac{1}{\sigma^2} x e^{-\dfrac{x^2}{2\sigma^2}}, \quad x > 0,$$

求 $E(X)$ 和 $D(X)$.

11. 若随机变量 X 的概率密度为

$$f(x) = \dfrac{\Gamma(\alpha+\beta)}{\Gamma(\alpha)\Gamma(\beta)} x^{\alpha-1}(1-x)^{\beta-1}, \quad 0 < x < 1, \alpha > 0, \beta > 0,$$

则称 X 服从**贝塔分布**. 求 $E(X)$ 和 $D(X)$.

12. 设随机变量 X 的概率密度为
$$f(x) = \begin{cases} \dfrac{\beta}{\eta}\left(\dfrac{x}{\eta}\right)^{\beta-1} e^{-(\frac{x}{\eta})^{\beta}}, & x > 0, \\ 0, & x \leqslant 0, \end{cases} \quad \beta > 0, \eta > 0,$$

则称 X 服从**威布尔**(Weibull)**分布**. 求 $E(X)$ 和 $D(X)$.

13. 试证明:若某随机变量 X 的概率密度 $f(x)$ 满足
$$f(c+x) = f(c-x), \quad x > 0,$$
其中 c 为常数,又 $E(X)$ 存在,则 $E(X) = c$.

14. 设点随机地落在中心在原点、半径为 R 的圆周上,并对弧长是均匀分布的,求落点横坐标的均值和方差.

15. 设随机变量 $X \sim N(0, \sigma^2)$,求 $E(X^n)$.

16. 设随机变量 X 与 Y 的联合概率密度为
$$f(x, y) = \begin{cases} 4xy e^{-(x^2+y^2)}, & x > , y > 0, \\ 0, & \text{其他}, \end{cases}$$
求 $Z = \sqrt{X^2 + Y^2}$ 的均值.

17. 对三架仪器进行检验,各仪器产生故障是相互独立的,其概率分别为 p_1, p_2, p_3,求产生故障的仪器数的数学期望.

18. 掷 n 颗骰子,求点数之和的数学期望与方差.

19. 对某一目标进行射击,直到击中 r 次为止. 如果每次射击的命中率为 p,求需射击次数的均值与方差.

20. 设随机变量 $X_1, X_2, \cdots, X_n$ 独立同分布,均值为 μ,方差是 σ^2. 若 $Y = \dfrac{1}{n}(X_1 + X_2 + \cdots + X_n)$,求 $E(Y)$ 和 $D(Y)$.

21. 将 n 个球放入 M 个盒子中,设每个球落入各个盒子是等可能的,求有球的盒子数 X 的均值.

22. 设事件 A 在第 i 次试验中发生的概率等于 $p_i (i = 1, 2, \cdots, n)$,且在各次试验中 A 是否发生是相互独立的,求事件 A 在 n 次试验中发生次数的均值与方差.

23. 已知随机变量 X 与 Y 相互独立,试证明:
$$D(XY) = D(X)D(Y) + [E(X)]^2 D(Y) + [E(Y)]^2 D(X).$$

24. 设二维随机变量 (X,Y) 服从区域
$$D=\{(x,y)\mid 0<x<1, 0<y<1\}$$
上的均匀分布，求相关系数 ρ_{XY}。

25. 设随机变量 X 与 Y 相互独立，概率密度分别为
$$f_X(x)=\begin{cases}2x, & 0\leqslant x\leqslant 1,\\ 0, & \text{其他},\end{cases}$$
$$f_Y(y)=\begin{cases}e^{-(y-5)}, & y>5,\\ 0, & \text{其他},\end{cases}$$
求 $E(XY)$。

26. 已知 $D(X)=25, D(Y)=36, \rho=0.4$，求 $D(X+Y)$ 和 $D(X-Y)$。

27. 设随机变量 $X\sim N(0,1)$，而 $Y=X^n$ （n 为正整数），求 ρ_{XY}。

28. 设有随机变量 X,Y,Z，已知
$$E(X)=E(Y)=1,\quad E(Z)=-1,$$
$$D(X)=D(Y)=D(Z)=1,$$
$$\rho_{XY}=0,\quad \rho_{XZ}=\frac{1}{2},\quad \rho_{YZ}=-\frac{1}{2},$$
求 $E(X+Y+Z), D(X+Y+Z)$。

29. 设 $\{X_n\}$ 为独立同分布的随机变量序列，每个随机变量的数学期望为 a，方差有限，证明：对任意的 $\varepsilon>0$，有
$$\lim_{n\to\infty} P\left\{\left|\frac{2}{n(n+1)}\sum_{k=1}^{n}kX_k-a\right|<\varepsilon\right\}=1.$$

30. 用一台机器生产某种产品，假设正品率随产品的批次的增加而指数下降，第 k 批产品的正品率为 $e^{-\lambda k}$ （$k=1,2,\cdots;\lambda>0$）。假设每批生产 100 件，求前 10 批产品中的平均正品数。

31. 设熊猫牌彩电的使用寿命 (单位: h) 服从参数为 $\lambda=10^{-4}$ 的指数分布。随机地取一台已经使用了 5000 h 的熊猫牌彩电，问：还能平均使用多少时间？

32. 设二维随机变量 (X,Y) 服从 $D=\{(x,y)\mid 0<x<1, 0<y<1\}$ 上的均匀分布，求 $E(X+Y), E(X-Y), D(X+Y), D(X-Y)$。

33. 设随机变量 X 服从参数为 λ 的指数分布，当 $k<X\leqslant k+1$ 时令 $Y=k$ （$k=0,1,2,\cdots$），求 $E(Y)$。

34. 甲、乙两人对局,若有一人连胜两局,则终止比赛.设每局甲胜的概率为 p,乙胜的概率为 $1-p$.以 X 表示到比赛停止时所赛的局数,求 E(X).

35. 对产品进行抽查,只要发现废品就认为这批产品不合格,并结束抽查;若抽查到第 n 件仍未发现废品,则认为这批产品合格.假设产品数量很大,每次抽查到废品的概率都是 p,试求平均需抽查的件数.

36. 袋中有 m 个白球,n 个黑球.现从袋中有放回地取球,每次取一个,记直至取到白球为止时已取到的黑球数为 X,求 E(X).

37. 设随机变量 X 的概率密度为

$$f(x)=\begin{cases} \dfrac{b}{a}(a-|x|), & |x|\leqslant a,\\ 0, & 其他, \end{cases}$$

且已知 D(X)=1,求常数 a 和 b.

38. 设随机变量 X 具有二阶矩,C 为常数,问:C 等于多少时 E$[(X-C)^2]$ 取到最小值?

39. 设二维随机变量 (X,Y) 服从二维正态分布 $N(\mu,\mu,\sigma^2,\sigma^2,\rho)$,求 D($X+Y$) 和 D($X-Y$).

40. 设随机变量 ξ 与 η 相互独立,且都服从正态分布 $N(\mu,\sigma^2)$.令

$$X=\alpha\xi+\beta\eta,\quad Y=\alpha\xi-\beta\eta,$$

其中 α,β 为常数,求 ρ_{XY}.

41. 掷一枚均匀的硬币 n 次,出现正面的次数和反面的次数分别记作 X 和 Y.求 X 和 Y 的协方差 cov(X,Y).

42. 设二维随机变量 (X,Y) 服从二维正态分布 $N(\mu_1,\mu_2,\sigma_1^2,\sigma_2^2,\rho)$,求 D($X-Y$) 和 cov($2X+Y,X-2Y$).

43. 设 $P\{X=k\}=2^{-k}(k=1,2,\cdots)$,$Y=\sin\dfrac{\pi}{2}X$,求 E($Y$).

44. 从 0,1,2,3,4 中任取 3 个不同的数,把其中最大的数记作 X,最小的数记作 Y,求 E(X),D(X),E(Y),D(Y) 及 ρ_{XY}.

45. 设 X 是非负离散型随机变量,且 E(X) 存在,试证明:对任意的 $t>0$,有

$$P\{X\geqslant t\}\leqslant \frac{1}{t}\mathrm{E}(X).$$

此不等式称作马尔可夫不等式.

46. 设随机变量 X 取非负整数值,且 $\mathrm{E}(X)$ 存在,试证明:
$$\mathrm{E}(X) = \sum_{k=1}^{\infty} P\{X \geqslant k\}.$$

47. 已知正常男性成人血液中,每毫升白细胞数的期望等于 7300,均方差等于 700,试利用切比雪夫不等式估计每毫升白细胞数在 5200 至 9400 之间的概率.

48. 设随机变量 $X_i(i=1,2,\cdots)$ 相互独立,服从相同的分布, $\mathrm{E}(X_i)=\mu, \mathrm{D}(X_i)=\sigma^2$,且 $\mathrm{E}(X_i^4)(i=1,2,\cdots)$ 存在,试证明:对任意的 $\varepsilon>0$,有
$$\lim_{n\to\infty} P\left\{\left|\frac{1}{n}\sum_{i=1}^{n}X_i^2 - \mu^2 - \sigma^2\right| < \varepsilon\right\} = 1.$$

第五章　大数定律和中心极限定理

大数定律和中心极限定理分别揭示了频率的稳定性和广泛存在正态分布的实质,给出了它们的理论根据.为了能更好地理解这些内容,本章首先引入随机变量序列收敛的概念.

§1　随机变量序列的收敛性

定义 5.1　设随机变量序列$\{X_n\}$和随机变量 X.如果
$$P\{\lim_{n\to\infty}X_n=X\}=1, \tag{5.1}$$
则称$\{X_n\}$**几乎必然收敛于** X,记作
$$\lim_{n\to\infty}X_n \xrightarrow{a.s} X \quad \text{或} \quad X_n \xrightarrow{a.s} X.$$

如果对任意的 $\varepsilon>0$,有
$$\lim_{n\to\infty}P\{|X_n-X|<\varepsilon\}=1, \tag{5.2}$$
则称$\{X_n\}$**依概率收敛于** X,记作
$$\lim_{n\to\infty}X_n \xrightarrow{P} X \quad \text{或} \quad X_n \xrightarrow{P} X.$$

设$\{X_n\}$对应的分布函数序列为$\{F_n(x)\}$,X 的分布函数为 $F(x)$.如果对 $F(x)$ 的所有连续点 x,有
$$\lim_{n\to\infty}F_n(x)=F(x), \tag{5.3}$$
则称$\{X_n\}$**弱收敛于** X,记作
$$\lim_{n\to\infty}X_n \xrightarrow{W} X \quad \text{或} \quad X_n \xrightarrow{W} X.$$

对定义 5.1 做如下解释和说明:

(1) 随机变量序列$\{X_n\}$弱收敛于 X 就是$\{X_n\}$对应的分布函数序列$\{F_n(x)\}$收敛于 X 的分布函数 $F(x)$(在 $F(x)$ 的所有连续点).

例如,设 $X_n\sim B(n,p_n)$,$np_n=\lambda$,$n=1,2,\cdots$,根据泊松定理(定理 2.1),有

$$\lim_{n\to\infty} P\{X_n = k\} = \frac{\lambda^k}{k!} e^{-\lambda}, \quad k = 0, 1, 2, \cdots,$$

因此 $\lim\limits_{n\to\infty} X_n \xrightarrow{W} X$,其中 $X \sim \mathscr{P}(\lambda)$.

(2) 在几乎必然收敛的定义中,$\lim\limits_{n\to\infty} X_n = X$ 是 $\lim\limits_{n\to\infty} X_n(\omega) = X(\omega)$ 的简写. 对每一个样本点 $\omega \in \Omega$,$\{X_n(\omega)\}$ 是一个实数序列,$X(\omega)$ 是一个实数. 这个极限就是通常高等数学中的极限.

记随机事件 $A = \{\omega \mid \lim\limits_{n\to\infty} X_n(\omega) = X(\omega)\}$,则 $\lim\limits_{n\to\infty} X_n \xrightarrow{\text{a.s}} X$ 当且仅当 $P(A) = 1$. 这就是说,几乎必然收敛的意思是收敛的概率为 1,不收敛的概率为 0. 由此可见,几乎必然收敛与普通的收敛没有多大区别,只是它允许在样本空间中一个概率为 0 的子集上除外.

(3) 记

$$A_{n,\varepsilon} = \{\omega \mid |X_n(\omega) - X(\omega)| < \varepsilon\},$$

对固定的 $\varepsilon > 0$,$P\{A_{n,\varepsilon}\}(n=1,2,\cdots)$ 是普通的序列. 于是

$$\lim_{n\to\infty} X_n \xrightarrow{P} X \quad \text{当且仅当} \quad \forall \varepsilon > 0, \lim_{n\to\infty} P\{A_{n,\varepsilon}\} = 1.$$

直观上,$\lim\limits_{n\to\infty} X_n \xrightarrow{P} X$ 表示对任意的 $\varepsilon > 0$,当 n 充分大时,随机事件 $|X_n - X| \geq \varepsilon$ 的概率可以任意的小.

下面给出一个几乎必然收敛的例子.

例 5.1 考虑 $\Omega = [0, 1]$ 上的均匀分布. 对每一个 $\omega \in [0, 1]$,令

$$X_n = \omega^n, \quad n = 1, 2, \cdots, \quad X = 0,$$

则除 $\omega = 1$ 外,有 $\lim\limits_{n\to\infty} X_n = X$. 故 $\lim\limits_{n\to\infty} X_n \xrightarrow{\text{a.s}} X$.

下面是一个依概率收敛但不几乎必然收敛的例子.

例 5.2 考虑 $\Omega = (0, 1]$ 上的均匀分布. 令

$$Y_{11}(\omega) = 1, \quad \omega \in (0, 1],$$

$$Y_{21}(\omega) = \begin{cases} 1, & \omega \in \left(0, \frac{1}{2}\right], \\ 0, & \omega \in \left(\frac{1}{2}, 1\right], \end{cases} \quad Y_{22}(\omega) = \begin{cases} 1, & \omega \in \left(\frac{1}{2}, 1\right], \\ 0, & \omega \in \left(0, \frac{1}{2}\right], \end{cases}$$

$$Y_{31}(\omega) = \begin{cases} 1, & \omega \in \left(0, \frac{1}{3}\right], \\ 0, & \text{其他}, \end{cases} \quad Y_{32}(\omega) = \begin{cases} 1, & \omega \in \left(\frac{1}{3}, \frac{2}{3}\right], \\ 0, & \text{其他}, \end{cases}$$

$$Y_{33}(\omega) = \begin{cases} 1, & \omega \in \left(\dfrac{2}{3}, 1\right], \\ 0, & \text{其他}, \end{cases}$$

……

一般地，

$$Y_{ki}(\omega) = \begin{cases} 1, & \omega \in \left(\dfrac{i-1}{k}, \dfrac{i}{k}\right], \\ 0, & \text{其他}, \end{cases} \quad k=1,2,\cdots, i=1,2,\cdots,k.$$

将所有的 Y_{ki} 排成一列，得到一个随机变量序列，即令

$$X_1=Y_{11}, \quad X_2=Y_{21}, \quad X_3=Y_{22}, \quad X_4=Y_{31}, \quad X_5=Y_{32}, \quad \cdots.$$

对任意的 $\varepsilon>0$，不妨设 $\varepsilon<1$，设 $X_n=Y_{ki}$，那么 $P\{|X_n|<\varepsilon\} = P\{Y_{ki}=0\} = 1-\dfrac{1}{k}$。因此

$$\lim_{n\to\infty} P\{|X_n|<\varepsilon\} = 1,$$

得证

$$\lim_{n\to\infty} X_n \xrightarrow{P} 0,$$

这里 0 表示恒为 0 的随机变量。

注意到对每一个 $\omega \in (0,1]$，对所有的 k，在 k 个 $Y_{ki}(\omega)$ ($i=1, 2, \cdots, k$) 中都有一个 1 和 $k-1$ 个 0，因此在 $X_1(\omega), X_2(\omega), \cdots$ 中有无穷多个 0 和无穷多个 1。所以，对任意的 $\omega \in (0,1]$，$\lim_{n\to\infty} X_n(\omega)$ 不存在，当然更不可能有 $\lim_{n\to\infty} X_n \xrightarrow{\text{a.s}} 0$。

下面则是一个弱收敛但不依概率收敛的例子。

例 5.3 设 $X_1, X_2, \cdots$ 和 X 都服从 $p=\dfrac{1}{2}$ 的 0-1 分布，且 X 和每一个 X_i 是相互独立的。由于所有的 X_i 和 X 都有相同的分布，显然

$$\lim_{n\to\infty} X_n \xrightarrow{W} X.$$

又对任意的 $\varepsilon(0<\varepsilon<1)$ 和对任意的 n，有

$$P\{|X_n-X|<\varepsilon\} = P\{(X_n=1 \text{ 且 } X=1) \text{ 或 } (X_n=0 \text{ 且 } X=0)\}$$
$$= \dfrac{1}{2} \times \dfrac{1}{2} + \dfrac{1}{2} \times \dfrac{1}{2} = \dfrac{1}{2},$$

从而
$$\lim_{n\to\infty} X_n \overset{P}{=\!=\!=} X.$$

上述三种随机变量序列收敛性之间有下述关系:

$$\lim_{n\to\infty} X_n \overset{a.s}{=\!=\!=} X \quad \text{蕴涵} \quad \lim_{n\to\infty} X_n \overset{P}{=\!=\!=} X \quad \text{蕴涵} \quad \lim_{n\to\infty} X_n \overset{W}{=\!=\!=} X.$$

但例 5.2 和例 5.3 表明反之不真,即弱收敛不一定依概率收敛,依概率收敛不一定几乎必然收敛.

§2 大数定理

在第一章曾用频率的稳定性引入概率的概念.虽然每次试验随机事件 A 发生与否是不可预测的,但是在相同的条件下重复试验,当试验次数很多时,A 发生的频率稳定在一个数值 p 的附近,这个数值 p 就是事件 A 的概率.令

$$X_i = \begin{cases} 1, & A \text{ 发生}, \\ 0, & A \text{ 未发生}, \end{cases} \quad i=1,2,\cdots,n,$$

那么 X_i 服从参数为 p 的 0-1 分布.n 次试验中 A 发生的频率为 $\frac{1}{n}\sum_{i=1}^{n} X_i$,$n$ 愈大,这个值偏离 p 的可能性愈小.注意到 $p = \mathrm{E}\left(\frac{1}{n}\sum_{i=1}^{n} X_i\right)$,上述现象可以用 $\frac{1}{n}\sum_{i=1}^{n} X_i - \mathrm{E}\left(\frac{1}{n}\sum_{i=1}^{n} X_i\right)$ 的极限来描述.这就是大数定律研究的内容.

定义 5.2 设 $\{X_n\}$ 是一个随机变量序列,每个 $\mathrm{E}(X_n)$ 都存在,记 $\overline{X}_n = \frac{1}{n}\sum_{i=1}^{n} X_i$.如果

$$\lim_{n\to\infty} [\overline{X}_n - \mathrm{E}(\overline{X}_n)] \overset{P}{=\!=\!=} 0,$$

即对任意的 $\varepsilon > 0$,有

$$\lim_{n\to\infty} P\{|\overline{X}_n - \mathrm{E}(\overline{X}_n)| < \varepsilon\} = 1, \tag{5.4}$$

则称 $\{X_n\}$ **服从大数定律**.

如果

$$\lim_{n\to\infty} [\overline{X}_n - \mathrm{E}(\overline{X}_n)] \overset{a.s}{=\!=\!=} 0,$$

即
$$P\{\lim_{n\to\infty}[\overline{X}_n - \mathrm{E}(\overline{X}_n)] = 0\} = 1, \tag{5.5}$$
则称$\{X_n\}$服从强大数定律.

根据上述定义,$\{X_n\}$服从大数定律表明,当$n\to\infty$时$\overline{X}_n$偏离它的期望任意小的概率趋于1;$\{X_n\}$服从强大数定律表明,当$n\to\infty$时,$\overline{X}_n$趋于它的期望的概率为1.

定理5.1(切比雪夫大数定理) 设随机变量$X_n(n=1,2,\cdots)$两两不相关,每个X_n都存在期望$\mathrm{E}(X_n)$,且方差$\mathrm{D}(X_n)$有界,即存在常数C,使得$\mathrm{D}(X_n)\leqslant C$ $(n=1,2,\cdots)$,则$\{X_n\}$服从大数定律.

证 记$\overline{X}_n = \dfrac{1}{n}\sum\limits_{k=1}^{n}X_k$,则有
$$\mathrm{E}(\overline{X}_n) = \frac{1}{n}\sum_{k=1}^{n}\mathrm{E}(X_k).$$
因为$X_n(n=1,2,\cdots)$两两不相关,根据方差的性质(5),有
$$\mathrm{D}(\overline{X}_n) = \frac{1}{n^2}\sum_{k=1}^{n}\mathrm{D}(X_k) \leqslant \frac{1}{n}C.$$
由切比雪夫不等式知,对任意的$\varepsilon>0$,有
$$P\{|\overline{X}_n - \mathrm{E}(\overline{X}_n)| < \varepsilon\} \geqslant 1 - \frac{\mathrm{D}(\overline{X}_n)}{\varepsilon^2} \geqslant 1 - \frac{C}{n\varepsilon^2},$$
得证
$$\lim_{n\to\infty}P\{|\overline{X}_n - \mathrm{E}(\overline{X}_n)| < \varepsilon\} = 1.$$

如果随机变量序列$\{X_n\}$中任意有限个随机变量都是相互独立的,则称$\{X_n\}$是相互独立的.

推论1 设随机变量$X_n(n=1,2,\cdots)$相互独立,且有相同的期望$\mathrm{E}(X_n)=\mu$和方差$\mathrm{D}(X_n)=\sigma^2$,则$\{X_n\}$服从大数定律.

证 $X_n(n=1,2,\cdots)$相互独立蕴涵$X_n(n=1,2,\cdots)$两两相互独立,这又蕴涵$X_n(n=1,2,\cdots)$两两不相关.又所有方差相同,自然是有界的(取$C=\sigma^2$).由定理5.1知,$\{X_n\}$服从大数定律.

推论2(伯努利大数定理) 设在n次伯努利试验中事件A发生m次,每次试验A发生的概率为p,则对任意的$\varepsilon>0$,有
$$\lim_{n\to\infty}P\left\{\left|\frac{m}{n} - p\right| < \varepsilon\right\} = 1. \tag{5.6}$$

证 令

$$X_k = \begin{cases} 1, & \text{第 } k \text{ 次试验 } A \text{ 发生}, \\ 0, & \text{否则}, \end{cases} \quad k=1,2,\cdots,$$

则 $X_1, X_2, \cdots$ 相互独立，且

$$E(X_k) = p, \quad D(X_k) = p(1-p), \quad k=1,2,\cdots.$$

由推论 1 知，$\{X_k\}$ 服从大数定律. 而

$$\overline{X}_n = \frac{1}{n} \sum_{k=1}^n X_k = \frac{m}{n}, \quad E(\overline{X}_n) = p,$$

故

$$\lim_{n \to \infty} \left(\frac{m}{n} - p \right) \xrightarrow{P} 0,$$

即对任意的 $\varepsilon > 0$，有

$$\lim_{n \to \infty} P\left\{ \left| \frac{m}{n} - p \right| < \varepsilon \right\} = 1.$$

推论 3（泊松大数定理） 设随机变量 $X_k (k=1,2,\cdots)$ 服从参数为 p_k 的 0-1 分布且相互独立，则对任意 $\varepsilon > 0$，有

$$\lim_{n \to \infty} P\left\{ \left| \frac{1}{n} \sum_{k=1}^n X_k - \frac{1}{n} \sum_{k=1}^n p_k \right| < \varepsilon \right\} = 1 \tag{5.7}$$

证 对每一个 k，$E(X_k) = p_k$，$D(X_k) = p_k(1-p_k)$. 又

$$D(X_k) = p_k(1-p_k) = -\left(p_k - \frac{1}{2} \right)^2 + \frac{1}{4} \leqslant \frac{1}{4}.$$

根据定理 5.1，$\{X_k\}$ 服从大数定律，即对任意的 $\varepsilon > 0$，有

$$\lim_{n \to \infty} P\left\{ \left| \frac{1}{n} \sum_{k=1}^n X_k - \frac{1}{n} \sum_{k=1}^n p_k \right| < \varepsilon \right\} = 1.$$

实际上，有下述更强的结果：

定理 5.2（柯尔莫哥洛夫强大数定理） 设随机变量 $X_n (n=1, 2,\cdots)$ 相互独立，期望和方差存在，且 $\sum_{n=1}^\infty \frac{D(X_n)}{n^2}$ 收敛，则 $\{X_n\}$ 服从强大数定律，即

$$P\left\{ \lim_{n \to \infty} \left[\frac{1}{n} \sum_{k=1}^n X_k - \frac{1}{n} \sum_{k=1}^n E(X_k) \right] = 0 \right\} = 1.$$

推论 1 设随机变量 $X_n (n=1,2,\cdots)$ 相互独立，具有相同的分

布,且有有限的期望 μ 和方差 σ^2,则 $\{X_n\}$ 服从强大数定律,即

$$P\left\{\lim_{n\to\infty}\frac{1}{n}\sum_{k=1}^{n}X_k=\mu\right\}=1.$$

证 注意到 $\sum_{n=1}^{\infty}\dfrac{D(X_n)}{n^2}=\sigma^2\sum_{n=1}^{\infty}\dfrac{1}{n^2}$ 收敛,故 $\{X_n\}$ 服从强大数定律.

推论2(波雷尔强大数定理) 设在 n 次伯努利试验中事件 A 发生 m 次,每次试验 A 发生的概率为 p,则

$$P\left\{\lim_{n\to\infty}\frac{m}{n}=p\right\}=1. \tag{5.8}$$

伯努利大数定理,特别是波雷尔强大数定理,以严格的数学形式描述了大量重复试验中随机事件发生的频率的稳定性,这也为在蒙特卡罗方法中用频率作为概率的近似值(见第一章例 1.11)给出数学上充分的理论依据.

例 5.4 用蒙特卡罗方法计算定积分 $I=\int_{a}^{b}f(x)\mathrm{d}x$ 的近似值.

解 方法一 不妨设 $a=0,b=1$,且 $0\leqslant f(x)\leqslant 1, x\in[0,1]$,否则只需要作适当的变换. I 是以 x 轴上区间 $[0,1]$ 为底、曲线 $y=f(x)$ ($0\leqslant x\leqslant 1$) 为顶的曲边梯形 D 的面积. 取样本空间 Ω 为边长为 1 的正方形 $[0,1]\times[0,1]$,考虑 Ω 上的均匀分布.设随机事件 A 表示"点 (x,y) 落入 D 中",则 $P(A)=I$. 产生 $2n$ 个 $[0,1]$ 上均匀分布的随机数 x_k, y_k,得到 Ω 内的 n 个点 $(x_k, y_k), k=1,2,\cdots,n$. 检查每个点 (x_k, y_k) 是否落入 D 中,即是否有 $y_k\leqslant f(x_k)$. 设有 m 个点落入 D 中,即在这 n 次伯努利试验中 A 发生 m 次,于是可以取

$$I\approx\frac{m}{n}. \tag{5.9}$$

方法二 设 $X_k(k=1,2,\cdots)$ 相互独立,且都服从区间 $[a,b]$ 上的均匀分布,则 $f(X_k)(k=1,2,\cdots)$ 也相互独立,有相同的分布,且

$$\mathrm{E}[f(X_k)]=\int_{a}^{b}\frac{1}{b-a}f(x)\mathrm{d}x=\frac{I}{b-a}.$$

根据柯尔莫哥洛夫大数定理的推论 1,$\{f(X_k)\}$ 服从强大数定律,即

$$P\left\{\lim_{n\to\infty}\left[\frac{1}{n}\sum_{k=1}^{n}f(X_k)-\frac{I}{b-a}\right]=0\right\}=1.$$

于是,产生 n 个 $[a,b]$ 上均匀分布的随机数 $x_k(k=1,2,\cdots,n)$,取

$$\frac{1}{n}\sum_{k=1}^{n}f(x_k) \approx \frac{I}{b-a},$$

即

$$I \approx \frac{b-a}{n}\sum_{k=1}^{n}f(x_k). \tag{5.10}$$

强大数定理保证上述两个算法失效的概率为 0.

§3 中心极限定理

正态分布是最常见的概率分布,其原因是很多随机变量都是大量的相互独立的随机因素作用的总效果,并且每一个随机因素的作用都是微小的,这样的随机变量就服从正态分布. 中心极限定理从理论上证明了这一事实. 中心极限定理有很多形式,这里仅介绍最简单的几个.

定理 5.3(林德伯格-列维同分布的中心极限定理) 设随机变量 $X_k(k=1,2,\cdots)$ 相互独立,服从同一分布,且具有有限的数学期望和方差:

$$E(X_k)=\mu, \quad D(X_k)=\sigma^2 \neq 0, \quad k=1,2,\cdots,$$

则对任意的 $x\in(-\infty,+\infty)$,有

$$\lim_{n\to\infty}P\left\{\frac{\sum_{k=1}^{n}X_k - n\mu}{\sqrt{n}\sigma} \leqslant x\right\} = \frac{1}{\sqrt{2\pi}}\int_{-\infty}^{x}e^{-t^2/2}dt, \tag{5.11}$$

即当 $n\to\infty$ 时,$Y_n = \dfrac{\sum_{k=1}^{n}X_k - n\mu}{\sqrt{n}\sigma}$ 弱收敛于标准正态分布.

定理的证明已超出本教材的范围,从略.

由上述定理知,当 n 很大时,Y_n 近似服从标准正态分布,即

$$P\left\{\frac{\sum_{k=1}^{n}X_k - n\mu}{\sqrt{n}\sigma} \leqslant x\right\} \approx \Phi(x). \tag{5.12}$$

注意,这里 $n\mu = E(\sum_{k=1}^{n} X_k)$, $\sqrt{n}\sigma = \sqrt{D(\sum_{k=1}^{n} X_k)}$, $\Phi(x)$ 是标准正态分布的分布函数, Y_n 是 $\sum_{k=1}^{n} X_k$ 的"标准化", 即使得

$$E(Y_n) = 0, \quad D(Y_n) = 1.$$

推论(棣莫佛-拉普拉斯定理) 设随机变量 $X_n(n=1,2,\cdots)$ 服从二项分布 $B(n,p)$,则

$$\lim_{n\to\infty} P\left\{\frac{X_n - np}{\sqrt{npq}} \leqslant x\right\} = \frac{1}{\sqrt{2\pi}} \int_{-\infty}^{x} e^{-t^2/2} dt. \tag{5.13}$$

证 引入随机变量序列 $Z_n(n=1,2,\cdots)$,它们相互独立且都服从参数为 p 的 0-1 分布. 于是, X_n 可表示成 $X_n = \sum_{k=1}^{n} Z_k$. 注意到 $E(Z_n) = p$, $D(Z_n) = pq$,由同分布的中心极限定理得到

$$\lim_{n\to\infty} P\left\{\frac{X_n - np}{\sqrt{npq}} \leqslant x\right\} = \frac{1}{\sqrt{2\pi}} \int_{-\infty}^{x} e^{-t^2/2} dt.$$

由上述推论得到二项分布的又一个近似计算公式:设 $X \sim B(n,p)$,则当 n 很大时,对任意的 $a<b$,有

$$P\left\{a < \frac{X - np}{\sqrt{npq}} \leqslant b\right\} \approx \Phi(b) - \Phi(a). \tag{5.14}$$

下面举例说明中心极限定理的应用.

例 5.5 某车间有 400 台同类型的机器,每台机器的电功率均为 Q(单位:kW).设每台机器开动时间为总工作时间的 3/4,且每台机器的开与停是相互独立的. 为了保证以 0.99 的概率有足够的电力,问:该车间应供应多大的电功率?

解 设有 X 台机器同时开动. 由题设有 $X \sim B\left(400, \frac{3}{4}\right)$. 这个二项分布的 $n=400$ 较大,可应用棣莫佛-拉普拉斯定理来计算它的概率(但不能用泊松分布来近似计算,因为此处 $p=3/4$ 太大). 根据题意,要求使得

$$P\{X \leqslant N\} \geqslant 0.99$$

最小的正整数 N.

这里 $p=3/4=0.75$, 由公式(5.14)有

$$P\{X\leqslant N\}=P\left\{\frac{X-400\times 0.75}{\sqrt{400\times 0.75\times 0.25}}\leqslant\frac{N-400\times 0.75}{\sqrt{400\times 0.75\times 0.25}}\right\}$$

$$\approx\Phi\left(\frac{N-400\times 0.75}{\sqrt{400\times 0.75\times 0.25}}\right).$$

查附表 1 得 $\Phi(2.326)=0.99$, 故

$$\frac{N-400\times 0.75}{\sqrt{400\times 0.75\times 0.25}}\geqslant 2.326,$$

即

$$N\geqslant 2.326\times\sqrt{400\times 0.75\times 0.25}+400\times 0.75=320.14.$$

取 $N=321$, 即该车间应供应 $321Q$ 的电功率.

例 5.6 民意调查的目的是预测民众对某项政策持赞成态度的比例. 为了保证预测的百分数的绝对误差不超过 4.5% 的概率不小于 0.95, 需要调查多少人?

解 设持赞成态度的百分数为 p, 调查 n 个人, 其中持赞成态度的有 X_n 个人. 可以认为被调查的人的态度是相互独立的, 于是 $X_n\sim B(n,p)$. 题中的要求可表示为

$$P\left\{\left|\frac{X_n}{n}-p\right|\leqslant 0.045\right\}\geqslant 0.95.$$

根据棣莫佛-拉普拉斯定理, 有

$$P\left\{\left|\frac{X_n}{n}-p\right|\leqslant 0.045\right\}=P\left\{\left|\frac{X_n-np}{\sqrt{npq}}\right|\leqslant\frac{0.045\sqrt{n}}{\sqrt{pq}}\right\}$$

$$\approx 2\Phi\left(\frac{0.045\sqrt{n}}{\sqrt{pq}}\right)-1,$$

于是要求

$$2\Phi\left(\frac{0.045\sqrt{n}}{\sqrt{pq}}\right)-1\geqslant 0.95,\quad 即\quad \Phi\left(\frac{0.045\sqrt{n}}{\sqrt{pq}}\right)\geqslant 0.975.$$

查附表 1 得 $\Phi(1.96)=0.975$, 从而得

$$\frac{0.045\sqrt{n}}{\sqrt{pq}}\geqslant 1.96,\quad 即\quad n\geqslant pq\left(\frac{1.96}{0.045}\right)^2.$$

由于 $pq = p(1-p) = \frac{1}{4} - \left(p - \frac{1}{2}\right)^2 \leqslant \frac{1}{4}$,故只需

$$n \geqslant \frac{1}{4}\left(\frac{1.96}{0.045}\right)^2 = 475.$$

因此调查 475 人就可以满足要求.

例 5.7 n 个数相加,设每个数精确到小数第 m 位,试分析和的误差.

解 设和的误差为 e,每个数的误差为 $e_k (k = 1, 2, \cdots, n)$,则 $e = \sum_{k=1}^{n} e_k$. 显然

$$|e| \leqslant \sum_{k=1}^{n} |e_k| \leqslant 0.5 \times 10^{-m} n. \tag{5.15}$$

但是,这个估计太保守了.实际上,每个数的误差有正有负,相互抵消,通常和的误差要比这个值小得多.可以假设每个 e_k 服从 $[-0.5 \times 10^{-m}, 0.5 \times 10^{-m}]$ 上的均匀分布且相互独立,则 $E(e_k) = 0$, $D(e_k) = \frac{1}{12} \times 10^{-2m}$. 由林德伯格-列维同分布的中心极限定理知, $\frac{e}{10^{-m}\sqrt{n/12}}$ 近似服从标准正态分布 $N(0,1)$,从而能以 99.7% 的概率保证

$$\left|\frac{e}{10^{-m}\sqrt{n/12}}\right| \leqslant 3,$$

即

$$|e| \leqslant \frac{\sqrt{3n}}{2} \times 10^{-m}. \tag{5.16}$$

显然,(5.16) 式比 (5.15) 式好得多.当 $n = 1000$ 时,两者相差 18 倍.

例 5.8 生成标准正态分布 $N(0,1)$ 的随机数.

由于正态分布的普遍存在,随机模拟中要经常使用正态分布的随机数.一般正态分布的随机数可以用标准正态分布的随机数通过简单的线性变换得到,因此关键是生成标准正态分布 $N(0,1)$ 的随机数.在第二章例 2.14 中,介绍了用分布函数的反函数从 $(0,1)$ 上的均匀分布的随机数生成给定分布的随机数的方法.但是,计算标准正

态分布函数的反函数值是比较困难的,一般不用这个方法生成正态分布的随机数.

设随机变量 $U_k(k=1,2,\cdots,n)$ 相互独立,且都服从 $(0,1)$ 上的均匀分布,则 $E(U_k)=0.5$,$D(U_k)=1/12$,根据林德伯格-列维同分布的中心极限定理,当 n 足够大时,

$$X = \frac{\sum_{k=1}^{n} U_k - 0.5n}{\sqrt{n/12}}$$

近似服从 $N(0,1)$. 实际上,只需取 $n=12$ 就足够了,即取

$$X = \sum_{k=1}^{12} U_k - 6.$$

注意到 $U_k - 1$ 也服从 $(0,1)$ 上的均匀分布,因此可以如下产生标准正态分布的随机数:产生 12 个 $(0,1)$ 上均匀分布的随机数 $u_k(k=1,2,\cdots,12)$,令

$$x = \sum_{k=1}^{6} (u_{2k-1} - u_{2k}), \tag{5.17}$$

得到一个标准正态分布的随机数.

习 题 五

1. 设 $\{X_n\}$ 为相互独立的随机变量序列,且

$$P\{X_n = \pm\sqrt{n}\} = \frac{1}{n}, \quad P\{X_n = 0\} = 1 - \frac{2}{n}, \quad n = 2, 3, \cdots,$$

试证明:$\{X_n\}$ 服从大数定律.

2. 设 $\{X_n\}$ 为相互独立的随机变量序列,且

$$P\{X_n = \pm 2^n\} = \frac{1}{2^{2n+1}}, \quad P\{X_n = 0\} = 1 - \frac{1}{2^{2n}}, \quad n = 1, 2, \cdots,$$

试证明:$\{X_n\}$ 服从大数定律.

3. 已知生男孩的概率等于 0.515,求在 10000 个初生婴儿中女孩不少于男孩的概率.

4. 一个系统由 100 个相互独立起作用的部件所组成,每个部件损坏的概率为 0.1.若必须有 85 个以上的部件工作才能使整个系统

工作,求整个系统工作的概率.

5. 有一批种子,其中良种占 1/6. 今任取种子 6000 粒,问:能以 0.99 的概率保证在这 6000 粒种子中良种所占的比例与 1/6 的差不超过多少? 相应的良种粒数在哪个范围内?

6. 某单位有 200 台电话分机,每台分机有 5% 的时间要使用外线通话. 假定每台分机是否使用外线是相互独立的,问:该单位总机要安装多少条外线,才能以 90% 以上的概率保证分机使用外线时不等待?

7. 在掷硬币试验中,至少掷多少次,才能使正面出现的频率落在区间(0.4,0.6)内的概率不小于 0.9?

8. 一加法器同时收到 20 个噪声电压 $V_k(k=1,2,\cdots,20)$,设它们是相互独立的随机变量,且都服从(0,10)上的均匀分布. 记 $V = \sum_{k=1}^{20} V_k$,求 $V > 105$ 的概率.

9. 设 $X_i(i=1,2,\cdots,80)$ 相互独立,且都服从 $\lambda=2$ 的指数分布,$Y = \sum_{i=1}^{80} X_i^2$,求 $P\{Y \leqslant 50\}$ 的近似值.

10. 掷一枚均匀的硬币 900 次,求国徽向上的次数在 430 到 470 之间的概率.

11. 已知一本 500 页的书中每页印刷错误的个数服从参数 $\lambda=0.2$ 的泊松分布,求这本书的印刷错误不超过 115 个的概率.

12. 一个系统由若干个相互独立的部件组成,每个部件的可靠性为 0.9. 若至少有 10 个部件正常工作,整个系统才能正常工作,问:至少有多少个部件才能使系统正常工作的概率不低于 0.95?

第六章　数理统计的基本概念

从本章开始,所研究的内容属于数理统计的范畴.数理统计是应用十分广泛的数学分支,它以概率论为基础,通过对随机现象的观察和试验,获得数据并分析数据,从中得出有用的结论.

§1　总体与样本

为了说明什么是总体和样本,先看一个例子.

某钢铁厂某天生产 10000 根钢筋,规定强度小于 52 kg/mm^2 的算为次品,如何求这 10000 根钢筋的次品率?是否需要测量每根钢筋的强度呢?一般说来是不需要的.只要从这 10000 根钢筋中随机地抽出一部分,比如 100 根,测量这 100 根钢筋的强度,就可以推断出这批钢筋的次品率了.这就是抽样检验.

事实上,在很多情况下进行全面检验是有困难的,甚至是不可能的.其原因有二:其一是有些检验是破坏性的.例如,对于使用寿命,检验完了,产品也不再能使用了.其二是产品数量大,或检验成本太高,人力、物力、时间不允许做全面检验.例如,一批棉花需要检查纤维的长度,我们当然不可能去测量每一根棉花纤维的长度.其实,这也是不必要的,数理统计已经为我们提供了一整套方法,保证可以通过抽样检验做出可靠的科学结论.

在数理统计中有两个重要的基本概念:总体和样本.

直观地说,我们把被观察对象的全体称作总体;总体的每一个基本单元称作个体或样品;从总体中抽出的一部分个体组成一个样本,样本中所含个体的个数称作样本的容量或大小.

例如,前面说的 10000 根钢筋的强度是总体,每一根钢筋的强度是一个个体,抽查的 100 根钢筋的强度是一个样本,它的容量为 100.

更抽象和更一般地说,对于这批钢筋,我们主要关心的是它的强度的分布,如强度低于 $52\ \text{kg}/\text{mm}^2$ 的比例是多少. 设 X 表示"任一根钢筋的强度",则 X 是一个随机变量,它的概率分布就反映了这批钢筋的强度的分布. 因而,我们可以用随机变量 X 来描述这批钢筋的强度,即把总体看作一个随机变量. 从总体中抽取一个个体就是做一次随机试验,而"任取 n 根钢筋,测其强度"就是做 n 次随机试验,得到一个容量为 n 的样本. 可见,可以把样本看作 n 个随机变量 $X_1, X_2, \cdots, X_n$. 当试验是重复独立试验时,$X_1, X_2, \cdots, X_n$ 相互独立且与总体 X 具有相同的分布. 这样的样本称作简单随机样本. 由于本书只讨论简单随机样本,故今后凡提到样本均指简单随机样本. 有放回的重复随机抽样所得到的样本就是简单随机样本. 但是,在使用时有放回的随机抽样不方便. 而当样本容量相对于总量很小时,可以采用不放回的随机抽样,这时所得到的样本可以近似地看作简单随机样本.

综上所述,我们给出下述定义:

定义 6.1 设 X 是一个随机变量,$X_1, X_2, \cdots, X_n$ 是一组相互独立且与 X 具有相同分布的随机变量,称 X 为**总体**,$X_1, X_2, \cdots, X_n$ 为来自总体 X 的**简单随机样本**,简称**样本**,其中 n 称为样本的**容量**. 在一次试验中,样本的观察值 $x_1, x_2, \cdots, x_n$ 称作**样本值**.

根据定义,若总体 X 是离散型随机变量,其分布律为
$$p_k = P\{X = a_k\}, \quad k = 1, 2, \cdots,$$
则样本 $X_1, X_2, \cdots, X_n$ 的联合分布为
$$P\{X_1 = a_{i_1}, X_2 = a_{i_2}, \cdots, X_n = a_{i_n}\} = p_{i_1} p_{i_2} \cdots p_{i_n},$$
$$i_1, i_2, \cdots, i_n = 1, 2, \cdots.$$

若总体 X 是连续型随机变量,其概率密度为 $f(x)$,则样本 $X_1, X_2, \cdots, X_n$ 的联合概率密度为
$$f(x_1, x_2, \cdots, x_n) = f(x_1) f(x_2) \cdots f(x_n).$$

§2 频率分布表与直方图

设 $x_1, x_2, \cdots, x_n$ 是总体 X 的一组样本值,可以用该组样本值的

频率分布表和直方图粗略地描述总体 X 的分布. 频率分布表和直方图形象直观、方便易行,在生产管理和统计工作中经常使用.

一、频率分布表

设总体 X 是离散型随机变量,$x_1, x_2, \cdots, x_n$ 是总体 X 的一组样本值. 又设 $x_1, x_2, \cdots, x_n$ 取到的值为 $a_1, a_2, \cdots, a_m$,并且取到 $a_1, a_2, \cdots, a_m$ 的个数分别为 $\nu_1, \nu_2, \cdots, \nu_m$,则样本容量 $n = \sum_{i=1}^{m} \nu_i$. 我们称 ν_i 为 a_i 出现的**频数**,而 a_i 出现的频率为
$$f_i = \nu_i/n, \quad i = 1, 2, \cdots, m.$$
显然,$\sum_{i=1}^{m} f_i = 1$.

根据样本值把诸 a_i 的频数和频率列成表格,称相应的表格为**频数分布表**和**频率分布表**. 频率分布表近似地给出了总体 X 的分布律.

例 6.1 对 100 块焊接完的电路板进行检查,每块板上焊点不光滑的个数的频数分布表和频率分布表如表 6.1 所示.

表 6.1

不光滑焊点数 a_i	1	2	3	4	5	6	7	8	9	10	11	12	合计
频数 ν_i	4	4	5	10	9	15	15	14	9	7	5	3	100
$f_i \left(= \dfrac{\nu_i}{100} \right)$	$\dfrac{4}{100}$	$\dfrac{4}{100}$	$\dfrac{5}{100}$	$\dfrac{10}{100}$	$\dfrac{9}{100}$	$\dfrac{15}{100}$	$\dfrac{15}{100}$	$\dfrac{14}{100}$	$\dfrac{9}{100}$	$\dfrac{7}{100}$	$\dfrac{5}{100}$	$\dfrac{3}{100}$	1

从表 6.1 可大体知道这批电路板不光滑焊点的分布情况,它可近似地作为每块电路板上不光滑焊点个数 X 的分布律.

二、直方图

当总体 X 是连续型随机变量时,可采用直方图来处理样本值. 设 $x_1, x_2, \cdots, x_n$ 为给定的一组样本值. 处理步骤如下:

(1) 简化数据. 令
$$x_i' = d(x_i - c), \quad i = 1, 2, \cdots, n.$$

由于样本值总是在总体 X 的期望的附近波动,它们通常是一组数值比较接近的数,可以选取适当的常数 c 和 d,把 $x_1,x_2,\cdots,x_n$ 化简成位数较少的整数 $x_1',x_2',\cdots,x_n'$,以便于计算处理. 为了方便起见,仍把变换后得到的值 $x_1',x_2',\cdots,x_n'$ 记作 $x_1,x_2,\cdots,x_n$.

(2) 求 $x_1,x_2,\cdots,x_n$ 中的最大值和最小值. 记
$$x_1^*=\min\{x_i\},\quad x_2^*=\max\{x_i\}.$$

(3) 分组.

① 确定组数和组距.

选定组数 m,取组距 $\Delta=\dfrac{1}{m}(x_2^*-x_1^*)$.

组数 m 要选择适当. 组数太小,落入一组内的数据很多,可能掩盖了组内数据的变化情况;组数太大,组距就会很小,有可能使落入各组的数据很少,波动太大. 这两种情况都会使直方图失真,不能反映总体的真实情况. 组数 m 的大小与样本容量有关. 当样本容量大时,组数 m 应取得大些;当样本容量小时,m 也应取得小些. 例如,当样本容量 $n=100$ 时,可取 m 为 10 左右;当 n 小于 50 时,取 m 为 5 或 6;当 n 大于 100 时,取 m 为 12~20.

为了方便起见,Δ 应取数据的最小单位的整数倍.

② 确定各组的上、下界.

取第一组的下界 t_0 略小于 x_1^*,使得 x_1^* 落入第一组内,即
$$t_0<x_1^*<t_0+\Delta.$$
然后以 Δ 为组距依次确定各组的分点,令
$$t_i=t_0+i\Delta,\quad i=1,2,\cdots,m.$$
x_2^* 应落在第 m 组内,即 $t_{m-1}<x_2^*<t_m$. 为了使每一个数据都落在某一组内(不会恰好等于某一个分点 t_i),应使分点 t_i 比样本值多一位小数.

(4) 计算频率.

用唱票的办法,数出样本值落入各区间 $(t_{i-1},t_i]$ 内的个数,即频数,记作 $\nu_i,i=1,2,\cdots,m$. 然后计算落入各区间内的频率
$$f_i=\dfrac{\nu_i}{n},\quad i=1,2,\cdots,m.$$

(5) 画直方图.

在 xy 平面上,对每一个 $i(i=1,2,\cdots,m)$,以 $[t_{i-1},t_i]$ 为底,$y_i = \dfrac{f_i}{\Delta}$ 为高画小长方形,如图 6.1 所示. 把所得图形称作直方图.

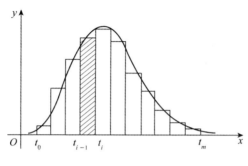

图 6.1

显然,直方图中所有小长方形面积之和等于 1. 事实上,

$$\sum_{i=1}^m y_i \Delta = \sum_{i=1}^m f_i = 1.$$

根据大数定律,f_i 近似等于随机变量 X 落入区间 (t_{i-1},t_i) 内的概率,即

$$f_i \approx P\{t_{i-1} < X < t_i\}.$$

设 X 的概率密度为 $f(x)$,则

$$f_i \approx \int_{t_{i-1}}^{t_i} f(x)\mathrm{d}x.$$

如果 $f(x)$ 在 (t_{i-1},t_i) 上连续,则

$$y_i \approx \frac{1}{\Delta}\int_{t_{i-1}}^{t_i} f(x)\mathrm{d}x = f(\xi), \quad t_{i-1} < \xi < t_i.$$

可见,直方图在 $[t_{i-1},t_i]$ 上的小长方形的面积近似等于以密度函数 $f(x)$ 为顶在相同底边上的曲边梯形的面积,而小长方形的高近似等于 $f(x)$ 在 $[t_{i-1},t_i]$ 上某一点的高度. 于是,我们过每一个小长方形的顶边作一条光滑曲线,这条曲线可以作为概率密度 $y=f(x)$ 的近似曲线,见图 6.1. 所以,直方图给出了总体 X 分布的大致样子.

下面举例说明画直方图的全过程及注意事项.

例 6.2 为了检查自动打包机包装的袋装食盐的重量,抽查了 100 袋,称得重量列于表 6.2 中,试画出它的直方图.

表 6.2　　　　　　　(单位：kg)

0.500	0.512	0.515	0.542	0.522	0.514	0.488	0.497	0.475	0.487
0.497	0.500	0.518	0.508	0.530	0.508	0.500	0.479	0.506	0.504
0.493	0.491	0.506	0.487	0.486	0.491	0.505	0.478	0.492	0.512
0.498	0.494	0.482	0.482	0.512	0.527	0.522	0.470	0.493	0.548
0.502	0.496	0.486	0.494	0.488	0.505	0.472	0.482	0.506	0.478
0.494	0.518	0.494	0.503	0.503	0.485	0.529	0.476	0.469	0.500
0.499	0.484	0.536	0.517	0.506	0.500	0.503	0.527	0.500	0.499
0.490	0.496	0.492	0.491	0.490	0.520	0.512	0.482	0.488	0.509
0.488	0.518	0.496	0.516	0.530	0.508	0.492	0.486	0.492	0.536
0.494	0.500	0.516	0.511	0.506	0.493	0.522	0.524	0.492	0.478

解　(1) 简化数据.

取 $c=0.500, d=1000$. 令 $x'_i=1000(x_i-0.500), 1\leqslant i\leqslant 100$. 简化后的数据列在表 6.3 中,它们是一位或二位整数.

表 6.3　　　　　　　(单位：0.001 kg)

0	12	15	42	22	14	−12	3	−25	−13
−3	0	18	8	30	8	0	−21	6	4
−7	−9	6	−13	−14	−9	5	−22	−8	−12
−2	−6	−18	−18	12	27	22	−30	−7	48*
2	−4	−14	−6	−12	5	−28	−18	6	−22
−6	18	−6	3	3	−15	29	−24	−31*	0
−1	−16	36	17	6	0	3	27	0	−1
−10	−4	−8	−9	−10	20	12	−18	−12	9
−12	18	−4	16	30	8	−8	−14	−8	36
−6	0	16	11	6	−7	22	24	−8	22

(2) 求最大值和最小值.

由表 6.3 知,最小值为 −31,最大值为 48.

(3) 分组.

① 确定组数和组距.

考虑到样本容量 $n=100$,取组数 $m=10$. 由于 $\frac{1}{10}[48-(-31)]=7.9$,取组距 $\Delta=8$.

② 确定各组的上、下界.

取 $t_0=-31.5$,依次得 $-23.5,-15.5,\cdots,48.5$. 它们都比表 6.3 中的数据多一位小数.

(4) 计算频率.

样本值落入各组的频数和频率列于表 6.4 中.

表 6.4

组号	分组		唱票结果	频数 ν_i	频率 f_i
	x_i	x_i'			
1	0.4685~0.4765	$-31.5 \sim -23.5$	正一	6	0.06
2	0.4765~0.4845	$-23.5 \sim -15.5$	正下	8	0.08
3	0.4845~0.4925	$-15.5 \sim -7.5$	正正正正	20	0.20
4	0.4925~0.5005	$-7.5 \sim 0.5$	正正正正下	23	0.23
5	0.5005~0.5085	$0.5 \sim 8.5$	正正正	14	0.14
6	0.5085~0.5165	$8.5 \sim 16.5$	正正一	11	0.11
7	0.5165~0.5245	$16.5 \sim 24.5$	正下	9	0.09
8	0.5245~0.5325	$24.5 \sim 32.5$	正	5	0.05
9	0.5325~0.5405	$32.5 \sim 40.5$	丁	2	0.02
10	0.5405~0.5485	$40.5 \sim 48.5$	丁	2	0.02
合计				100	1.00

(5) 画直方图.

注意到 $y_i=\frac{f_i}{\Delta}=\frac{\nu_i}{n\Delta}=\nu_i \frac{1}{n\Delta}$,为了便于作图,取 $\frac{1}{n\Delta}$ 作为纵坐标的长度单位,纵坐标的高度恰好是频数 ν_i. 在本例中,$\frac{1}{n\Delta}=\frac{1}{800}$. 直方图如图 6.2 所示.

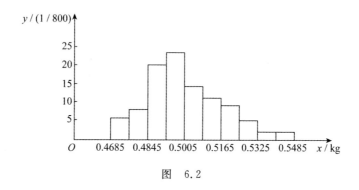

图 6.2

根据直方图,总体 X 大致服从正态分布.在第八章还要介绍检验总体是否服从某个分布的方法.

三、经验分布函数

对给定的一组样本值,将它们从小到大顺序排列:
$$x_1 \leqslant x_2 \leqslant \cdots \leqslant x_n.$$
令
$$F_n(x) = \begin{cases} 0, & x < x_1, \\ k/n, & x_k \leqslant x < x_{k+1}, \\ 1, & x_n \leqslant x, \end{cases}$$
称 $F_n(x)$ 为**经验分布函数**.

例如,给定样本值:6.60,4.60,5.40,5.80,5.40.将它们从小到大重新排列:4.60,5.40,5.40,5.80,6.60.经验分布函数为
$$F_5(x) = \begin{cases} 0, & x < 4.60, \\ 1/5, & 4.60 \leqslant x < 5.40, \\ 3/5, & 5.40 \leqslant x < 5.80, \\ 4/5, & 5.80 \leqslant x < 6.60, \\ 1, & 6.60 \leqslant x. \end{cases}$$

根据经验分布函数的定义,$F_n(x)$ 等于样本值落入区间 $(-\infty, x]$ 的频率.考虑随机事件 $A = \{X \leqslant x\}$,A 的概率 $P(A) = F(x)$.把样本值 $x_1, x_2, \cdots, x_n$ 看作 n 次独立重复试验的结果,在这 n 次试验中事

件 A 发生的频率为 $F_n(x)$. 根据波雷尔强大数定理,有
$$P\{\lim_{n\to\infty}F_n(x)=F(x)\}=1.$$
事实上,可以证明下述更强的结论:

定理 6.1(**格列汶科**)　设总体 X 的分布函数为 $F(x)$,则当 $n\to\infty$ 时,经验分布函数 $F_n(x)$ 以概率 1 关于 x 一致地收敛于 $F(x)$,即
$$P\{\lim_{n\to\infty}\sup_{-\infty<x<+\infty}|F_n(x)-F(x)|=0\}=1.$$
上述定理表明,当样本容量 n 充分大时,样本取值的分布相当准确地反映了总体的分布,从而使人们有可能通过样本值来了解总体.

§3　统　计　量

定义 6.2　设 $X_1,X_2,\cdots,X_n$ 是来自总体 X 的样本,又设 $g(x_1,x_2,\cdots,x_n)$ 是一个连续函数. 如果 $g(X_1,X_2,\cdots,X_n)$ 中不含有未知参数,则称 $g(X_1,X_2,\cdots,X_n)$ 为**统计量**.

例如,设总体 $X\sim N(\mu,\sigma^2)$,$X_1,X_2,\cdots,X_n$ 是来自总体 X 的样本. 考虑
$$g(X_1,X_2,\cdots,X_n)=\frac{1}{n}\sum_{i=1}^{n}(X_i-\mu)^2.$$
当 μ 是已知量时,$\frac{1}{n}\sum_{i=1}^{n}(X_i-\mu)^2$ 是一个统计量(不管 σ^2 是否已知);当 μ 是未知量时,$\frac{1}{n}\sum_{i=1}^{n}(X_i-\mu)^2$ 就不是统计量,因为统计量中不允许含有未知参数.

由定义可知,统计量也是一个随机变量. 如果 $x_1,x_2,\cdots,x_n$ 是一组样本值,则 $g(x_1,x_2,\cdots,x_n)$ 是统计量 $g(X_1,X_2,\cdots,X_n)$ 的一个观察值,可以计算出来.

下面给出一些常用的统计量:

(1) **样本均值**
$$\overline{X}=\frac{1}{n}\sum_{i=1}^{n}X_i.$$

(2) 样本方差

$$S^2 = \frac{1}{n-1}\sum_{i=1}^{n}(X_i - \overline{X})^2.$$

(3) 样本标准差

$$S = \sqrt{\frac{1}{n-1}\sum_{i=1}^{n}(X_i - \overline{X})^2}.$$

(4) 样本 k 阶原点矩

$$M_k = \frac{1}{n}\sum_{i=1}^{n}X_i^k, \quad k = 1, 2, \cdots.$$

显然,当 $k = 1$ 时,M_1 就是样本均值 $\overline{X}$.

(5) 样本 k 阶中心矩

$$M_k' = \frac{1}{n}\sum_{i=1}^{n}(X_i - \overline{X})^k, \quad k = 2, 3, \cdots.$$

当 $k = 2$ 时,$M_2' = \frac{n-1}{n}S^2$. 当样本容量 n 很大时,$M_2' \approx S^2$.

以上各统计量又称作样本的数字特征,与总体的数字特征相对应. 最常用的是样本均值 $\overline{X}$ 和样本方差 S^2.

例 6.3 用测温仪对一物体的温度测量 5 次,其结果(单位:℃)为:1250,1265,1245,1260,1275. 求统计量 $\overline{X}, S^2$ 和 S 的观察值 $\bar{x}, s^2$ 和 s.

解 样本均值为

$$\bar{x} = \frac{1}{5}\sum_{i=1}^{5}x_i = \frac{1}{5}(1250 + 1265 + 1245 + 1260 + 1275)$$
$$= 1259.$$

样本方差为

$$s^2 = \frac{1}{5-1}\sum_{i=1}^{5}(x_i - \bar{x})^2$$
$$= \frac{1}{4}[(1250 - 1259)^2 + (1265 - 1259)^2$$
$$+ (1245 - 1259)^2 + (1260 - 1259)^2 + (1275 - 1259)^2]$$
$$= 142.5.$$

样本标准差为
$$s=\sqrt{s^2}=\sqrt{142.5}=11.94.$$
在计算 s^2 时,常常使用下述公式:
$$\sum_{i=1}^{n}(x_i-\bar{x})^2=\sum_{i=1}^{n}x_i^2-n\bar{x}^2. \tag{6.1}$$
事实上,
$$\sum_{i=1}^{n}(x_i-\bar{x})^2=\sum_{i=1}^{n}(x_i^2-2x_i\bar{x}+\bar{x}^2)=\sum_{i=1}^{n}x_i^2-2\bar{x}\sum_{i=1}^{n}x_i-n\bar{x}^2$$
$$=\sum_{i=1}^{n}x_i^2-2n\bar{x}^2+n\bar{x}^2=\sum_{i=1}^{n}x_i^2-n\bar{x}^2.$$
由(6.1)式有
$$s^2=\frac{1}{n-1}\left(\sum_{i=1}^{n}x_i^2-n\bar{x}^2\right)=\frac{1}{n-1}\left[\sum_{i=1}^{n}x_i^2-\frac{1}{n}\left(\sum_{i=1}^{n}x_i\right)^2\right].$$

在样本容量很大的情况下,可用近似公式来计算 $\bar{x}$ 和 s^2。首先像画直方图时那样将样本值分成 m 组。然后设第 j 组的下、上界分别为 a_j,b_j,我们称
$$x_j^*=\frac{1}{2}(a_j+b_j)$$
为第 j 组的组中值,$j=1,2,\cdots,m$。又设第 j 组含有 ν_j 个样本值,即频数为 $\nu_j(j=1,2,\cdots,m)$,则有下述两个近似公式:
$$\bar{x}\approx\frac{1}{n}\sum_{j=1}^{m}\nu_j x_j^*. \tag{6.2}$$
$$s^2\approx\frac{1}{n-1}\left(\sum_{j=1}^{m}\nu_j x_j^{*2}-n\bar{x}^2\right). \tag{6.3}$$

§4 统计量的分布

一、几个常用分布

先介绍几个在数理统计中经常使用的分布及其性质。它们是 χ^2 分布,t 分布和 F 分布。下面给出的几个定理差不多都在第二章和第三章中以习题的形式给出,这里略去证明。

1. χ^2 分布

如果随机变量 X 的概率密度为

$$f(x)=\begin{cases} \dfrac{1}{2^{n/2}\,\Gamma(n/2)}x^{n/2-1}\mathrm{e}^{-x/2}, & x>0, \\ 0, & x\leqslant 0, \end{cases} \quad (6.4)$$

则称 X 服从自由度为 n 的 χ^2 分布,记为 $X\sim\chi^2(n)$.

χ^2 分布是 Γ 分布的特殊情况: $\chi^2(n)=\Gamma\left(\dfrac{n}{2},\dfrac{1}{2}\right)$. $\chi^2(n)$ 分布概率密度的图像如图 6.3 所示.

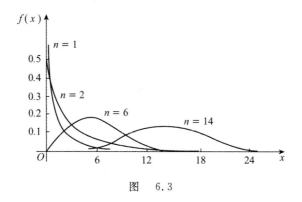

图 6.3

定理 6.2 设随机变量 $X_1, X_2, \cdots, X_n$ 相互独立,且 $X_i \sim \chi^2(n_i)$ $(i=1,2,\cdots)$,则 $\sum\limits_{i=1}^{n} X_i \sim \chi^2\left(\sum\limits_{i=1}^{n} n_i\right)$.

习题三的第 17 题是定理 6.2 在 $n=2$ 时的情况,然后对 n 作归纳证明即可得到所需结论.

定理 6.3 设随机变量 $X_1, X_2, \cdots, X_n$ 相互独立,且都服从标准正态分布 $N(0,1)$,则 $\sum\limits_{i=1}^{n} X_i^2$ 服从自由度为 n 的 χ^2 分布,即

$$\sum_{i=1}^{n} X_i^2 \sim \chi^2(n).$$

习题二的第 30 题证明了每一个 $X_i \sim \chi^2(1)$,再由定理 6.2 即可得到所需结论.

2. t 分布

如果随机变量 X 的概率密度为

$$f(x)=\frac{\Gamma\left(\frac{n+1}{2}\right)}{\Gamma\left(\frac{n}{2}\right)\sqrt{n\pi}}\left(1+\frac{x^2}{n}\right)^{(n+1)/2}, \quad -\infty<x<+\infty, \quad (6.5)$$

则称 X 服从自由度为 n 的 t **分布**,记为 $X\sim t(n)$。

$t(n)$ 分布概率密度的图像如图 6.4 所示,它是关于 $x=0$ 对称的,形状类似正态分布概率密度的图像。利用 Γ 函数的司特林(Stirling)公式①,可以证明

$$\lim_{n\to\infty}f(x)=\frac{1}{\sqrt{2\pi}}e^{-x^2/2}, \quad (6.6)$$

从而当 n 很大时(如 $n>120$),可以用标准正态分布近似 $t(n)$ 分布。

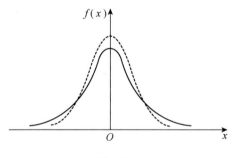

图 6.4

定理 6.4 设随机变量 X 与 Y 相互独立,且 X 服从标准正态分布 $N(0,1)$,Y 服从自由度为 n 的 χ^2 分布,则 $Z=\dfrac{X}{\sqrt{Y/n}}$ 服从自由度为 n 的 t 分布,即

$$Z=\frac{X}{\sqrt{Y/n}}\sim t(n)$$

(见习题三的第 21 题)。

---

① 司特林公式:$\ln\Gamma(x)=\left(x-\dfrac{1}{2}\right)\ln x-x+\dfrac{1}{2}\ln 2\pi+O\left(\dfrac{1}{x}\right)$。

3. F 分布

如果随机变量 X 的概率密度为

$$f(x)=\begin{cases}\dfrac{\Gamma\left(\dfrac{n_1+n_2}{2}\right)}{\Gamma\left(\dfrac{n_1}{2}\right)\Gamma\left(\dfrac{n_2}{2}\right)}\left(\dfrac{n_1}{n_2}\right)^{n_1/2}x^{n_1/2-1}\left(1+\dfrac{n_1}{n_2}x\right)^{-(n_1+n_2)/2}, & x>0,\\ 0, & x\leqslant 0,\end{cases}$$

(6.7)

则称 X 服从自由度为 n_1 和 n_2 的 F **分布**,记为 $X\sim F(n_1,n_2)$,其中 n_1 称为**第一个自由度**,n_2 称为**第二个自由度**.

F 分布概率密度的图像如图 6.5 所示.

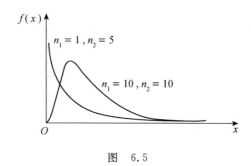

图 6.5

定理 6.5 设随机变量 X 与 Y 相互独立,且 $X\sim\chi^2(n_1)$,$Y\sim\chi^2(n_2)$,则 $Z=\dfrac{X/n_1}{Y/n_2}$ 服从自由度为 n_1(第一个)和 n_2(第二个)的 F 分布,即

$$Z=\frac{X/n_1}{Y/n_2}\sim F(n_1,n_2)$$

(见习题三的第 22 题).

二、正态总体统计量的分布

定理 6.6 设 $X_1,X_2,\cdots,X_n$ 是来自总体 $N(0,1)$ 的一个样本,则

(1) 样本均值 $\overline{X} \sim N\left(0, \dfrac{1}{n}\right)$;

(2) $(n-1)S^2 = \sum\limits_{i=1}^{n}(X_i - \overline{X})^2 \sim \chi^2(n-1)$;

(3) $\overline{X}$ 与 $(n-1)S^2$ 相互独立.

定理的证明要使用正交矩阵和 n 维正态分布，比较复杂，此处略去.

推论 设 $X_1, X_2, \cdots, X_n (n \geqslant 2)$ 是来自总体 $N(\mu, \sigma^2)$ 的样本，则

(1) $\overline{X} \sim N\left(\mu, \dfrac{\sigma^2}{n}\right)$;

(2) $\dfrac{(n-1)}{\sigma^2}S^2 = \dfrac{1}{\sigma^2}\sum\limits_{i=1}^{n}(X_i - \overline{X})^2 \sim \chi^2(n-1)$;

(3) $\overline{X}$ 与 $\dfrac{(n-1)}{\sigma^2}S^2$ 相互独立.

证 令 $Z_i = \dfrac{X_i - \mu}{\sigma} (i=1,2,\cdots,n)$，则 $Z_1, Z_2, \cdots, Z_n$ 是来自总体 $N(0,1)$ 的样本. 于是，由定理 6.6 有

(1) $\overline{Z} = \dfrac{1}{n}\sum\limits_{i=1}^{n}Z_i \sim N\left(0, \dfrac{1}{n}\right)$，而 $\overline{X} = \sigma\overline{Z} + \mu$，故

$$\overline{X} \sim N\left(\mu, \dfrac{\sigma^2}{n}\right);$$

(2) $\sum\limits_{i=1}^{n}(Z_i - \overline{Z})^2 \sim \chi^2(n-1)$，而

$$\sum\limits_{i=1}^{n}(Z_i - \overline{Z})^2 = \dfrac{1}{\sigma^2}\sum\limits_{i=1}^{n}(X_i - \overline{X})^2,$$

故

$$\dfrac{1}{\sigma^2}\sum\limits_{i=1}^{n}(X_i - \overline{X})^2 \sim \chi^2(n-1);$$

(3) $\overline{Z}$ 与 $\sum\limits_{i=1}^{n}(Z_i - \overline{Z})^2$ 相互独立，从而 $\overline{X}$ 与 $\dfrac{1}{\sigma^2}\sum\limits_{i=1}^{n}(X_i - \overline{X})^2$ 相互独立，即 $\overline{X}$ 与 $\dfrac{(n-1)}{\sigma^2}S^2$ 相互独立.

定理 6.7 设 $X_1, X_2, \cdots, X_n (n \geqslant 2)$ 是来自总体 $N(\mu, \sigma^2)$ 的样

本,则
$$T=\frac{\overline{X}-\mu}{\sqrt{S^2/n}}\sim t(n-1).$$

证 令
$$\xi=\frac{\overline{X}-\mu}{\sqrt{\sigma^2/n}}, \quad \eta=\frac{1}{\sigma^2}\sum_{i=1}^{n}(X_i-\overline{X})^2.$$

由定理 6.6 的推论得知 $\xi\sim N(0,1), \eta\sim\chi^2(n-1)$,并且 ξ 与 η 相互独立.再由定理 6.4 得到

$$\frac{\xi}{\sqrt{\dfrac{\eta}{n-1}}}\sim t(n-1),$$

而

$$\frac{\overline{X}-\mu}{\sqrt{\dfrac{S^2}{n}}}=\frac{(\overline{X}-\mu)\Big/\sqrt{\dfrac{\sigma^2}{n}}}{\sqrt{\dfrac{S^2}{n}}\Big/\sqrt{\dfrac{\sigma^2}{n}}}=\frac{\xi}{\sqrt{\dfrac{\eta}{n-1}}},$$

从而定理成立.

定理 6.8 设 $X_1,X_2,\cdots,X_{n_1}$ 和 $Y_1,Y_2,\cdots,Y_{n_2}$ 是分别来自两个总体 $N(\mu_1,\sigma_1^2)$ 和 $N(\mu_2,\sigma_2^2)$ 的样本 $(n_1,n_2\geqslant 2)$,且 $X_1,X_2,\cdots,X_{n_1}$, $Y_1,Y_2,\cdots,Y_{n_2}$ 相互独立,则

$$\frac{\sigma_2^2 S_1^2}{\sigma_1^2 S_2^2}\sim F(n_1-1,n_2-1),$$

其中 S_1^2 和 S_2^2 分别是这两个样本的样本方差.

证 由定理 6.6 的推论知道

$$\xi=\frac{(n_1-1)}{\sigma_1^2}S_1^2\sim\chi^2(n_1-1),$$

$$\eta=\frac{(n_2-1)}{\sigma_2^2}S_2^2\sim\chi^2(n_2-1).$$

由于 $X_1,X_2,\cdots,X_{n_1},Y_1,Y_2,\cdots,Y_{n_2}$ 相互独立,ξ 与 η 也相互独立.由定理 6.5 得证

$$\frac{\xi/(n_1-1)}{\eta/(n_2-1)}\sim F(n_1-1,n_2-1),$$

从而定理成立.

定理 6.9 设 $X_1, X_2, \cdots, X_{n_1}$ 和 $Y_1, Y_2, \cdots, Y_{n_2}$ 是分别来自两个总体 $N(\mu_1, \sigma^2)$ 和 $N(\mu_2, \sigma^2)$ 的样本 $(n_1, n_2 \geqslant 2)$,且 $X_1, X_2, \cdots, X_{n_1}$,$Y_1, Y_2, \cdots, Y_{n_2}$ 相互独立,则

$$\frac{(\overline{X}-\overline{Y})-(\mu_1-\mu_2)}{S_W\sqrt{\dfrac{1}{n_1}+\dfrac{1}{n_2}}} \sim t(n_1+n_2-2),$$

其中 $S_W^2 = \dfrac{(n_1-1)S_1^2+(n_2-1)S_2^2}{n_1+n_2-2}$,而 S_1^2 和 S_2^2 分别是这两个样本的样本方差.

注意,定理要求这两个正态总体的方差相等.

证 由定理 6.6 的推论可知

$$\overline{X} \sim N\left(\mu_1, \frac{\sigma^2}{n_1}\right),$$

$$\chi_1^2 = \frac{n_1-1}{\sigma^2}S_1^2 \sim \chi^2(n_1-1),$$

且两者相互独立.同样地,

$$\overline{Y} \sim N\left(\mu_2, \frac{\sigma^2}{n_2}\right),$$

$$\chi_2^2 = \frac{n_2-1}{\sigma^2}S_2^2 \sim \chi^2(n_2-1),$$

且两者相互独立.

又因为这两个样本相互独立,故 $\overline{X}$ 和 $\overline{Y}$,χ_1^2 与 χ_2^2 也相互独立,从而

$$\overline{X}-\overline{Y} \sim N\left(\mu_1-\mu_2, \frac{\sigma^2}{n_1}+\frac{\sigma^2}{n_2}\right),$$

$$\chi_1^2+\chi_2^2 \sim \chi^2(n_1+n_2-2),$$

且两者也相互独立.于是,由定理 6.4 有

$$T = \frac{\dfrac{(\overline{X}-\overline{Y})-(\mu_1-\mu_2)}{\sqrt{\dfrac{\sigma^2}{n_1}+\dfrac{\sigma^2}{n_2}}}}{\sqrt{\dfrac{\chi_1^2+\chi_2^2}{n_1+n_2-2}}} \sim t(n_1+n_2-2).$$

不难验证

$$T=\frac{(\overline{X}-\overline{Y})-(\mu_1-\mu_2)}{S_W\sqrt{\dfrac{1}{n_1}+\dfrac{1}{n_2}}},$$

从而定理成立.

定理 6.10　设 $X_{1j},X_{2j},\cdots,X_{n_j j}(j=1,2,\cdots,s)$ 是来自 s 个相互独立的正态总体 $N(0,1)$ 的样本,$s,n_1,n_2,\cdots,n_s\geqslant 2$,记

$$S_A = \sum_{j=1}^{s} n_j(\overline{X}._j - \overline{X})^2,$$

$$S_E = \sum_{j=1}^{s}\sum_{i=1}^{n_j}(X_{ij}-\overline{X}._j)^2,$$

其中

$$\overline{X}._j = \frac{1}{n_j}\sum_{i=1}^{n_j}X_{ij}(j=1,2,\cdots,s),\quad \overline{X}=\frac{1}{n}\sum_{j=1}^{s}\sum_{i=1}^{n_j}X_{ij},$$

$$n = n_1+n_2+\cdots+n_s,$$

则

(1) S_A 和 S_E 相互独立,且

$$S_A\sim\chi^2(s-1),\quad S_E\sim\chi^2(n-s);$$

(2) $\dfrac{(n-s)S_A}{(s-1)S_E}\sim F(s-1,n-s).$

根据定理 6.5,由(1)可推出(2).而(1)的证明类似定理 6.6 的证明,也比较烦琐,此处也略去.

类似于定理 6.6 推论的证明,不难证明下述推论:

推论　设 $X_{1j},X_{2j},\cdots,X_{n_j j}(j=1,2,\cdots,s)$ 是来自 s 个相互独立的正态总体 $N(\mu_j,\sigma^2)$ 的样本,$s,n_1,n_2,\cdots,n_s\geqslant 2$,则

(1) S_A 和 S_E 相互独立,且

$$\frac{S_A}{\sigma^2}\sim\chi^2(s-1),\quad \frac{S_E}{\sigma^2}\sim\chi^2(n-s);$$

(2) $\dfrac{(n-s)S_A}{(s-1)S_E}\sim F(s-1,n-s).$

三、分位数

设 X 是随机变量,$0<p<1$. 如果 x_p 使得
$$P\{X \leqslant x_p\} = p, \quad (6.8)$$
则称 x_p 为对应概率 p 的**下侧分位数**,简称**分位数**.

给定 p,求分位数 x_p,恰好是给定 x,求分布函数值 $F(x)$ 的逆运算. 当 X 是连续型随机变量时,设 X 的概率密度为 $f(x)$,则
$$\int_{-\infty}^{x_p} f(u)\mathrm{d}u = p,$$
如图 6.6 所示.

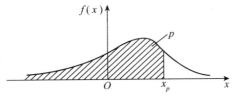

图 6.6

对应概率 p 的标准正态分布 $N(0,1)$ 的分位数记作 u_p,$\chi^2(n)$ 分布的分位数记作 $\chi_p^2(n)$,$t(n)$ 分布的分位数记作 $t_p(n)$,$F(n_1,n_2)$ 分布的分位数记作 $F_p(n_1,n_2)$. 书末有这四个分布的分位数表.

例如,分别查附表 2,附表 3,附表 4 和附表 5 得到
$u_{0.975} = 1.959964$, $\chi_{0.01}^2(5) = 0.554$, $\chi_{0.95}^2(10) = 18.307$,
$t_{0.90}(15) = 1.341$, $F_{0.95}(5,10) = 3.33$.

在标准正态分布和 t 分布的分位数表中,通常只给出对应概率 $p \geqslant 0.5$ 的分位数. 由于标准正态分布的概率密度 $\varphi(x)$ 是偶函数,有
$$u_{1-p} = -u_p, \quad (6.9)$$
如图 6.7 所示. 同理
$$t_{1-p}(n) = -t_p(n). \quad (6.10)$$
当 $p<0.5$ 时,可用公式 (6.9) 和 (6.10),通过查表得到 u_p 和 $t_p(n)$.

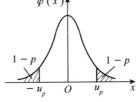

图 6.7

例如,有
$$u_{0.1}=-u_{0.9}=-1.281552,$$
$$t_{0.15}(5)=-t_{0.85}(5)=-1.156.$$

t 分布分位数表的最下面的一行($n=\infty$)就是标准正态分布的分位数 u_p.这是因为当 $n\to\infty$ 时,t 分布的概率密度趋向于 $\varphi(x)$.

关于 F 分布的分位数,可以证明下述性质(见习题六第 9 题):
$$F_{1-p}(n_1,n_2)=\frac{1}{F_p(n_2,n_1)}. \tag{6.11}$$
通常 F 分布分位数表也只给 $p\geqslant 0.5$ 的分位数.当 $p<0.5$ 时,$F_p(n_1,n_2)$ 可利用公式(6.11)查表求得.

例如,$F_{0.025}(3,5)=\dfrac{1}{F_{0.975}(5,3)}=\dfrac{1}{14.88}=0.0672.$

附表 3 中只列出 $n\leqslant 30$ 时 $\chi_p^2(n)$ 的值.当 $n>30$ 时,根据中心极限定理可近似地取
$$\chi_p^2(n)=n+u_p\sqrt{2n}. \tag{6.12}$$
(6.12)式的证明留作习题,见习题六第 11 题.

分位数具有下述性质:设 X 是连续型随机变量,$0<\alpha<1$,则

(1) $P\{X>x_{1-\alpha}\}=\alpha;$ \hfill (6.13)

(2) $P\{x_{\alpha/2}<X<x_{1-\alpha/2}\}=1-\alpha;$ \hfill (6.14)

(3) 当 X 的概率密度是偶函数时,有

$P\{|X|>x_{1-\alpha/2}\}=\alpha,$ \hfill (6.15)

$P\{-x_{1-\alpha/2}<X<x_{1-\alpha/2}\}=1-\alpha.$ \hfill (6.16)

(6.13)式参见图 6.8,(6.15)和(6.16)式参见图 6.9.

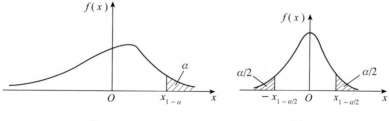

图 6.8   图 6.9

例 6.4 求分别满足下述条件的 λ：

(1) $X \sim N(0,1)$, $P\{|X|>\lambda\}=0.05$；

(2) $X \sim t(9)$, $P\{-\lambda<X<\lambda\}=0.90$；

(3) $X \sim \chi^2(13)$, $P\{X>\lambda\}=0.01$.

解 (1) 由(6.15)式有 $\lambda=u_{0.975}=1.96$.

(2) 由(6.16)式有 $\lambda=t_{0.95}(9)=1.833$.

(3) 由(6.13)式有 $\lambda=\chi^2_{0.99}(13)=27.688$.

例 6.5 设总体 $X \sim N(\mu,\sigma^2)$，$X_1,X_2,\cdots,X_n(n\geq 2)$ 是来自总体 X 的样本，求分别满足下述条件的 λ：

(1) $P\left\{\mu-\lambda\dfrac{\sigma}{\sqrt{n}}<\overline{X}<\mu+\lambda\dfrac{\sigma}{\sqrt{n}}\right\}=0.95$；

(2) $P\left\{\left|\dfrac{\overline{X}-\mu}{S/\sqrt{n}}\right|>\lambda\right\}=0.01$；

(3) $P\{S^2>\lambda\sigma^2\}=0.10$.

解 (1) 由于

$$P\left\{\mu-\lambda\dfrac{\sigma}{\sqrt{n}}<\overline{X}<\mu+\lambda\dfrac{\sigma}{\sqrt{n}}\right\}=P\left\{-\lambda<\dfrac{\overline{X}-\mu}{\sigma/\sqrt{n}}<\lambda\right\},$$

而由定理 6.6 的推论有

$$\dfrac{\overline{X}-\mu}{\sigma/\sqrt{n}} \sim N(0,1),$$

故

$$\lambda=u_{0.975}=1.96.$$

(2) 由定理 6.7 有

$$\dfrac{\overline{X}-\mu}{S/\sqrt{n}} \sim t(n-1),$$

故

$$\lambda=t_{0.995}(n-1).$$

(3) 由于 $P\{S^2>\lambda\sigma^2\}=P\left\{\dfrac{(n-1)}{\sigma^2}S^2>(n-1)\lambda\right\}$，而由定理 6.6 的推论有

$$\dfrac{(n-1)}{\sigma^2}S^2 \sim \chi^3(n-1),$$

故 $(n-1)\lambda=\chi^2_{0.90}(n-1)$，得

$$\lambda = \frac{1}{n-1}\chi^2_{0.90}(n-1).$$

习 题 六

1. 某炼钢厂生产 25MnSi 钢,由于各种偶然因素的影响,各炉钢的含 Si 量是有差异的.现测得 120 炉正常生产的 25MnSi 钢所含 Si 量的数据(百分数)如下:

0.86, 0.83, 0.77, 0.81, 0.81, 0.80, 0.79, 0.82, 0.82,
0.81, 0.81, 0.87, 0.82, 0.78, 0.80, 0.81, 0.87, 0.81,
0.77, 0.78, 0.77, 0.78, 0.77, 0.77, 0.77, 0.71, 0.95,
0.78, 0.81, 0.79, 0.80, 0.77, 0.76, 0.82, 0.80, 0.82,
0.84, 0.79, 0.90, 0.82, 0.79, 0.82, 0.79, 0.86, 0.76,
0.78, 0.83, 0.75, 0.82, 0.78, 0.73, 0.83, 0.81, 0.81,
0.83, 0.89, 0.81, 0.86, 0.82, 0.82, 0.78, 0.84, 0.84,
0.84, 0.81, 0.81, 0.74, 0.78, 0.78, 0.80, 0.74, 0.78,
0.75, 0.79, 0.85, 0.75, 0.74, 0.71, 0.88, 0.82, 0.76,
0.85, 0.73, 0.78, 0.81, 0.79, 0.71, 0.78, 0.81, 0.87,
0.83, 0.65, 0.64, 0.78, 0.75, 0.82, 0.80, 0.80, 0.77,
0.81, 0.75, 0.83, 0.90, 0.80, 0.85, 0.81, 0.77, 0.78,
0.82, 0.84, 0.85, 0.84, 0.82, 0.85, 0.84, 0.82, 0.85,
0.84, 0.78, 0.78.

试画出频率直方图.

2. 某食品厂为加强质量管理,对某天生产的罐头抽查了 100 个,测得重量(单位:g)如下:

342, 340, 348, 346, 343, 342, 346, 341, 344, 348, 346,
346, 340, 344, 342, 344, 345, 340, 344, 344, 336, 348,
344, 345, 332, 342, 342, 340, 350, 343, 347, 340, 344,
353, 340, 340, 356, 346, 345, 346, 340, 339, 342, 352,
342, 350, 348, 344, 350, 335, 340, 338, 345, 345, 349,
336, 342, 338, 343, 343, 341, 347, 341, 347, 344, 339,

347, 348, 343, 347, 346, 344, 343, 344, 342, 343, 345,
339, 350, 337, 345, 345, 350, 341, 338, 343, 339, 343,
346, 342, 339, 343, 350, 341, 346, 341, 345, 344, 342,
349.

试画出频率直方图.

3. 对以下四组样本值,计算样本均值和样本方差:

(1) 99.3, 98.7, 100.05, 101.2, 98.3, 99.7, 99.5, 102.1, 100.5;

(2) 54, 67, 68, 78, 70, 66, 67, 70, 65, 69;

(3) 112.0, 113.4, 111.2, 112.0, 114.5, 112.9, 113.6;

(4) 100.3, 99.7, 101.5, 102.2, 99.3, 100.7, 100.5, 103.1, 101.5.

4. 查表求下述分位数:

(1) $u_{0.855}, u_{0.995}, u_{0.001}, u_{0.25}$;

(2) $\chi^2_{0.025}(6), \chi^2_{0.1}(20), \chi^2_{0.95}(12), \chi^2_{0.99}(18)$;

(3) $t_{0.975}(15), t_{0.01}(7), t_{0.95}(250)$;

(4) $F_{0.95}(12,6), F_{0.975}(8,20), F_{0.10}(5,12)$.

5. 设随机变量 $X \sim N(0,1), \alpha = 0.01$, 求 λ, γ 和 δ, 使得
$$P\{|X| > \lambda\} = \alpha, \quad P\{X > \gamma\} = \alpha, \quad P\{X < -\delta\} = \alpha.$$

6. 用附表 3 求下列各式中的 λ 值,式中 $\chi^2(n)$ 表示服从自由度为 n 的 χ^2 分布的随机变量:

(1) $P\{\chi^2(8) > \lambda\} = 0.01$; (2) $P\{\chi^2(8) < \lambda\} = 0.975$;

(3) $P\{\chi^2(15) > \lambda\} = 0.995$; (4) $P\{\chi^2(15) < \lambda\} = 0.01$.

7. 用附表 4 求下列各式中的 λ 值,式中 $t(n)$ 表示服从自由度为 n 的 t 分布的随机变量:

(1) $P\{|t(5)| > \lambda\} = 0.2$; (2) $P\{t(5) > \lambda\} = 0.2$.

8. 用附表 5 求下列各式中的 λ 值,式中 $F(n_1, n_2)$ 表示服从自由度为 n_1 和 n_2 的 F 分布的随机变量:

(1) $P\{F(3,6) > \lambda\} = 0.05$; (2) $P\{F(3,6) < \lambda\} = 0.05$.

9. 设随机变量 $X \sim F(n_1, n_2)$, 试证明 $\frac{1}{X} \sim F(n_2, n_1)$, 进而证明 (6.11)式:

$$F_{1-\alpha}(n_1,n_2)=\frac{1}{F_\alpha(n_2,n_1)}.$$

10. 设总体 $X \sim N(\mu,\sigma^2)$, $X_1,X_2,\cdots,X_n$ 是来自总体 X 的样本,样本均值为 $\overline{X}$,样本方差为 S^2.

(1) 设 $n=25$,求 $P\{\mu-0.2\sigma<\overline{X}<\mu+0.2\sigma\}$;

(2) 要使 $P\{|\overline{X}-\mu|>0.1\sigma\}\leqslant 0.05$,问: n 至少应等于多少?

(3) 设 $n=10$,求使 $P\{\mu-\lambda S<\overline{X}<\mu+\lambda S\}=0.10$ 的 λ;

(4) 设 $n=10$,求使 $P\{S^2>\lambda\sigma^2\}=0.95$ 的 λ;

(5) 设 $n=10$,求使 $P\{S^2<\lambda\sigma^2\}=0.95$ 的 λ.

11. 证明(6.12)式,即当 n 充分大时,可近似地取
$$\chi_p^2(n)=n+u_p\sqrt{2n}.$$

第七章 参 数 估 计

在许多实际问题中,需要用样本值来估计总体的某些参数(主要是期望和方差),这就是参数估计.参数估计包括点估计和区间估计.本章的前三节讨论点估计,最后一节讨论区间估计.

§1 点 估 计

先看一个例子.某甲承包一个鱼塘,年初投放一批鱼苗,年末捕捞前想估计一下产量.请设计一个估计产量的方法.

(1) 假设年初投放 10000 尾鱼苗,没有死亡,也没有出生小鱼,到年末仍是 10000 条.

设每条鱼的重量是 X,X 是一个随机变量,每条鱼的平均重量是 $E(X)$,因此只需要估计出 $E(X)$ 的值.为此,可以如下进行:捕捞 n 条,称得每条鱼的重量(单位:kg):$x_1, x_2, \cdots, x_n$.根据切比雪夫大数定理的推论 1 或柯尔莫哥洛夫强大数定理的推论 1,可以用 $\bar{x} = \dfrac{1}{n}\sum\limits_{i=1}^{n} x_i$ 作为 $E(X)$ 的估计值,得到总产量的估计值为 $10000\bar{x}$.

(2) 不知道鱼塘中有多少条鱼.这次不但需要估计每条鱼的平均重量,还需要估计有多少条鱼.

估计有多少条鱼的做法如下:捕捞出 n 条鱼,做上记号后放回鱼塘中;过几天后再捕捞出 m 条鱼,设其中有 k 条做了记号.

设鱼塘中共有 N 条鱼,把做记号的鱼放回鱼塘后,任意捕捞出一条鱼其有记号的概率为 $p = \dfrac{n}{N}$.设第二次捕捞的 m 条鱼中有记号的条数为 Y,Y 近似服从 $B(m, p)$.根据伯努利大数定理或波雷尔强大数定理,可以用 $\dfrac{k}{m}$ 作为 p 的估计值,得到

$$N = \frac{n}{p} \approx \frac{mn}{k}.$$

在这个例子中,要估计 $E(X)$ 和 $B(m,p)$ 中的 p 值,这就是点估计.

设 θ 是总体 X 的待估参数,用样本 $X_1, X_2, \cdots, X_n$ 的一个统计量 $\hat{\theta} = \hat{\theta}(X_1, X_2, \cdots, X_n)$ 来估计 θ,称 $\hat{\theta}$ 为 θ 的**估计量**. 用样本值 $x_1, x_2, \cdots, x_n$ 代入 $\hat{\theta}$,得 θ 的估计值 $\hat{\theta}(x_1, x_2, \cdots, x_n)$,仍用 $\hat{\theta}$ 表示. 所谓参数的点估计就是求参数 θ 的估计量或估计值 $\hat{\theta}$.

例如,用样本均值 $\overline{X}$ 作为总体 X 的期望 $E(X)$ 的估计量,用样本方差 S^2 作为总体 X 的方差 $D(X)$ 的估计量. 特别地,对于正态总体 $N(\mu, \sigma^2)$,取 $\hat{\mu} = \overline{X}, \hat{\sigma^2} = S^2$.

对于同一个参数可以有不同的估计量. 例如,可以用样本方差 S^2,也可以用二阶中心矩 $M'_2 = \frac{1}{n} \sum_{i=1}^{n} (X_i - \overline{X})^2$ 作为 σ^2 的估计量. 既然同一参数有不同的估计量,就存在比较估计量的好坏问题. 下面给出常用的三条标准:无偏性、有效性和一致性.

定义 7.1 设 $\hat{\theta}$ 是参数 θ 的估计量. 如果 $E(\hat{\theta}) = \theta$,则称 $\hat{\theta}$ 是 θ 的**无偏估计量**.

直观上说,$\hat{\theta}$ 是一个随机变量,当 $E(\hat{\theta}) > \theta$ 时,说明 $\hat{\theta}$ 有偏大于 θ 的倾向性;当 $E(\hat{\theta}) < \theta$ 时,说明 $\hat{\theta}$ 有偏小于 θ 的倾向. 而当 $E(\hat{\theta}) = \theta$ 时,$\hat{\theta}$ 与 θ 无系统的偏差,故称 $\hat{\theta}$ 是 θ 的无偏估计量.

在总体的各种参数中,最常用的是期望、方差以及标准差的无偏估计量.

设 $X_1, X_2, \cdots, X_n$ 是来自总体 X 的样本,$E(X)$ 和 $D(X)$ 均存在.

1. $\overline{X}$ 是 $E(X)$ 的无偏估计量

实际上,
$$E(\overline{X}) = E\left(\frac{X_1 + X_2 + \cdots + X_n}{n}\right)$$
$$= \frac{1}{n}[E(X_1) + E(X_2) + \cdots + E(X_n)],$$

而 X_i 与总体 X 同分布,有

$$E(X_i) = E(X), \quad i=1,2,\cdots,n,$$

从而
$$E(\overline{X}) = E(X). \tag{7.1}$$

因此,在正态总体中,$\overline{X}$ 是 μ 的无偏估计量;在 0-1 分布中,$\overline{X}$ 是 p 的无偏估计量;在泊松分布中,$\overline{X}$ 是 λ 的无偏估计量.

2. S^2 是 $D(X)$ 的无偏估计量

$D(X)$ 是刻画总体 X 取值分散程度的数字特征,它等于 X 与期望值 $E(X)$ 之差的平方的期望. 而样本的二阶中心矩 $M_2' = \dfrac{1}{n}\sum\limits_{i=1}^{n}(X_i - \overline{X})^2$ 恰好是样本值与均值之差的平方的平均值,因此自然会想到用 M_2' 作为 $D(X)$ 的估计量. 但是,M_2' 不是 $D(X)$ 的无偏估计量,而样本方差 S^2 才是 $D(X)$ 的无偏估计量. 事实上,

$$E\left[\sum_{i=1}^{n}(X_i - \overline{X})^2\right] = E\left[\sum_{i=1}^{n}X_i^2 - n\overline{X}^2\right] = \sum_{i=1}^{n}E(X_i^2) - nE(\overline{X}^2)$$
$$= n[D(X) + E^2(X)] - n[D(\overline{X}) + E^2(\overline{X})],$$

而
$$E(\overline{X}) = E(X), \quad D(\overline{X}) = \frac{D(X)}{n},$$

所以
$$E\left[\sum_{i=1}^{n}(X_i - \overline{X})^2\right] = (n-1)D(X),$$

从而
$$E(S^2) = D(X), \tag{7.2}$$
$$E(M_2') = \frac{n-1}{n}D(X). \tag{7.2}'$$

可见,S^2 是 $D(X)$ 的无偏估计量,而 M_2' 是 $D(X)$ 的偏小估计量. 这就是样本方差 S^2 是除以 $n-1$ 而不是除以 n 的原因. 当 n 比较大时,S^2 与 M_2' 的差异很小,也常常用 M_2' 作为 $D(X)$ 的估计量.

3. 标准差的估计

如何估计总体 X 的标准差呢? 一个自然的想法是用方差的估

计量的平方根,即用

$$S = \sqrt{\frac{1}{n-1}\sum_{i=1}^{n}(X_i - \overline{X})^2}$$

来估计 $\sqrt{D(X)}$. 不过一般说来,S 不是 $\sqrt{D(X)}$ 的无偏估计量.

对于正态总体,有

$$E(S) = c_2^* \sigma, \tag{7.3}$$

因此 $\frac{1}{c_2^*}S$ 是 σ 的无偏估计量,其中

$$c_2^* = \frac{\sqrt{2}\,\Gamma\left(\frac{n}{2}\right)}{\sqrt{n-1}\,\Gamma\left(\frac{n-1}{2}\right)}.$$

为了证明(7.3)式,令 $Y = \dfrac{(n-1)}{\sigma^2}S^2$. 由定理 6.6 的推论有

$$Y \sim \chi^2(n-1),$$

于是

$$\begin{aligned}
E(\sqrt{Y}) &= \int_0^{+\infty} \sqrt{y}\,\frac{1}{2^{(n-1)/2}\,\Gamma\left(\frac{n-1}{2}\right)}y^{(n-1)/2-1}e^{-y/2}\,dy \\
&= \frac{1}{2^{(n-1)/2}\,\Gamma\left(\frac{n-1}{2}\right)}\int_0^{+\infty} y^{n/2-1}e^{-y/2}\,dy \\
&\xlongequal{\diamondsuit u = y/2} \frac{1}{2^{(n-1)/2}\,\Gamma\left(\frac{n-1}{2}\right)}\int_0^{+\infty}(2u)^{n/2-1}e^{-u}\cdot 2\,du \\
&= \frac{\sqrt{2}\,\Gamma\left(\frac{n}{2}\right)}{\Gamma\left(\frac{n-1}{2}\right)}.
\end{aligned}$$

这就证明了(7.3)式成立.

在表 7.1 中列出了当 n 较小时 c_2^* 的值. 当 n 较大时,

$$c_2^* \approx 1.$$

表 7.1

n	c_2^*	$1/c_2^*$	n	c_2^*	$1/c_2^*$
2	0.7979	1.253	7	0.9594	1.042
3	0.8862	1.128	8	0.9650	1.036
4	0.9213	1.085	9	0.9693	1.032
5	0.9400	1.064	10	0.9727	1.028
6	0.9515	1.051			

设 $\hat{\theta}_1$ 和 $\hat{\theta}_2$ 都是 θ 的无偏估计量,如何进一步比较 $\hat{\theta}_1$ 和 $\hat{\theta}_2$ 的好坏? 如果 $\hat{\theta}_1$ 的摆动比 $\hat{\theta}_2$ 的摆动小,当然应该认为 $\hat{\theta}_1$ 比 $\hat{\theta}_2$ 好. 通常用 $\hat{\theta}$ 的方差

$$D(\hat{\theta}) = E(\hat{\theta} - \theta)^2$$

来衡量 $\hat{\theta}$ 的偏离程度.

定义 7.2 设 $\hat{\theta}_1$ 和 $\hat{\theta}_2$ 是 θ 的两个无偏估计量. 如果

$$D(\hat{\theta}_1) < D(\hat{\theta}_2),$$

则称 $\hat{\theta}_1$ 比 $\hat{\theta}_2$ **有效**.

例 7.1 设总体 $X \sim N(\mu, \sigma^2)$,其中参数 μ 是已知的. 考虑 σ^2 的两个无偏估计量:

(1) $S_0^2 = \dfrac{1}{n} \sum\limits_{i=1}^{n} (X_i - \mu)^2$;

(2) $S^2 = \dfrac{1}{n-1} \sum\limits_{i=1}^{n} (X_i - \overline{X})^2$.

试证明 S_0^2 比 S^2 有效.

证 前面已经证明,对于任何随机变量,S^2 是方差的无偏估计量. 在这里,它是 σ^2 的无偏估计量. 而当 μ 已知时,S_0^2 是一个统计量. 不难验证

$$E(S_0^2) = \sigma^2,$$

从而 S_0^2 也是 σ^2 的无偏估计量. 现在来比较 S^2 和 S_0^2 的有效性. 由定理 6.6 及其推论可知

$$\frac{n}{\sigma^2} S_0^2 = \sum_{i=1}^{n} \left(\frac{X_i - \mu}{\sigma} \right)^2 \sim \chi^2(n),$$

$$\frac{n-1}{\sigma^2}S^2 = \frac{1}{\sigma^2}\sum_{i=1}^{n}(X_i - \overline{X})^2 \sim \chi^2(n-1).$$

已知 $\Gamma(\alpha,\beta)$ 的方差等于 $\dfrac{\alpha}{\beta^2}$. 而

$$\chi^2(n) = \Gamma\left(\frac{n}{2}, \frac{1}{2}\right),$$

故 $\chi^2(n)$ 的方差等于 $2n$. 于是

$$D\left(\frac{n}{\sigma^2}S_0^2\right) = 2n, \quad D\left(\frac{n-1}{\sigma^2}S^2\right) = 2(n-1).$$

故有

$$D(S_0^2) = \frac{2\sigma^4}{n}, \quad D(S^2) = \frac{2\sigma^4}{n-1},$$

从而

$$D(S_0^2) < D(S^2),$$

即 S_0^2 比 S^2 有效.

最后,我们给出一致性(相合性)的定义.

定义 7.3 设 $\hat{\theta}$ 是 θ 的估计量. 如果对任意的 $\varepsilon > 0$,有

$$\lim_{n \to +\infty} P\{|\hat{\theta} - \theta| < \varepsilon\} = 1,$$

则称 $\hat{\theta}$ 为 θ 的**一致估计量**或**相合估计量**.

由大数定律知,如果 $D(X)$ 存在,则 $\overline{X}$ 是 $E(X)$ 的一致估计量. 还可以证明,S^2 和 M_2' 都是 $D(X)$ 的一致估计量.

一致性是大样本所呈现的性质. 如果 $\hat{\theta}$ 是 θ 的一致估计量,那么当样本容量很大时,$\hat{\theta}$ 接近 θ 的可能性很大. 而当样本的容量不很大时,无偏性是基本的要求,它保证估计量除随机误差外,不会有系统误差.

§2 最大似然估计法

本节和下一节介绍两个计算估计量的方法:最大似然估计法和矩估计法.

对于连续型的总体 X,设它的概率密度为 $f(x;\theta_1,\theta_2,\cdots,\theta_l)$,其中 $\theta_1,\theta_2,\cdots,\theta_l$ 是待估计的参数,又设 $X_1,X_2,\cdots,X_n$ 是来自总体 X

的样本,则 $X_1, X_2, \cdots, X_n$ 的联合概率密度为
$$\prod_{i=1}^{n} f(x_i; \theta_1, \theta_2, \cdots, \theta_l).$$
对于给定的一组样本值 $x_1, x_2, \cdots, x_n$,把
$$L(x_1, x_2, \cdots, x_n; \theta_1, \theta_2, \cdots, \theta_l) = \prod_{i=1}^{n} f(x_i; \theta_1, \theta_2, \cdots, \theta_l) \quad (7.4)$$
称为样本的**似然函数**.

对于离散型的总体 X,设它的分布律为
$$P\{X=x\} = p(x; \theta_1, \theta_2, \cdots, \theta_l).$$
对于给定的一组样本值 $x_1, x_2, \cdots, x_n$,把
$$L(x_1, x_2, \cdots, x_n; \theta_1, \theta_2, \cdots, \theta_l) = \prod_{i=1}^{n} p(x_i; \theta_1, \theta_2, \cdots, \theta_l) \quad (7.4)'$$
称为样本的**似然函数**.

可见,似然函数是待估参数 $\theta_1, \theta_2, \cdots, \theta_l$ 的函数.

根据经验,概率大的事件比概率小的事件易于发生. $x_1, x_2, \cdots, x_n$ 是一组样本值,它是已经发生的随机事件,可以认为取到这组值的概率较大,即似然函数的值比较大. 对似然函数而言, $x_1, x_2, \cdots, x_n$ 是常数,它是参数 $\theta_1, \theta_2, \cdots, \theta_l$ 的函数. 因而,这些参数的值应使 L 较大. 将使得 L 取到最大值的参数值 $\hat{\theta}_1, \hat{\theta}_2, \cdots, \hat{\theta}_l$ 作为 $\theta_1, \theta_2, \cdots, \theta_l$ 的估计值,这就是**最大似然估计法**. 这时 $\hat{\theta}_1, \hat{\theta}_2, \cdots, \hat{\theta}_l$ 分别为 $\theta_1, \theta_2, \cdots, \theta_l$ 的**最大似然估计值**.

由微积分的知识知道, $\hat{\theta}_1, \hat{\theta}_2, \cdots, \hat{\theta}_l$ 必须满足下述方程组:
$$\begin{cases} \dfrac{\partial}{\partial \theta_1} L = 0, \\ \dfrac{\partial}{\partial \theta_2} L = 0, \\ \cdots \cdots \\ \dfrac{\partial}{\partial \theta_l} L = 0. \end{cases} \quad (7.5)$$

由于 $\ln L$ 与 L 同时达到最大值,也可用下述方程组来代替方程组 (7.5):

$$\begin{cases} \dfrac{\partial}{\partial \theta_1}\ln L=0, \\ \dfrac{\partial}{\partial \theta_2}\ln L=0, \\ \cdots\cdots \\ \dfrac{\partial}{\partial \theta_l}\ln L=0. \end{cases} \quad (7.6)$$

公式(7.6)的计算常常比公式(7.5)简单些.

可以证明,在一定条件下(这些条件在大多数情况下都得到满足),最大似然估计量具有一致性.

下面给出几类常见分布参数的最大似然估计量.

1. 0-1 分布

在 0-1 分布中,有一个待估参数 $p=P\{X=1\}$. 这时 X 的分布律可写成

$$P\{X=x\}=p^x(1-p)^{1-x}, \quad x=0,1.$$

对于 X 的一组样本值 $x_1,x_2,\cdots,x_n$,似然函数为

$$L(x_1,x_2,\cdots,x_n;p)=\prod_{i=1}^{n}p^{x_i}(1-p)^{1-x_i}=p^{\sum_{i=1}^{n}x_i}(1-p)^{n-\sum_{i=1}^{n}x_i},$$

于是

$$\ln L=\Big(\sum_{i=1}^{n}x_i\Big)\ln p+\Big(n-\sum_{i=1}^{n}x_i\Big)\ln(1-p),$$

$$\frac{\mathrm{d}}{\mathrm{d}p}\ln L=\Big(\sum_{i=1}^{n}x_i\Big)\frac{1}{p}-\Big(n-\sum_{i=1}^{n}x_i\Big)\frac{1}{1-p}.$$

令

$$\frac{\mathrm{d}}{\mathrm{d}p}\ln L=0,$$

解得

$$p=\frac{1}{n}\sum_{i=1}^{n}x_i=\bar{x}.$$

所以 p 的最大似然估计量为

$$\hat{p}=\bar{X}.$$

由前一节的讨论可知,$\bar{X}$ 是 p 的一致和无偏的估计.

2. 指数分布

设总体 X 服从参数为 $\lambda > 0$ 的指数分布,其概率密度为
$$f(x;\lambda) = \lambda e^{-\lambda x}, \quad x > 0,$$
$x_1, x_2, \cdots, x_n$ 是一组样本值,其似然函数为
$$L(x_1, x_2, \cdots, x_n; \lambda) = \lambda^n \prod_{i=1}^{n} e^{-\lambda x_i} = \lambda^n e^{-\lambda \sum_{i=1}^{n} x_i},$$

于是 $\quad \ln L = n \ln \lambda - \lambda \sum_{i=1}^{n} x_i, \quad \dfrac{\mathrm{d}}{\mathrm{d}\lambda} \ln L = \dfrac{n}{\lambda} - \sum_{i=1}^{n} x_i.$

令
$$\frac{\mathrm{d}}{\mathrm{d}\lambda} \ln L = 0,$$

解得
$$\lambda = \frac{n}{\sum_{i=1}^{n} x_i} = \frac{1}{\bar{x}}.$$

于是得到 λ 的最大似然估计量
$$\hat{\lambda} = \frac{1}{\bar{X}}.$$

3. 正态分布

设总体 $X \sim N(\mu, \sigma^2)$,其概率密度为
$$f(x; \mu, \sigma^2) = \frac{1}{\sqrt{2\pi}\sigma} e^{-\frac{(x-\mu)^2}{2\sigma^2}}, \quad -\infty < x < +\infty,$$
则样本值 $x_1, x_2, \cdots, x_n$ 的似然函数为
$$L(x_1, x_2, \cdots, x_n; \mu, \sigma^2) = \left(\frac{1}{\sqrt{2\pi}\sigma}\right)^n \prod_{i=1}^{n} e^{-\frac{(x_i-\mu)^2}{2\sigma^2}}$$
$$= \frac{1}{(2\pi\sigma^2)^{n/2}} e^{-\frac{1}{2\sigma^2} \sum_{i=1}^{n} (x_i-\mu)^2},$$
$$\ln L = -\frac{n}{2} \ln(2\pi\sigma^2) - \frac{1}{2\sigma^2} \sum_{i=1}^{n} (x_i - \mu)^2.$$

由

$$\begin{cases} \dfrac{\partial}{\partial \mu}\ln L = \dfrac{1}{\sigma^2}\sum_{i=1}^{n}(x_i-\mu)=0, \\ \dfrac{\partial}{\partial \sigma^2}\ln L = -\dfrac{n}{2\sigma^2}+\dfrac{1}{2\sigma^4}\sum_{i=1}^{n}(x_i-\mu)^2=0, \end{cases}$$

这里把 σ^2 看作一个变量,解得

$$\mu = \frac{1}{n}\sum_{i=1}^{n}x_i = \bar{x}, \quad \sigma^2 = \frac{1}{n}\sum_{i=1}^{n}(x_i-\bar{x})^2,$$

于是得到 μ 和 σ^2 的最大似然估计量

$$\hat{\mu}=\bar{X}, \quad \hat{\sigma^2}=M'_2.$$

由 $\hat{\sigma^2}$ 可以看到,最大似然估计量不一定是无偏的.

§3 矩 估 计 法

矩估计法是指通过用样本 k 阶原点矩 M_k 作为总体 k 阶原点矩 $E(X^k)$ 的估计量,用样本 k 阶中心矩 M'_k 作为总体 k 阶中心矩 $E\{[X-E(X)]^k\}$ 的估计量,来求得待估参数的估计量. 用矩估计法得到的估计量叫作**矩估计量**. 具体做法如下:

设总体 X 的分布含有参数 $\theta_1,\theta_2,\cdots,\theta_l$,则 X 的 k 阶原点矩 $\nu_k = E(X^k)$ 也是 $\theta_1,\theta_2,\cdots,\theta_l$ 的函数,记

$$g_k=(\theta_1,\theta_2,\cdots,\theta_l)=E(X^k), \quad k=1,2,\cdots,l.$$

假定从方程组

$$\begin{cases} g_1(\theta_1,\theta_2,\cdots,\theta_l)=\nu_1, \\ g_2(\theta_1,\theta_2,\cdots,\theta_l)=\nu_2, \\ \cdots\cdots \\ g_l(\theta_1,\theta_2,\cdots,\theta_l)=\nu_l \end{cases} \tag{7.7}$$

可解出

$$\begin{cases} \theta_1=f_1(\nu_1,\nu_2,\cdots,\nu_l), \\ \theta_2=f_2(\nu_1,\nu_2,\cdots,\nu_l), \\ \cdots\cdots \\ \theta_l=f_l(\nu_1,\nu_2,\cdots,\nu_l). \end{cases}$$

用 M_k 来估计 $\nu_k(k=1,2,\cdots,l)$,把它们代入 f_i 中,得到 θ_i 的矩估

计量
$$\hat{\theta}_i = f_i(M_1, M_2, \cdots, M_l), \quad i=1,2,\cdots,l.$$

在上述做法中,某些 ν_k 也可用中心矩 $\mu_k = E[X-E(X)]^k$ 代替,然后用 M'_k 代替 μ_k。

例 7.2 设总体 $X \sim N(\mu, \sigma^2)$,求 μ, σ^2 的矩估计量。

解 已知 $\nu_1 = E(X) = \mu, \nu_2 = E(X^2) = \sigma^2 + \mu^2$,由此得方程组

$$\begin{cases} \mu = \nu_1, \\ \sigma^2 + \mu^2 = \nu_2. \end{cases}$$

解此方程组得

$$\begin{cases} \mu = \nu_1, \\ \sigma^2 = \nu_2 - \nu_1^2. \end{cases}$$

用 $M_1 = \overline{X}$ 和 M_2 分别代替 ν_1 和 ν_2,得 μ 和 σ^2 的矩估计量为

$$\hat{\mu} = \overline{X},$$

$$\hat{\sigma}^2 = M_2 - M_1^2 = \frac{1}{n}\sum_{i=1}^{n} X_i^2 - \left(\frac{1}{n}\sum_{i=1}^{n} X_i\right)^2$$

$$= \frac{1}{n}\sum_{i=1}^{n}(X_i - \overline{X})^2 = M'_2.$$

也可以用 μ_2(即 $D(X)$)代替 ν_2,由 $\nu_1 = E(X) = \mu, \mu_2 = D(X) = \sigma^2$ 得到

$$\mu = \nu_1, \quad \sigma^2 = \mu_2.$$

再用 $M_1 = \overline{X}$ 和 M'_2 分别代替 ν_1 和 μ_2,同样得到

$$\hat{\mu} = \overline{X}, \quad \hat{\sigma}^2 = M'_2.$$

可见,对于正态分布的参数 μ 和 σ^2 来说,矩估计量与最大似然估计量完全相同。但是,矩估计量和最大似然估计量并不总是一样的。请看下面的例子。

例 7.3 设随机变量 X 服从区间 $[a,b]$ 上的均匀分布,求 a 和 b 的最大似然估计量和矩估计量。

解 (1) 求最大似然估计量。

X 的概率密度为

$$f(x) = \begin{cases} \dfrac{1}{b-a}, & a \leqslant x \leqslant b, \\ 0, & \text{其他}. \end{cases}$$

设 $x_1, x_2, \cdots, x_n$(不全相等)是一组样本值,则似然函数为

$$L(x_1, x_2, \cdots, x_n; a, b) = \frac{1}{(b-a)^n}, \quad a \leqslant x_1, x_2, \cdots, x_n \leqslant b.$$

由于

$$a \leqslant x_i \leqslant b, \quad i=1,2,\cdots,n,$$

应该有

$$a \leqslant \min\{x_i\}, \quad b \geqslant \max\{x_i\}.$$

而 L 取到最大值当且仅当 $b-a$ 取到最小值,所以,当

$$a = \min\{x_i\}, \quad b = \max\{x_i\}$$

时,L 取到最大值. 于是

$$\hat{a} = \min\{X_i\}, \quad \hat{b} = \max\{X_i\}.$$

(2)求矩估计量.

已知 $E(X) = \dfrac{a+b}{2}, D(X) = \dfrac{(b-a)^2}{12}$. 分别用 $\overline{X}$ 和 M_2' 代替 $E(X)$ 和 $D(X)$,得

$$\begin{cases} a+b = 2\overline{X}, \\ (b-a)^2 = 12 M_2', \end{cases}$$

解得 a,b 的矩估计量

$$\hat{a} = \overline{X} - \sqrt{3 M_2'}, \quad \hat{b} = \overline{X} + \sqrt{3 M_2'},$$

其中

$$\overline{X} = \frac{1}{n} \sum_{i=1}^{n} X_i, \quad M_2' = \frac{1}{n} \sum_{i=1}^{n} (X_i - \overline{X})^2.$$

在这里,最大似然估计量和矩估计量不相同.

§4 区间估计

对于一个量 a,如某工件的长度,通过测量和计算得到它的一个近似值 $\hat{a}$. 在工程技术上还要同时给出这个近似值的误差 ε,也就是说给出一个区间 $[\hat{a}-\varepsilon, \hat{a}+\varepsilon]$,使得量 a 一定落在这个区间内. 对于参数估计也有类似的问题. 点估计仅仅给出了参数的一个估计值,有时还需要知道它的可靠程度,这就需要给出一个区间,并且说明这个区间以多大的概率包含参数的真值,这也就是区间估计.

定义 7.4 设总体 X 的分布中含有未知参数 θ. 若对于给定的值 $\alpha(0<\alpha<1)$, 统计量

$$\underline{\theta}=\underline{\theta}(X_1,X_2,\cdots,X_n) \quad \text{和} \quad \overline{\theta}=\overline{\theta}(X_1,X_2,\cdots,X_n)$$

满足

$$P\{\underline{\theta}<\theta<\overline{\theta}\}=1-\alpha,$$

则称随机区间 $(\underline{\theta},\overline{\theta})$ 是 θ 的 $100(1-\alpha)\%$ **置信区间**, 百分数 $100(1-\alpha)\%$ 称为**置信度**.

置信区间不同于一般的区间, 它是随机区间, 对于不同的样本值取到不同的区间. 在这些区间中, 有的包含参数的真值, 有些则不包含. 当置信度为 $100(1-\alpha)\%$ 时, 这个区间包含 θ 的真值的概率为 $100(1-\alpha)\%$. 例如, $\alpha=0.05$, 置信度为 95%, 说明 $(\underline{\theta},\overline{\theta})$ 以 95% 的概率包含 θ 的真值.

下面介绍正态总体的均值与方差的区间估计.

一、单个正态总体的均值与方差的区间估计

设总体 $X\sim N(\mu,\sigma^2)$, $X_1,X_2,\cdots,X_n$ 是来自总体 X 的样本.

1. 当 σ^2 已知时, 求 μ 的置信区间

取 $\overline{X}$ 作为 μ 的点估计, 考虑随机变量 $\dfrac{\overline{X}-\mu}{\sigma/\sqrt{n}}$. 由定理 6.6 的推论知

$$\frac{\overline{X}-\mu}{\sigma/\sqrt{n}}\sim N(0,1).$$

对于给定的置信度 $100(1-\alpha)\%$, 由 (6.16) 式有

$$P\left\{-u_{1-\alpha/2}<\frac{\overline{X}-\mu}{\sigma/\sqrt{n}}<u_{1-\alpha/2}\right\}=1-\alpha.$$

而不等式

$$-u_{1-\alpha/2}<\frac{\overline{X}-\mu}{\sigma/\sqrt{n}}<u_{1-\alpha/2}$$

等价于

$$\overline{X}-u_{1-\alpha/2}\frac{\sigma}{\sqrt{n}}<\mu<\overline{X}+u_{1-\alpha/2}\frac{\sigma}{\sqrt{n}},$$

得 μ 的 $100(1-\alpha)\%$ 的置信区间为

$$\left(\overline{X}-u_{1-\alpha/2}\frac{\sigma}{\sqrt{n}},\ \overline{X}+u_{1-\alpha/2}\frac{\sigma}{\sqrt{n}}\right). \tag{7.8}$$

2. 当 σ^2 未知时,求 μ 的置信区间

由于 σ^2 未知,需以样本方差 S^2 代替 σ^2. 考虑 $\dfrac{\overline{X}-\mu}{S/\sqrt{n}}$. 由定理 6.7 知

$$\frac{\overline{X}-\mu}{S/\sqrt{n}}\sim t(n-1),$$

于是由(6.16)式有

$$P\left\{-t_{1-\alpha/2}(n-1)<\frac{\overline{X}-\mu}{S/\sqrt{n}}<t_{1-\alpha/2}(n-1)\right\}=1-\alpha,$$

即

$$P\left\{\overline{X}-t_{1-\alpha/2}(n-1)\frac{S}{\sqrt{n}}<\mu<\overline{X}+t_{1-\alpha/2}(n-1)\frac{S}{\sqrt{n}}\right\},$$
$$=1-\alpha,$$

从而得到 μ 的 $100(1-\alpha)\%$ 置信区间

$$\left(\overline{X}-t_{1-\alpha/2}(n-1)\frac{S}{\sqrt{n}},\ \overline{X}+t_{1-\alpha/2}(n-1)\frac{S}{\sqrt{n}}\right). \tag{7.9}$$

3. 求 σ^2 的置信区间

考虑随机变量 $\dfrac{(n-1)S^2}{\sigma^2}$. 由定理 6.6 的推论知

$$\frac{(n-1)S^2}{\sigma^2}\sim\chi^2(n-1),$$

又由(6.14)式有

$$P\left\{\chi^2_{\alpha/2}(n-1)<\frac{(n-1)S^2}{\sigma^2}<\chi^2_{1-\alpha/2}(n-1)\right\}=1-\alpha,$$

于是得到 σ^2 的 $100(1-\alpha)\%$ 置信区间

$$\left(\frac{(n-1)S^2}{\chi^2_{1-\alpha/2}(n-1)},\ \frac{(n-1)S^2}{\chi^2_{\alpha/2}(n-1)}\right). \tag{7.10}$$

例 7.4 设有一组来自正态总体 $N(\mu,\sigma^2)$ 的样本值:

0.497, 0.506, 0.518, 0.524, 0.488, 0.510, 0.510, 0.515, 0.512.

(1) 已知 $\sigma^2 = 0.01^2$，求 μ 的 95% 置信区间；

(2) 未知 σ^2，求 μ 的 95% 置信区间；

(3) 求 σ^2 的 95% 置信区间.

解 计算 $\bar{x}$ 和 s^2：

$$\sum_{k=1}^{9} x_k = 0.497 + 0.506 + \cdots + 0.512 = 4.580,$$

$$\bar{x} = \frac{4.580}{9} = 0.5089,$$

$$\sum_{k=1}^{9} x_k^2 = 0.497^2 + 0.506^2 + \cdots + 0.512^2 = 2.331658,$$

$$s^2 = \frac{1}{8}\left[\sum_{k=1}^{9} x_k^2 - \frac{1}{9}\left(\sum_{k=1}^{9} x_k\right)^2\right]$$

$$= \frac{1}{8}\left(2.331658 - \frac{1}{9} \times 4.580^2\right) = 0.1184 \times 10^{-3}.$$

(1) 已知样本容量 $n = 9, \sigma^2 = 0.01^2, \bar{x} = 0.5089$. 查附表 2 得 $u_{0.975} = 1.96$. 计算：

$$u_{1-\alpha/2} \frac{\sigma}{\sqrt{n}} = 1.96 \times \frac{0.01}{\sqrt{9}} = 0.0065.$$

代入(7.8)式，得到 μ 的 95% 置信区间

$(0.5089 - 0.0065, 0.5089 + 0.0065) = (0.5024, 0.5154)$.

(2) 已知 $n = 9, \bar{x} = 0.5089, s^2 = 0.1184 \times 10^{-3}$. 查附表 4 得 $t_{0.975}(9-1) = 2.306$. 计算：

$$t_{1-\alpha/2}(n-1)\frac{s}{\sqrt{n}} = 2.306\sqrt{\frac{0.1184 \times 10^{-3}}{9}} = 0.0084.$$

代入(7.9)式，得到 μ 的 95% 置信区间

$(0.5089 - 0.0084, 0.5089 + 0.0084) = (0.5005, 0.5173)$.

(3) 查附表 3 得 $\chi^2_{0.025}(9-1) = 2.180, \chi^2_{0.975}(9-1) = 17.535$. 由(7.10)式得到 σ^2 的 95% 置信区间

$$\left(\frac{8 \times 0.1184 \times 10^{-3}}{17.535}, \frac{8 \times 0.1184 \times 10^3}{2.180}\right)$$

$$= (0.0540 \times 10^{-3}, 0.4345 \times 10^{-3}).$$

二、两个正态总体的区间估计

设有总体 $N(\mu_1,\sigma_1^2)$ 和 $N(\mu_2,\sigma_2^2)$ 的两组相互独立的样本,容量分别为 n_1 和 n_2,样本均值、方差分别为 $\overline{X}_1,S_1^2$ 和 $\overline{X}_2,S_2^2$.

1. 当 σ_1^2 和 σ_2^2 已知时,求 $\mu_1-\mu_2$ 的置信区间

取 $\overline{X}_1-\overline{X}_2$ 作为 $\mu_1-\mu_2$ 的估计量,这个估计量是无偏的. 由于

$$E(\overline{X}_1-\overline{X}_2)=\mu_1-\mu_2,\quad D(\overline{X}_1-\overline{X}_2)=\frac{\sigma_1^2}{n_1}+\frac{\sigma_2^2}{n_2},$$

易知

$$\frac{(\overline{X}_1-\overline{X}_2)-(\mu_1-\mu_2)}{\sqrt{\frac{\sigma_1^2}{n_1}+\frac{\sigma_2^2}{n_2}}}\sim N(0,1).$$

由此不难得到 $\mu_1-\mu_2$ 的 $100(1-\alpha)\%$ 置信区间为

$$\left(\overline{X}_1-\overline{X}_2-u_{1-\alpha/2}\sqrt{\frac{\sigma_1^2}{n_1}+\frac{\sigma_2^2}{n_2}},\ \overline{X}_1-\overline{X}_2+u_{1-\alpha/2}\sqrt{\frac{\sigma_1^2}{n_1}+\frac{\sigma_2^2}{n_2}}\right).$$

(7.11)

2. 当 $\sigma_1^2=\sigma_2^2=\sigma^2$,但 σ^2 未知时,求 $\mu_1-\mu_2$ 的置信区间

仍取 $\overline{X}_1-\overline{X}_2$ 作为 $\mu_1-\mu_2$ 的估计量. 由定理 6.9 知

$$\frac{(\overline{X}_1-\overline{X}_2)-(\mu_1-\mu_2)}{S_W\sqrt{\frac{1}{n_1}+\frac{1}{n_2}}}\sim t(n_1+n_2-2),$$

其中

$$S_W^2=\frac{(n_1-1)S_1^2+(n_2-1)S_2^2}{n_1+n_2-2},$$

从而得到 $\mu_1-\mu_2$ 的 $100(1-\alpha)\%$ 置信区间

$$(\overline{X}_1-\overline{X}_2-\delta,\ \overline{X}_1-\overline{X}_2+\delta).\qquad(7.12)$$

其中

$$\delta=t_{1-\alpha/2}(n_1+n_2-2)S_W\sqrt{\frac{1}{n_1}+\frac{1}{n_2}}.$$

3. 求方差比 $\dfrac{\sigma_1^2}{\sigma_2^2}$ 的置信区间

由定理 6.8 知

$$\frac{\sigma_2^2 S_1^2}{\sigma_1^2 S_2^2} \sim F(n_1-1, n_2-1),$$

于是

$$P\left\{F_{\alpha/2}(n_1-1, n_2-1) < \frac{\sigma_2^2 S_1^2}{\sigma_1^2 S_2^2} < F_{1-\alpha/2}(n_1-1, n_2-1)\right\} = 1-\alpha,$$

即

$$P\left\{\frac{1}{F_{1-\alpha/2}(n_1-1, n_2-1)} \cdot \frac{S_1^2}{S_2^2} < \frac{\sigma_1^2}{\sigma_2^2} < \frac{1}{F_{\alpha/2}(n_1-1, n_2-1)} \cdot \frac{S_1^2}{S_2^2}\right\} = 1-\alpha,$$

注意到

$$F_{\alpha/2}(n_1-1, n_2-1) = \frac{1}{F_{1-\alpha/2}(n_2-1, n_1-1)},$$

得到 $\dfrac{\sigma_1^2}{\sigma_2^2}$ 的 $100(1-\alpha)\%$ 的置信区间

$$\left(\frac{1}{F_{1-\alpha/2}(n_1-1, n_2-1)} \cdot \frac{S_1^2}{S_2^2},\ F_{1-\alpha/2}(n_2-1, n_1-1)\frac{S_1^2}{S_2^2}\right).$$

(7.13)

三、单侧置信区间

有时需要求形如 $(\underline{\theta}, +\infty)$ 或 $(-\infty, \overline{\theta})$ 的置信区间. 这样的置信区间称作**单侧置信区间**, $\underline{\theta}$ 称作**置信下限**, $\overline{\theta}$ 称作**置信上限**. 相对应地, 前面讲的置信区间称作**双侧置信区间**. 例如, 对于产品的寿命, 往往只对置信下限感兴趣.

正态总体数学期望与方差的单侧置信区间的计算和双侧置信区间的计算十分相似.

例如, 设总体 $X \sim N(\mu, \sigma^2)$, σ^2 已知, $X_1, X_2, \cdots, X_n$ 是来自总体 X 的样本. 由于

$$\frac{\overline{X}-\mu}{\sigma/\sqrt{n}} \sim N(0,1),$$

有

$$P\left\{\frac{\overline{X}-\mu}{\sigma/\sqrt{n}} < u_{1-\alpha}\right\} = 1-\alpha,$$

即

$$P\left\{\mu > \overline{X} - u_{1-\alpha}\frac{\sigma}{\sqrt{n}}\right\} = 1 - \alpha,$$

从而得到 μ 的 $100(1-\alpha)\%$ 的单侧置信区间

$$\left(\overline{X} - u_{1-\alpha}\frac{\sigma}{\sqrt{n}}, +\infty\right).$$

其余情况不再一一推导. 前面给出的结果及单侧置信区间的计算公式汇总列于附表 10 中.

四、0-1 分布总体参数 p 的区间估计

根据林德伯格-列维同分布的中心极限定理,用大样本(即大容量的样本)可以给出某些非正态总体参数的区间估计. 下面介绍 0-1 分布总体参数 p 的区间估计.

设总体 X 服从参数为 p 的 0-1 分布,$X_1, X_2, \cdots, X_n$ 是来自总体 X 的大样本. 根据棣莫佛-拉普拉斯定理,有

$$\frac{\sum_{k=1}^{n} X_k - np}{\sqrt{npq}} \overset{\text{近似}}{\sim} N(0,1),$$

于是

$$P\left\{\left|\frac{\sum_{k=1}^{n} X_k - np}{\sqrt{npq}}\right| < u_{1-\alpha/2}\right\} \approx 1 - \alpha.$$

整理上式花括号内的不等式,得

$$|n(\overline{X} - p)| < u_{1-\alpha/2}^2 \sqrt{np(1-p)}, \quad n(\overline{X} - p)^2 < u_{1-\alpha/2}^2 p(1-p),$$

从而得

$$ap^2 - bp + c < 0, \tag{7.14}$$

其中 $a = n + u_{1-\alpha/2}^2, b = 2n\overline{X} + u_{1-\alpha/2}^2, c = n\overline{X}^2$. 解得一元二次方程 $ap^2 - bp + c = 0$ 的两个根:

$$\hat{p}_1 = \frac{b - \sqrt{b^2 - 4ac}}{2a}, \quad \hat{p}_2 = \frac{b + \sqrt{b^2 - 4ac}}{2a}. \tag{7.15}$$

所以 p 的 $100(1-\alpha)\%$ 置信区间为 $(\hat{p}_1, \hat{p}_2)$.

例 7.5 从一批产品中抽取 100 个,测得一级品 60 个,求这批产品的一级品率的 95% 置信区间.

解 总体服从 0-1 分布,p 为一级品率. 由于
$$u_{0.975}=1.96, \quad \bar{x}=0.6,$$
$$a=100+1.96^2=103.8416,$$
$$b=2\times 100\times 0.6+1.96^2=123.8416,$$
$$c=100\times 0.6^2=36,$$
代入(7.15)式,求得
$$\hat{p}_1=0.502, \quad \hat{p}_2=0.691.$$
所以一级品率 p 的 95% 置信区间为 $(0.502,0.691)$.

本章最后介绍参数估计在敏感问题调查中的应用,取材于《政治及有关模型》(William F. Lucas 主编,王国秋、刘德铭译,沙基昌校,国防科技大学出版社,1996). 调查的问题涉及个人的隐私,或者如实回答可能产生对自己的不良影响,是十分敏感的,如:你吸过毒吗? 你贪污过吗? 当你提出这样的问题时,很可能得不到被调查者的配合,甚至可能引起被调查者的愤怒. 如何提问才能避免这种尴尬状况的发生,得到被调查者很好的配合? 基本想法是设计一种提问的方法,使得根据被调查者的回答,既能得到所要的数据(如在特定人群中吸过毒的人所占的比例),又不会透露被调查者的真实情况(如被调查者是否吸过毒). 也就是说,访问者根据调查结果只能推断出总体情况,而不能了解被调查者个人的实际情况. 这样就可以让被调查者消除顾虑,如实的答问题. 采用的办法是:把这个问题变成两个问题,一个是肯定这个问题,另一个是否定这个问题,让被调查者随机地回答其中的一个. 当被调查者回答"是"(或"否")时,由于访问者不知道他回答的是哪个问题,不可能知道他到底是肯定这个问题,还是否定这个问题. 这就是**随机回答法**.

做法如下:访问者准备一副牌作为随机装置,每张牌上写有数字 1 或 2,其中 1 占的比例为 $p(0<p<1$ 且 $p\neq 0.5)$. 除了数字不同外,牌是完全一样的. 出示下面两个问题:

问题 1:你是团体 A 的成员吗?

问题 2:你不是团体 A 的成员吗?

被调查者先随机地抽取一张牌(不要让访问者看到),然后根据牌上的数字回答问题 1 或问题 2.

由于访问者不知道被调查者回答的是哪个问题,不可能知道被调查者到底是不是团体 A 的成员,但是他能根据调查结果估计出团体 A 的成员在人群中所占的比例. 计算方法如下:设

π:总体中属于团体 A 的比例.

p:取到标有数字 1 的牌的概率.

λ:回答"是"的概率.

m:回答"是"的人数.

n:被调查的总人数,即样本容量.

根据全概率公式,有

$$\lambda = p\pi + (1-p)(1-\pi),$$

解得

$$\pi = \frac{1}{2p-1}[\lambda - (1-p)].$$

取 $\hat{\lambda} = \frac{m}{n}$,即用 $\frac{m}{n}$ 作为 λ 的估计量,代入上式,得到 π 的估计量

$$\hat{\pi} = \frac{1}{2p-1}\left[\frac{m}{n} - (1-p)\right], \quad p \neq \frac{1}{2}. \qquad (7.16)$$

注意到 $m \sim B(n,\lambda)$,$E(m) = n\lambda$,得

$$E(\hat{\pi}) = \frac{1}{2p-1}\left[\frac{n\lambda}{n} - (1-p)\right] = \pi,$$

得证 $\hat{\pi}$ 是 π 的无偏估计量.

例 7.6 学校为了调查学生在期末考试中作弊的比例,抽取了 200 名学生的简单随机样本,采用随机回答法进行调查访问. 随机牌中 3/4 标有数字 1,1/4 标有数字 2. 给每个学生提的两个问题是:

问题 1:你在这次期末考试中作过弊吗?

问题 2:你在这次期末考试中没有作弊吗?

最后有 60 名学生回答"是". 根据这个调查结果,估计这次期末考试中作过弊的学生比例为

$$\hat{\pi} = \frac{1}{2 \times \frac{3}{4} - 1}\left[\frac{60}{200} - \left(1 - \frac{3}{4}\right)\right] = 0.1.$$

注意到 $m \sim B(n,\lambda)$，可以用(7.15)式计算出 λ 的置信区间，进而得到 λ 的置信区间. 也可以用下述方法计算 λ 的置信区间.

不难计算出

$$D(\hat{\pi}) = \frac{\pi(1-\pi)}{n} + \frac{p(1-p)}{n(2p-1)^2}. \qquad (7.17)$$

$\hat{\pi}$ 近似服从正态分布，用 $\hat{\pi}$ 代替(7.17)式中的 π，给出 π 的置信区间.

在随机回答法中两个问题都是敏感问题，这可能引起被调查者的戒备，得不到充分的配合. 为此，提出如下的改进：用一个无关紧要的问题作为第二个问题，称作**不相关问题模型**，见习题七的第 22 题.

习 题 七

1. 设总体 X 服从 0-1 分布，且

$$P\{X=1\}=p, \quad P\{X=0\}=1-p.$$

又设 $X_1, X_2, \cdots, X_n$ 是来自总体 X 的样本，试验证

$$\hat{p}^2 = \overline{X}^2 - \frac{1}{n-1} M_2'$$

是 p^2 的无偏估计量，其中

$$\overline{X} = \frac{1}{n} \sum_{i=1}^{n} X_i, \quad M_2' = \frac{1}{n} \sum_{i=1}^{n} (X_i - \overline{X})^2.$$

2. 设总体 X 服从正态分布 $N(\mu, \sigma^2)$，X_1, X_2, X_3 是来自总体 X 的样本，试验证

$$\hat{\mu}_1 = \frac{1}{5} X_1 + \frac{3}{10} X_2 + \frac{1}{2} X_3,$$

$$\hat{\mu}_2 = \frac{1}{3} X_1 + \frac{1}{4} X_2 + \frac{5}{12} X_3,$$

$$\hat{\mu}_3 = \frac{1}{3} X_1 + \frac{1}{6} X_2 + \frac{1}{2} X_3$$

都是 μ 的无偏估计量，并分析哪一个最好.

3. 设总体 $X \sim B(m, p)$，其分布律为

$$P\{X=k\}=C_m^k p^k q^{m-k}, \quad k=0,1,\cdots,m,$$
$$0<p<1, \quad q=1-p,$$
试求 p 的最大似然估计量.

4. 用最大似然法估计**几何分布**
$$P\{X=k\}=(1-p)^{k-1}p, \quad k=1,2,\cdots$$
的参数 p.

5. 设总体 X 的概率密度为
$$f(x)=\begin{cases}\theta x^{\theta-1}, & 0<x<1, \\ 0, & \text{其他},\end{cases} \quad \theta>0,$$
求 θ 的最大似然估计量.

6. 设总体 X 的概率密度为
$$f(x)=(a+1)x^a, \quad 0<x<1, a>-1,$$
求 a 的最大似然估计量和矩估计量.

7. 设总体 X 服从 Γ 分布,其概率密度为
$$f(x)=\begin{cases}\dfrac{\beta^\alpha}{\Gamma(\alpha)}x^{\alpha-1}e^{-\beta x}, & x>0, \\ 0, & x\leqslant 0,\end{cases}$$
求参数 α 和 β 的矩估计量.

8. 某车间生产滚珠,假设滚珠直径 X 服从正态分布.现从某天的产品里随机抽取 6 颗,量得直径(单位:mm)如下:

14.70, 15.21, 14.90, 14.91, 15.32, 15.32.

分别求置信度为 99% 和 90% 的均值 μ 的置信区间(已知直径的方差为 $0.05\ \text{mm}^2$).

9. 对飞机的飞行速度进行 15 次独立试验,测得飞机的最大飞行速度(单位:m/s)如下:

422.2, 418.7, 425.6, 420.3, 425.8, 423.1, 431.5, 428.2,
438.3, 434.0, 412.3, 417.2, 413.5, 441.3, 423.7.

根据长期的经验,可以认为最大飞行速度服从正态分布.试求 μ 的 95% 置信区间.

10. 已知总体 X 服从正态分布 $N(\mu,\sigma^2)$,今测得其一组样本值为

3.3，−0.3，−0.6，−0.9.

(1) 若已知 $\sigma^2=9$，求 μ 的 95% 置信区间；

(2) 若 σ^2 未知，求 μ 的 95% 置信区间.

11. 对某一距离测量 5 次，得数据（单位：m）如下：

2781，2836，2807，2763，2858.

若认为测量值服从以距离真值为数学期望的正态分布，求距离真值的 95% 置信区间.

12. 为了了解灯泡使用时数 X 的均值 μ 及标准差 σ，测量 10 个灯泡，得 $\bar{x}=1500$ h，$s=20$ h. 假设灯泡的使用时数 X 服从正态分布，求 μ 及 σ 的 95% 置信区间.

13. 测量铝的密度 16 次，得 $\bar{x}=2.705$，$s=0.029$. 设测量值服从以密度真值为数学期望的正态分布，试求铝的密度的 95% 置信区间.

14. 设总体 $X \sim N(\mu,\sigma^2)$. 如果 σ^2 已知，问：样本容量 n 取多大时方能保证 μ 的 95% 置信区间的长度不大于 l？

15. 随机地从甲批导线中抽取 4 根，从乙批导线中抽取 5 根，测得电阻（单位：Ω）如下：

甲批导线：0.143，0.142，0.143，0.137；

乙批导线：0.140，0.142，0.136，0.138，0.140.

设甲、乙两批导线的电阻分别服从 $N(\mu_1,\sigma^2)$，$N(\mu_2,\sigma^2)$，并且相互独立. 已知 $\sigma^2=0.0025^2$，试求 $\mu_1-\mu_2$ 的 95% 置信区间.

16. 为了检验一种杂交作物的两种新处理方案，在同一地区随机各选择 8 块地段，按两种方案处理作物，得各地段的单位面积产量（单位：kg）是：

一号方案：86，87，56，93，84，93，75，79；

二号方案：80，79，58，91，77，82，74，66.

假设两种方案产量都服从正态分布，分别为 $N(\mu_1,\sigma^2)$ 和 $N(\mu_2,\sigma^2)$，其中 σ^2 未知，求 $\mu_1-\mu_2$ 的置信度为 95% 的置信区间.

17. 设总体 X 的概率密度为

$$f(x)=\frac{1}{2\sigma}e^{-|x|/\sigma}, \quad -\infty<x<+\infty,$$

其中 $\sigma>0$ 是未知参数,求 σ 的最大似然估计量和矩估计量.

18. 设总体 X 的概率密度为
$$f(x)=\begin{cases} e^{-(x-\theta)}, & x\geqslant\theta, \\ 0, & x<\theta, \end{cases}$$
其中 θ 是未知参数,求 θ 的最大似然估计量,又问:这个估计量是无偏估计量和一致估计量吗? 并加以证明.

19. 设 $\hat{\theta}_1$ 和 $\hat{\theta}_2$ 是 θ 的无偏估计量,且 $D(\hat{\theta}_2)=3D(\hat{\theta}_1)$,求常数 c_1 和 c_2,使得 $\hat{\theta}=c_1\hat{\theta}_1+c_2\hat{\theta}_2$ 是 θ 的无偏估计量且 $D(\hat{\theta})$ 最小.

20. 戒酒协会想了解过去一周内有多少会员至少饮过一次酒.大部分会员可能不愿意承认饮过酒,所以调查人员决定采用随机回答法.随机装置是一副牌,其中 0.8 的牌标有数字 1,0.2 的标有数字 2.问题如下:

问题 1:在过去一周内你至少饮过一次酒吗?

问题 2:在过去一周内你没有饮过酒吗?

对随机抽取的 100 名会员的调查结果是有 35 人回答"是",试估计会员中在过去一周内至少饮过一次酒的百分比.

21. 用两种方法计算上题会员中在过去一周内至少饮过一次酒的百分比的 95% 置信区间.

22. **不相关问题模型**中向被调查者提的两个问题是:

问题 1:你是团体 A 的成员吗?

问题 2:你是团体 B 的成员吗?

其中问题 1 是要调查的敏感问题,问题 2 是一个与要调查的问题毫不相干的问题,如:你的身份证号码的末位是偶数吗? 这里要求已知属于团体 B 的概率,设属于团体 B 的概率为 π_B.与随机回答法一样,有一个随机装置,每次试验随机事件 X 发生的概率为 p ($0<p<1$,但不要求 $p\neq 0.5$).当 X 发生时,回答问题 1;否则,回答问题 2.

假设抽取容量为 n 的简单随机样本,得到 m 个回答"是",试证明:
$$\hat{\pi}=\frac{1}{p}\left[\frac{m}{n}-(1-p)\pi_B\right] \qquad (7.18)$$

是总体中属于团体 A 的百分比 π 的无偏估计量.

23. 某大公司的领导层决定进行一次随机抽样调查,以了解职员中不喜欢本职工作的比例. 调查采用不相关问题模型,两个问题是:

问题 1：你喜欢你的本职工作吗？

问题 2：你的身份证号码的末位是奇数吗？

用硬币作为随机装置,抛掷一枚硬币,如果正面向上,则回答问题 1；否则,回答问题 2. 随机调查了 300 人,其中有 100 人回答"是". 试用第 22 题(7.18)式估计该公司职员中不喜欢本职工作的比例.

第八章 假设检验

在实际工作中经常会遇到这样的问题：有一批产品，规定次品率为 2%，经过抽样检查，如何判断这批产品是否合格？对某生产工艺进行了改革，对工艺改革前后的产品进行抽样检查，如何分析抽样结果，判断工艺改革是否提高了产品质量？前面经常说"假设总体服从某分布"，现在要问：能否根据给定的一组样本值来判断这个假设是否成立？如何判断？等等．

例如，对于第二个问题，假设工艺改革后产品质量有提高，由于随机因素的影响，工艺改革后的每一件产品不一定都比老工艺生产的产品质量好，抽样检查的结果很可能是互有好坏．在这种情况下，就不能通过简单的比较来下结论，而需要有一套科学的方法．这就是假设检验．从上面的几个例子可以看出，假设检验所解决的问题是：如何根据样本值来判断对总体的某种"看法"是否正确？本章介绍几种常用的假设检验方法．

§1 假设检验的基本概念

一、假设检验的基本思想

通过下面的例子来说明假设检验的基本思想．

例 8.1 某厂生产干电池，根据长期的资料知道，干电池的寿命服从正态分布，且标准差 $\sigma=5$ h．规定要求平均寿命(即均值)$\mu=200$ h．今对一批干电池抽查了 10 个样品，测得寿命(单位：h)如下：

　　201, 208, 212, 197, 205, 209, 194, 207, 199, 206.
问：这批干电池的平均寿命是否是 200 h？

设干电池的寿命为 X，则 $X \sim N(\mu, 5^2)$．现在的问题是：$\mu=200$？假设 $\mu=200$，记作

$$H_0: \mu = 200.$$

如果这个假设成立,那么 $\overline{X} \sim N(200, 5^2)$. 考虑统计量

$$U = \frac{\overline{X} - 200}{5/\sqrt{10}}.$$

已知

$$U = \frac{\overline{X} - 200}{5/\sqrt{10}} \sim N(0, 1),$$

于是

$$P\left\{ \left| \frac{\overline{X} - 200}{5/\sqrt{10}} \right| > u_{1-\alpha/2} \right\} = \alpha,$$

其中 $0 < \alpha < 1$. 当 α 很小时,比如取 $\alpha = 0.05$,则

$$\left\{ \left| \frac{\overline{X} - 200}{5/\sqrt{10}} \right| > u_{0.975} \right\}$$

是一个小概率事件. 由附表 2 查得 $u_{0.975} = 1.96$.

对于所给的样本值,计算得到 $\overline{x} = 203.8$,于是

$$\left| \frac{\overline{x} - 200}{5/\sqrt{10}} \right| = 2.40 > 1.96.$$

这就是说,小概率事件 $\left\{ \left| \frac{\overline{X} - 200}{5/\sqrt{10}} \right| > u_{0.975} \right\}$ 居然发生了. 这和人们普遍的经验相矛盾. 经验告诉我们:小概率事件在一次试验中是很难发生的. 因而,有理由认为原来的假设 $\mu = 200$ 不成立,即这批干电池的平均寿命不是 200 h.

如果样本的样本均值 $\overline{x} = 201.9$,这时

$$\left| \frac{\overline{x} - 200}{5/\sqrt{10}} \right| = 1.24 < 1.96.$$

小概率事件 $\left\{ \left| \frac{\overline{X} - 200}{5/\sqrt{10}} \right| > u_{0.975} \right\}$ 没有发生,于是没有理由否定原来的假设,因而认为原来的假设成立,即 $\mu = 200$.

从上面的分析可以看到,假设检验所采用的思想方法是一种反证法:先假设结论成立,然后在这个结论成立条件下进行推导和运算. 如果得到矛盾,则推翻原来的假设,认为结论不成立. 但是,在这里所得到的矛盾不是纯形式逻辑上的矛盾,不是绝对成立的矛盾,而

是与人们普遍的经验——小概率事件在一次试验中很难发生——的矛盾. 假设检验把这条经验作为一条原则. 根据这条原则,如果小概率事件在一次试验中发生了,则认为原来的假设不成立. 因此,可以说假设检验采用的是一种带概率性质的反证法.

下面我们给出假设检验中的基本概念和术语.

称"$H_0: \mu = 200$"为**原假设**或**零假设**,而把相反的结论称为**对立假设**或**备择假设**,记作 $H_1: \mu \neq 200$.

称给定的 $\alpha(0 < \alpha < 1)$ 为**显著性水平**,通常取 $\alpha = 0.10, 0.05, 0.01$ 等.

拒绝原假设 H_0 的区域称为**否定域**或**拒绝域**,如例 8.1 中的

$$\left| \frac{\overline{X} - 200}{5/\sqrt{10}} \right| > u_{1-\alpha/2}.$$

否定域以外的区域称为**接受域**. 在例 8.1 中,接受域为

$$\left| \frac{\overline{X} - 200}{5/\sqrt{10}} \right| \leqslant u_{1-\alpha/2}.$$

如果根据样本值计算出的统计量的观察值落入否定域,则认为原假设 H_0 不成立,称作在显著性水平 α 下**拒绝** H_0;否则,认为 H_0 成立,称作在显著性水平 α 下**接受** H_0.

否定域的大小与显著性水平 α 的大小有关. 对于同一组样本值,在不同的显著水平 α 下,可能得出截然相反的结论. 例如,在例 8.1 中,如果抽样检查的 10 个样本值的样本均值 $\bar{x} = 203.8$,则 $U = \dfrac{\overline{X} - 200}{5/\sqrt{10}}$ 的观察值为 2.40. 当取 $\alpha = 0.05$ 时,$2.40 > u_{0.975} = 1.96$,从而拒绝 H_0. 如果取 $\alpha = 0.01$,有 $2.40 < u_{0.995} = 2.58$,则应接受 H_0. 可见,α 的选择是重要的. α 的值必须在抽样检查前给定,抽样后不得随意改变 α 的值. α 的含意将在下面叙述.

最后,总结假设检验的一般步骤如下:

(1) 提出原假设 H_0,如 $H_0: \mu = 200$;

(2) 选择统计量,如 $U = \dfrac{\overline{X} - 200}{5/\sqrt{10}}$;

(3) 求出在原假设 H_0 成立的条件下,该统计量服从的概率分

布,如假设 $\mu=200$,则 $U \sim N(0,1)$;

(4)选择显著性水平 α,确定否定域;

(5)根据样本值计算统计量的观察值,看观察值是否落入否定域,做出拒绝或接受 H_0 的结论,见图 8.1.

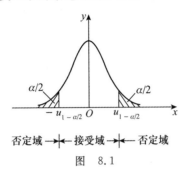

图 8.1

二、假设检验的两类错误

前面已经说过,假设检验的依据是人们根据经验而普遍接受的一条原则:小概率事件在一次试验中很难发生.但是很难发生不等于不发生,因而假设检验所做出的结论有可能是错误的.假设检验可能出现 4 种情况,如表 8.1 所示.

表 8.1

H_0	样本值	结论	类型
成立	未落入否定域	接收 H_0	正确
成立	落入否定域	拒绝 H_0	第一类错误
不成立	未落入否定域	接收 H_0	第二类错误
不成立	落入否定域	拒绝 H_0	正确

就表 8.1 中的两类错误讨论如下:

1. 第一类错误

如果原假设 H_0 成立,而统计量的观察值落入否定域,从而做出拒绝 H_0 的结论,这类错误称作**第一类错误**.

第一类错误是"以真为假"的错误.根据定义,显著性水平 α 恰好是犯第一类错误的概率.

2. 第二类错误

如果原假设 H_0 不成立,而统计量的观察值未落入否定域,从而做出接受 H_0 的结论,这类错误称作**第二类错误**.

第二类错误是"以假为真"的错误.通常把犯第二类错误的概率记作 β.

以例 8.1 为例.当 $H_0:\mu=\mu_0$ 不成立,即 $\mu\neq\mu_0(\mu_0=200)$ 时,

$$U=\frac{\overline{X}-\mu_0}{\sigma/\sqrt{n}}\sim N\left(\frac{\mu-\mu_0}{\sigma/\sqrt{n}},1\right).$$

U 的观察值落入接受域的概率就是犯第二类错误的概率 β,如图 8.2 中的阴影部分所示.

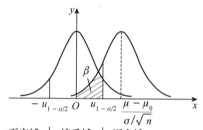

图 8.2

人们当然希望犯两类错误的概率同时都很小.但是,当容量 n 一定时,α 变小,则 β 变大;相反地,β 变小,则 α 变大,如图 8.3 所示.取定 α,要想使 β 变小,则必须增加样本容量 n,如图 8.4 所示.

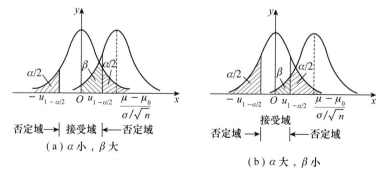

图 8.3

§1 假设检验的基本概念　　**207**

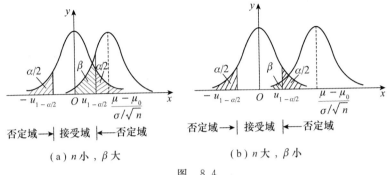

(a) n 小，β 大　　　　　(b) n 大，β 小

图 8.4

在实际使用时,通常人们只能控制犯第一类错误的概率,即给定显著性水平 α。α 大小的选取应根据实际情况而定. 当我们宁可"以假为真"而不愿"以真为假"时,则应把 α 取得很小,如 0.01,甚至 0.001;反之,则应把 α 取得大些. 例如,某药品含有毒性,必须严格控制不超过规定的指标. 如果原假设 H_0 为产品不合格(毒性超标),则应把 α 取得很小,使得当产品不合格时,样本值几乎不会落入否定域. 这样才能保证用药的安全,当然这会使把合格品当成废品的可能性增加. 不管在什么情况下,为了保证 β 不致太大,样本容量都不应太小(比如,至少不能小于 5,最好大于或等于 10).

三、双侧假设检验与单侧假设检验

在例 8.1 中,我们给出的原假设是 $H_0: \mu = \mu_0$,备择假设是 $H_1: \mu \neq \mu_0 (\mu_0 = 200)$. 这类假设检验的否定域分布在接受域的两侧. 在例 8.1 中,否定域为 $(-\infty, -1.96)$ 和 $(1.96, +\infty)$. 我们称这类假设检验为**双侧假设检验**. 有时还会提出下述形式的原假设:

$$H_0: \mu \leq \mu_0 \quad \text{或} \quad H_0: \mu \geq \mu_0,$$

对应的备择假设为

$$H_1: \mu > \mu_0 \quad \text{或} \quad H_1: \mu < \mu_0.$$

我们称这类假设检验为**单侧假设检验**.

例 8.2 某织物的强力指标的均值 $\mu_0 = 21 \text{ kg}$. 改进工艺后生产一批织物. 今抽取 30 件,测得强力指标的平均值为 $\bar{x} = 21.55 \text{ kg}$. 假设强力指标服从正态分布,且已知 $\sigma = 1.2 \text{ kg}$,问:新生产织物的强力比过去的织物强力是否要高?

解 取 $H_0: \mu \leqslant 21$,即假设强力没有提高.

由题设知,织物的强力指标 $X \sim N(\mu, \sigma^2)$,其中已知 $\sigma = 1.2$ kg,于是

$$\frac{\overline{X} - \mu}{\sigma/\sqrt{n}} \sim N(0,1).$$

但是,μ 是未知的,$\dfrac{\overline{X} - \mu}{\sigma/\sqrt{n}}$ 不是统计量,无法把样本值代入计算.

现在假设 H_0 成立,即 $\mu \leqslant 21$,于是

$$\frac{\overline{X} - \mu}{\sigma/\sqrt{n}} \geqslant \frac{\overline{X} - 21}{\sigma/\sqrt{n}},$$

从而

$$\frac{\overline{X} - 21}{\sigma/\sqrt{n}} > u_{1-\alpha} \quad \text{蕴涵} \quad \frac{\overline{X} - \mu}{\sigma/\sqrt{n}} > u_{1-\alpha}.$$

故有

$$P\left\{\frac{\overline{X} - 21}{\sigma/\sqrt{n}} > u_{1-\alpha}\right\} \leqslant P\left\{\frac{\overline{X} - \mu}{\sigma/\sqrt{n}} > u_{1-\alpha}\right\}.$$

而

$$P\left\{\frac{\overline{X} - \mu}{\sigma/\sqrt{n}} > u_{1-\alpha}\right\} = \alpha,$$

得到

$$P\left\{\frac{\overline{X} - 21}{\sigma/\sqrt{n}} > u_{1-\alpha}\right\} \leqslant \alpha.$$

当 α 很小时,$\left\{\dfrac{\overline{X} - 21}{\sigma/\sqrt{n}} > u_{1-\alpha}\right\}$ 是小概率事件,所以可以取否定域为

$$\frac{\overline{X} - 21}{\sigma/\sqrt{n}} > u_{1-\alpha}.$$

取 $\alpha = 0.01$,查附表 2 得 $u_{1-0.01} = 2.33$. 代入样本值,得

$$\frac{\overline{X} - 21}{\sigma/\sqrt{n}} = \frac{21.55 - 21}{1.2/\sqrt{30}} = 2.51 > 2.33.$$

观察值落入否定域,从而拒绝原假设 $\mu \leqslant 21$,认为 $\mu > 21$,即认为新工

艺提高了织物的强力.

由上面的推导过程可以看到,在这里犯第一类错误的概率不会大于 $\alpha=0.01$,见图 8.5.

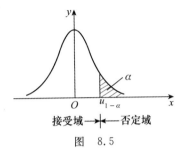

图 8.5

下面先介绍正态总体均值和方差的假设检验,然后介绍检验分布函数的方法.

§2 单个正态总体均值与方差的假设检验

设总体 $X \sim N(\mu,\sigma^2)$,$X_1,X_2,\cdots,X_n$ 是来自总体 X 的样本,样本的均值和方差分别为 $\overline{X}$ 和 S^2.

一、已知 σ^2,检验 μ

(1) $H_0: \mu=\mu_0$.

取统计量

$$U=\frac{\overline{X}-\mu_0}{\sigma/\sqrt{n}}.$$

当 H_0 成立时,$U \sim N(0,1)$. 对于给定的 $\alpha(0<\alpha<1)$,有

$$P\{|U|>u_{1-\alpha/2}\}=\alpha,$$

从而否定域为

$$\left|\frac{\overline{X}-\mu_0}{\sigma/\sqrt{n}}\right|>u_{1-\alpha/2} \tag{8.1}$$

具体例子请看例 8.1.

(2) $H_0: \mu \leqslant \mu_0$.

取统计量
$$U = \frac{\overline{X} - \mu_0}{\sigma/\sqrt{n}}.$$

当 H_0 成立时,$\dfrac{\overline{X} - \mu_0}{\sigma/\sqrt{n}} \leqslant \dfrac{\overline{X} - \mu}{\sigma/\sqrt{n}}$,故

$$\frac{\overline{X} - \mu_0}{\sigma/\sqrt{n}} > u_{1-\alpha} \quad \text{蕴涵} \quad \frac{\overline{X} - \mu}{\sigma/\sqrt{n}} > u_{1-\alpha}.$$

而

$$\frac{\overline{X} - \mu}{\sigma/\sqrt{n}} \sim N(0,1), \quad P\left\{\frac{\overline{X} - \mu}{\sigma/\sqrt{n}} > u_{1-\alpha}\right\} = \alpha,$$

所以

$$P\left\{\frac{\overline{X} - \mu_0}{\sigma/\sqrt{n}} > u_{1-\alpha}\right\} \leqslant \alpha,$$

从而取否定域为

$$\frac{\overline{X} - \mu_0}{\sigma/\sqrt{n}} > u_{1-\alpha}. \tag{8.2}$$

具体例子请看例 8.2.

(3) $H_0 : \mu \geqslant \mu_0$.

取统计量
$$U = \frac{\overline{X} - \mu_0}{\sigma/\sqrt{n}}.$$

当 H_0 成立时,$\dfrac{\overline{X} - \mu_0}{\sigma/\sqrt{n}} \geqslant \dfrac{\overline{X} - \mu}{\sigma/\sqrt{n}}$,故

$$\frac{\overline{X} - \mu_0}{\sigma/\sqrt{n}} < -u_{1-\alpha} \quad \text{蕴涵} \quad \frac{\overline{X} - \mu}{\sigma/\sqrt{n}} < -u_{1-\alpha}.$$

而

$$\frac{\overline{X} - \mu}{\sigma/\sqrt{n}} \sim N(0,1), \quad P\left\{\frac{\overline{X} - \mu}{\sigma/\sqrt{n}} < -u_{1-\alpha}\right\} = \alpha,$$

所以

$$P\left\{\frac{\overline{X} - \mu_0}{\sigma/\sqrt{n}} < -u_{1-\alpha}\right\} \leqslant \alpha,$$

从而取否定域为

$$\frac{\overline{X}-\mu_0}{\sigma/\sqrt{n}} < -u_{1-\alpha}. \tag{8.3}$$

例 8.3 某厂对废水进行处理,要求某种有毒物质的浓度不超过 19 mg/L³. 抽样检查得到 10 个数据,其样本均值 $\bar{x}=17.1$ mg/L³. 假设有毒物质的含量服从正态分布,且已知方差 $\sigma^2=8.5$ (mg/L³)², 问:处理后的废水是否合格?

解 我们希望得到的结论是"合格",即"$\mu \leqslant 19$",取其否定作为原假设,故取 $H_0: \mu > 19$.

类似于(3)的情况,取 $U = \dfrac{\overline{X}-19}{\sigma/\sqrt{n}}$,其中 $\sigma = \sqrt{8.5}, n=10$. 在原假设 H_0 成立的情况下,可推出否定域为

$$\frac{\overline{X}-19}{\sigma/\sqrt{n}} < -u_{1-\alpha}.$$

取 $\alpha = 0.05$,查附表 2 得 $u_{1-0.05} = 1.64$.

计算观察值:

$$\frac{\overline{X}-19}{\sigma/\sqrt{10}} = \frac{17.1-19}{\sqrt{8.5/10}} = -2.06 < -1.64.$$

所以拒绝原假设 H_0,认为 $\mu \leqslant 19$,即处理后的废水合格.

单侧检验通常把希望得到的或预期得到的结论的否定取作原假设,如例 8.3 所做的那样. 这样做的好处是,如果检验的结果是拒绝 H_0,得到所希望的或预期的结论,可能犯的错误是第一类错误,其概率 α 是可以控制的,是由检验者规定的,而不像第二类错误的概率 β,不能确切地知道其大小.

二、未知 σ^2,检验 μ

考虑原假设

$$H_0: \mu = \mu_0.$$

取统计量

$$T = \frac{\overline{X}-\mu_0}{S/\sqrt{n}}.$$

当 H_0 成立时，$T \sim t(n-1)$. 对给定的 $\alpha(0<\alpha<1)$，有
$$P\{|T|>t_{1-\alpha/2}(n-1)\}=\alpha,$$
从而否定域为
$$\left|\frac{\overline{X}-\mu_0}{S/\sqrt{n}}\right|>t_{1-\alpha/2}(n-1). \tag{8.4}$$

例 8.4 用一仪器间接测量温度 5 次，得如下数据（单位：℃）：
$$1250,1265,1245,1260,1275.$$
而用另一种精密仪器测得该温度为 1277℃（可看作真值）. 问：用此仪器间接测温度有无系统偏差（测量的温度服从正态分布）？

解 提出原假设
$$H_0: \mu=1277.$$
取统计量
$$T=\frac{\overline{X}-1277}{S/\sqrt{n}}.$$
取 $\alpha=0.05$，查附表 4 得 $t_{0.975}(4)=2.776$，故否定域为 $|T|>2.776$.

由给定的样本值计算得 $\overline{x}=1259, s^2=\frac{570}{4}$，于是
$$|T|=\left|\frac{1259-1277}{\sqrt{570/(4\times 5)}}\right|=3.37>2.776,$$
从而否定 H_0，认为 $\mu\neq 1277$，即该仪器间接测温度有系统误差.

关于单侧假设检验（$H_0: \mu\leqslant\mu_0$ 和 $H_0: \mu\geqslant\mu_0$），仍取统计量 $T=\frac{\overline{X}-\mu_0}{S/\sqrt{n}}$，可类似地推导出否定域. 这里不再详述，仅举一个例子.

例 8.5 某厂生产镍合金线，其抗拉强度的均值为 10620 kg. 今改进工艺后生产一批镍合金线，抽取 10 根，测得抗拉强度（单位：kg）如下：
$$10512,10623,10668,10554,10776,$$
$$10707,10557,10581,10666,10670.$$
若认为抗拉强度服从正态分布，问：新生产的镍合金线的抗拉强度是否比过去生产的合金线的抗拉强度要高？

解 提出原假设

$$H_0: \mu \leqslant 10620,$$

即抗拉强度没有提高. 取统计量

$$T = \frac{\overline{X} - 10620}{S/\sqrt{10}}.$$

当 H_0 成立时,可推得

$$P\{T > t_{1-\alpha}(9)\} \leqslant \alpha,$$

故否定域为 $T > t_{1-\alpha}(9)$. 取 $\alpha = 0.05$,查附表 4 得 $t_{0.95}(9) = 1.883$.

由样本值算得 $\overline{x} = 10631, s = 81$,于是

$$T = \frac{10631 - 10620}{81/\sqrt{10}} = 0.429 < 1.833.$$

所以接受 H_0,即认为抗拉强度没有明显提高.

三、检验 σ^2

(1) $H_0: \sigma^2 = \sigma_0^2$.

取统计量

$$\chi^2 = \frac{(n-1)S^2}{\sigma_0^2}.$$

当 H_0 成立时,有 $\chi^2 \sim \chi^2(n-1)$. 对给定的 $\alpha(0 < \alpha < 1)$,有

$$P\{\chi^2 < \chi^2_{\alpha/2}(n-1)\} = \frac{\alpha}{2}, \quad P\{\chi^2 > \chi^2_{1-\alpha/2}(n-1)\} = \frac{\alpha}{2},$$

故取否定域为

$$\chi^2 < \chi^2_{\alpha/2}(n-1) \quad \text{或} \quad \chi^2 > \chi^2_{1-\alpha/2}(n-1), \tag{8.5}$$

见图 8.6.

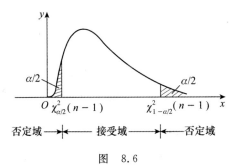

图 8.6

例 8.6 用旧的铸造法铸造的零件的强度平均值是 52.8 gf/mm^2,标准差是 1.6 gf/mm^2.为了降低成本,改变了铸造方法.抽取了新方法铸造的 9 个零件,测其强度(单位:gf/mm^2)如下:

51.9, 53.0, 52.7, 54.1, 53.2, 52.3, 52.5, 51.1, 54.1.

假设强度服从正态分布,试判断是否没有改变强度的均值和标准差.

解 先判断"$\sigma^2 = 1.6^2$"是否成立,然后再判断"$\mu = 52.8$"是否成立.

① 检验 $H_0: \sigma^2 = 1.6^2$.

取统计量
$$\chi^2 = \frac{8S^2}{1.6^2}.$$

取 $\alpha = 0.05$,查附表 3 得 $\chi^2_{0.025}(8) = 2.18$,$\chi^2_{0.975}(8) = 17.54$,故否定域为

$$\chi^2 < 2.18 \text{ 或 } \chi^2 > 17.54.$$

由样本值计算得

$$8s^2 = 9.54, \quad \chi^2 = \frac{9.54}{1.6^2} = 3.72.$$

因 χ^2 未落入否定域,故接受 H_0,即认为 $\sigma^2 = 1.6^2$.

② 在刚才判断的基础上,可以认为已知 $\sigma^2 = 1.6^2$.

检验 $H_0': \mu = 52.8$.

取统计量 $U = \dfrac{\overline{X} - 52.8}{1.6/\sqrt{9}}$.仍取 $\alpha = 0.05$,查附表 2 得 $u_{0.975} = 1.96$,故否定域为

$$|U| > 1.96.$$

由样本值计算得

$$\bar{x} = 52.77, \quad U = \frac{52.77 - 52.8}{1.6/3} = -0.06.$$

因 $|U| = 0.06 < 1.96$,未落入否定域,故也接受 H_0',即认为 $\mu = 52.8$.

综上所述,可以认为改变铸造方法后,零件强度的均值和标准差没有显著变化.

注意,如果在①中的结论是认为 $\sigma^2 \neq 1.6^2$,则在②中 σ^2 是未知

的,从而应选择统计量 $T=\dfrac{\overline{X}-\mu_0}{S/\sqrt{n}}$,利用 t 分布来进行检验.

(2) $H_0: \sigma^2 \leqslant \sigma_0^2$.

取统计量
$$\chi^2 = \dfrac{(n-1)S^2}{\sigma_0^2}.$$

当 H_0 成立时,
$$\dfrac{(n-1)S^2}{\sigma_0^2} \leqslant \dfrac{(n-1)S^2}{\sigma^2},$$

所以
$$\dfrac{(n-1)S^2}{\sigma_0^2} > \chi_{1-\alpha}^2(n-1) \quad \text{蕴涵} \quad \dfrac{(n-1)S^2}{\sigma^2} > \chi_{1-\alpha}^2(n-1).$$

而
$$P\left\{\dfrac{(n-1)S^2}{\sigma^2} > \chi_{1-\alpha}^2(n-1)\right\} = \alpha,$$

故
$$P\left\{\dfrac{(n-1)S^2}{\sigma_0^2} > \chi_{1-\alpha}^2(n-1)\right\} \leqslant \alpha,$$

得到否定域
$$\dfrac{(n-1)S^2}{\sigma_0^2} > \chi_{1-\alpha}^2(n-1). \tag{8.6}$$

可以类似地讨论检验 $H_0: \sigma^2 \geqslant \sigma_0^2$,其否定域为
$$\dfrac{(n-1)S^2}{\sigma_0^2} < \chi_{\alpha}^2(n-1). \tag{8.7}$$

例 8.7 某种精密仪器上的零件,要求其尺寸的标准差不得超过 0.005 mm. 今在生产的一批零件中取样品 9 个,测得 $s = 0.007$ mm. 问:能认为这批零件的方差偏大吗?

解 检验 $H_0: \sigma^2 \leqslant 0.005^2$. 取统计量
$$\chi^2 = \dfrac{(9-1)S^2}{(0.005)^2}.$$

取 $\alpha = 0.05$,查附表 3 得 $\chi_{0.95}^2(8) = 15.5$,故否定域为 $\chi^2 > 15.5$.

由样本值计算得
$$\chi^2 = \dfrac{8 \times 0.007^2}{0.005^2} = 15.68 > 15.5,$$

样本值落入否定域,所以认为这批零件的方差显著偏大.

本节的结果汇总列于附表 11 中.

§3 两个正态总体均值与方差的假设检验

设总体 $X \sim N(\mu_1, \sigma_1^2), Y \sim N(\mu_2, \sigma_2^2), X_1, X_2, \cdots, X_{n_1}$ 和 $Y_1, Y_2, \cdots, Y_{n_2}$ 分别是来自两个总体 X 和 Y 的样本且互相独立,它们的均值和方差分别为 $\overline{X}, S_1^2$ 和 $\overline{Y}, S_2^2$.

一、已知 σ_1^2, σ_2^2,检验 $\mu_1 - \mu_2$

(1) $H_0: \mu_1 = \mu_2$.

取统计量

$$U = \frac{\overline{X} - \overline{Y}}{\sqrt{\dfrac{\sigma_1^2}{n_1} + \dfrac{\sigma_2^2}{n_2}}}.$$

当 H_0 成立时,$U \sim N(0,1)$. 对给定的 $\alpha(0 < \alpha < 1)$,有

$$P\{|U| > u_{1-\alpha/2}\} = \alpha,$$

故否定域为

$$\left| \frac{\overline{X} - \overline{Y}}{\sqrt{\dfrac{\sigma_1^2}{n_1} + \dfrac{\sigma_2^2}{n_2}}} \right| > u_{1-\alpha/2}. \tag{8.8}$$

例 8.8 在漂白工艺中要考查温度对针织品断裂强力的影响. 在 70℃ 与 80℃ 下分别重复做了 8 次试验,测得断裂强力的数据的平均值分别为 20.4 kg 和 19.4 kg. 已知断裂强力服从正态分布,且在 70℃ 和 80℃ 时分别有 $\sigma_1^2 = 0.8 \text{ kg}^2, \sigma_2^2 = 0.7 \text{ kg}^2$,问:70℃ 和 80℃ 下的断裂强力有无显著性差异?

解 检验 $H_0: \mu_1 = \mu_2$. 取统计量

$$U = \frac{\overline{X} - \overline{Y}}{\sqrt{\dfrac{\sigma_1^2}{n_1} + \dfrac{\sigma_2^2}{n_2}}},$$

其中 $\sigma_1^2 = 0.8, \sigma_2^2 = 0.7, n_1 = n_2 = 8$. 取 $\alpha = 0.05$,查附表 2 得 $u_{0.975} = 1.96$,故否定域为

$|U| > 1.96.$

根据样本值,$\bar{x} = 20.4$,$\bar{y} = 19.4$,计算得

$$U = \frac{20.4 - 19.4}{\sqrt{(0.8 + 0.7)/8}} = 2.31 > 1.96.$$

因为样本值落入否定域,所以拒绝 H_0,即认为断裂强力有显著性差异. 由于 $\bar{x} > \bar{y}$,故 70℃下的断裂强力大于 80℃下的断裂强力.

(2) $H_0: \mu_1 \leqslant \mu_2.$

取统计量

$$U = \frac{\bar{X} - \bar{Y}}{\sqrt{\frac{\sigma_1^2}{n_1} + \frac{\sigma_2^2}{n_2}}}.$$

当 H_0 成立时,

$$\mu_1 - \mu_2 \leqslant 0, \quad \frac{\bar{X} - \bar{Y}}{\sqrt{\frac{\sigma_1^2}{n_1} + \frac{\sigma_2^2}{n_2}}} \leqslant \frac{(\bar{X} - \bar{Y}) - (\mu_1 - \mu_2)}{\sqrt{\frac{\sigma_1^2}{n_1} + \frac{\sigma_2^2}{n_2}}},$$

于是

$$\frac{\bar{X} - \bar{Y}}{\sqrt{\frac{\sigma_1^2}{n_1} + \frac{\sigma_2^2}{n_2}}} > u_{1-\alpha} \quad \text{蕴涵} \quad \frac{(\bar{X} - \bar{Y}) - (\mu_1 - \mu_2)}{\sqrt{\frac{\sigma_1^2}{n_1} + \frac{\sigma_2^2}{n_2}}} > u_{1-\alpha}.$$

而

$$\frac{(\bar{X} - \bar{Y}) - (\mu_1 - \mu_2)}{\sqrt{\frac{\sigma_1^2}{n_1} + \frac{\sigma_2^2}{n_2}}} \sim N(0,1),$$

$$P\left\{ \frac{(\bar{X} - \bar{Y}) - (\mu_1 - \mu_2)}{\sqrt{\frac{\sigma_1^2}{n_1} + \frac{\sigma_2^2}{n_2}}} > u_{1-\alpha} \right\} = \alpha,$$

故有

$$P\left\{ \frac{\bar{X} - \bar{Y}}{\sqrt{\frac{\sigma_1^2}{n_1} + \frac{\sigma_2^2}{n_2}}} > u_{1-\alpha} \right\} \leqslant \alpha,$$

得到否定域

$$\frac{\overline{X}-\overline{Y}}{\sqrt{\dfrac{\sigma_1^2}{n_1}+\dfrac{\sigma_2^2}{n_2}}}>u_{1-\alpha}. \tag{8.9}$$

二、已知 $\sigma_1^2=\sigma_2^2$，但其值未知，检验 $\mu_1-\mu_2$

考虑 $H_0: \mu_1=\mu_2$.

取统计量
$$T=\frac{\overline{X}-\overline{Y}}{S_W\sqrt{\dfrac{1}{n_1}+\dfrac{1}{n_2}}},$$

其中
$$S_W^2=\frac{(n_1-1)S_1^2+(n_2-1)S_2^2}{n_1+n_2-2}.$$

当 H_0 成立时，$T \sim t(n_1+n_2-2)$. 对给定的 $\alpha(0<\alpha<1)$，有
$$P\{|T|>t_{1-\alpha/2}(n_1+n_2-2)\}=\alpha,$$

故否定域为
$$|T|>t_{1-\alpha/2}(n_1+n_2-2). \tag{8.10}$$

例 8.9 对某种物品在处理前后分别取样分析其含脂率，得到数据如下：

处理前：0.29，0.18，0.31，0.30，0.36，0.32，0.28，
　　　　0.12，0.30，0.27；

处理后：0.15，0.13，0.09，0.07，0.24，0.19，0.04，
　　　　0.08，0.20，0.12，0.24．

假定处理前后含脂率都服从正态分布且方差不变，问：处理前后含脂率的均值有无显著变化？

解 设处理前后含脂率的均值分别为 μ_1 和 μ_2.

检验 $H_0: \mu_1=\mu_2$. 取统计量
$$T=\frac{\overline{X}-\overline{Y}}{S_W\sqrt{\dfrac{1}{n_1}+\dfrac{1}{n_2}}},$$

其中 $S_W^2=\dfrac{(n_1-1)S_1^2+(n_2-1)S_2^2}{n_1+n_2-2}$，$n_1=10, n_2=11, n_1+n_2-2=19$.

取 $\alpha=0.05$，查附表 4 得 $t_{0.975}(19)=2.093$，故否定域为

$$|T| > 2.093.$$

根据样本值,进行计算:

处理前: $\bar{x} = 0.273$, $(n_1 - 1)s_1^2 = 0.045$;

处理后: $\bar{y} = 0.141$, $(n_2 - 1)s_2^2 = 0.0477$.

于是

$$S_W^2 = \frac{0.045 + 0.0477}{19} = 0.00488,$$

$$T = \frac{0.273 - 0.141}{\sqrt{0.00488 \left(\frac{1}{10} + \frac{1}{11}\right)}} = 4.32.$$

因 $|T| > 2.093$,即样本值落入否定域,故拒绝 H_0,即认为处理前后含脂率有显著变化.

关于单侧检验"$H_0: \mu_1 \leq \mu_2$",可以类似给出其否定域.

三、检验 σ_1^2/σ_2^2

(1) $H_0: \sigma_1^2 = \sigma_2^2$.

取统计量

$$F = \frac{S_1^2}{S_2^2}.$$

当 H_0 成立时,

$$F \sim F(n_1 - 1, n_2 - 1).$$

对给定的 $\alpha (0 < \alpha < 1)$,有

$$P\{F < F_{\alpha/2}(n_1 - 1, n_2 - 1)\} = \alpha/2,$$
$$P\{F > F_{1-\alpha/2}(n_1 - 1, n_2 - 1)\} = \alpha/2,$$

故否定域为

$$F < F_{\alpha/2}(n_1 - 1, n_2 - 1) \quad \text{或} \quad F > F_{1-\alpha/2}(n_1 - 1, n_2 - 1). \quad (8.11)$$

例 8.10 根据例 8.9 中的数据,检验处理前后含脂率的方差是否不变?

解 检验 $H_0: \sigma_1^2 = \sigma_2^2$. 取统计量

$$F = \frac{S_1^2}{S_2^2}.$$

取 $\alpha = 0.05$,查附表 5 得

$$F_{0.025}(9,10) = \frac{1}{F_{0.975}(10,9)} = \frac{1}{3.96} = 0.253,$$
$$F_{0.975}(9,10) = 3.78,$$

故否定域为

$$F < 0.253 \quad 或 \quad F > 3.78.$$

由样本值计算得

$$9s_1^2 = 0.045, \quad s_1^2 = 0.005,$$
$$10s_2^2 = 0.0477, \quad s_2^2 = 0.00477,$$
$$F = \frac{0.005}{0.00477} = 1.06.$$

因为 $0.253 < 1.06 < 3.78$,样本值未落入否定域内,故接受原假设 H_0,即认为处理前后方差没有显著变化. 这说明例 8.9 中所采用的检验方法是合适的.

一般地,在未知方差的情况下检验 $H_0: \mu_1 = \mu_2$(或 $\mu_1 \geq \mu_0, \mu_1 \leq \mu_2$ 等),应先检验是否有 $\sigma_1^2 = \sigma_2^2$. 若 $\sigma_1^2 = \sigma_2^2$ 成立,才可以用上一小节中叙述的方法检验.

(2) $H_0: \sigma_1^2 \leq \sigma_2^2$.

取统计量

$$F = \frac{S_1^2}{S_2^2}.$$

当 H_0 成立时,

$$\frac{S_1^2}{S_2^2} \leq \frac{\sigma_2^2 S_1^2}{\sigma_1^2 S_2^2},$$

故

$$\frac{S_1^2}{S_2^2} > F_{1-\alpha}(n_1-1, n_2-1) \quad 蕴涵 \quad \frac{\sigma_2^2 S_1^2}{\sigma_1^2 S_2^2} > F_{1-\alpha}(n_1-1, n_2-1).$$

而

$$\frac{\sigma_2^2 S_1^2}{\sigma_1^2 S_2^2} \sim F(n_1-1, n_2-1),$$
$$P\left\{\frac{\sigma_2^2 S_1^2}{\sigma_1^2 S_2^2} > F_{1-\alpha}(n_1-1, n_2-1)\right\} = \alpha,$$

所以

$$P\left\{\frac{S_1^2}{S_2^2} > F_{1-\alpha}(n_1-1, n_2-1)\right\} \leqslant \alpha.$$

因此，否定域为

$$\frac{S_1^2}{S_2^2} > F_{1-\alpha}(n_1-1, n_2-1). \tag{8.12}$$

上述结果汇总列于附表 12 中．

四、成对数据均值的检验

在实际工作中往往会碰到关于两个总体的成对数据的均值的检验问题，在这种情况下两个总体不是独立的．

例如，要考查一种肥料的效能．试验者选取 10 块地，将每块地一分为二，一半施肥料，而另一半不施肥．在这种情况下，每块地施肥和不施肥的产量就形成一组成对的数据．这种试验的方法优于选 20 块地，其中有 10 块地施肥，另 10 块地不施肥．这是因为，成对试验减少了地质、气候等因素的影响，而突出了施肥与不施肥的作用．

设 X 和 Y 是两个正态总体，均值分别为 μ_1 和 μ_2. X 和 Y 不是相互独立的，取成对的样本：$(X_1, Y_1), (X_2, Y_2), \cdots, (X_n, Y_n)$. 要检验 $H_0: \mu_1 = \mu_2$.

可以把这个问题化成单个总体的假设检验．令 $Z = X - Y$，它服从 $N(\mu_1 - \mu_2, \sigma^2)$，则 $Z_i = X_i - Y_i (i=1,2,\cdots,n)$ 是来自总体 Z 的样本．显然，检验 $H_0: \mu_1 = \mu_2$ 等价于检验 $H_0: \mu_1 - \mu_2 = 0$. 于是，把问题归结为上一节第二小节中的情况．

例 8.11 为了鉴定两种工艺方法对产品的性能指标的影响有无显著的差异，对 9 批材料用这两种工艺进行生产，得到该指标的 9 对数据如下：

(0.20, 0.10)， (0.30, 0.21)， (0.40, 0.52)，
(0.50, 0.32)， (0.60, 0.78)， (0.70, 0.59)，
(0.80, 0.68)， (0.90, 0.77)， (1.00, 0.89).

问：根据上述数据，能否说这两种工艺方法对产品性能的影响有显著差异？

解 设对每一批材料用这两种工艺方法生产的产品的性能指标

分别为 X 和 Y. 令 $Z=X-Y$. 由所给的 9 对数据得到 Z 的一组样本值：
0.10，0.09，-0.12，0.18，-0.18，0.11，0.12，0.13，0.11.
假设 $Z \sim N(\mu,\sigma^2)$，其中 $\mu=\mu_1-\mu_2$，μ_1 和 μ_2 分别是 X 和 Y 的均值.

检验 $H_0: \mu=0$. 取统计量

$$T=\frac{\bar{Z}}{S/\sqrt{9}},$$

其中 S 是 Z 的样本均方差. 当 H_0 成立时，$T \sim t(8)$. 取 $\alpha=0.05$，查附表 4 得 $t_{0.975}(8)=2.306$，故否定域为

$$|T|>2.306.$$

由样本值计算得

$$\bar{z}=0.06, \quad s^2=0.015, \quad |T|=1.5<2.306.$$

因样本值没有落入否定域，故接受 H_0，即认为这两种工艺方法对产品性能的影响没有显著差异.

五、假设检验与区间估计的关系

从这两节可能已经发现，正态总体期望与方差的假设检验与区间估计有很多相似的地方. 实际上，两者是紧密相关的. 以总体 $X \sim N(\mu,\sigma^2)$，已知 σ^2，关于 μ 的区间估计和假设检验为例，对比如下：

区间估计   假设检验 ($H_0: \mu=\mu_0$)

$$\frac{\bar{X}-\mu}{\sigma/\sqrt{n}} \sim N(0,1) \qquad \frac{\bar{X}-\mu_0}{\sigma/\sqrt{n}} \sim N(0,1) \text{（假设 } H_0 \text{ 成立）}$$

$$P\left\{\left|\frac{\bar{X}-\mu}{\sigma/\sqrt{n}}\right|<u_{1-\alpha/2}\right\}=1-\alpha \qquad P\left\{\left|\frac{\bar{X}-\mu_0}{\sigma/\sqrt{n}}\right|>u_{1-\alpha/2}\right\}=\alpha$$

μ 的置信区间：$(\bar{X}-\delta,\bar{X}+\delta)$ 否定域：$\left|\frac{\bar{X}-\mu_0}{\sigma/\sqrt{n}}\right|>u_{1-\alpha/2}$

其中 $\delta=u_{1-\alpha/2}\frac{\sigma}{\sqrt{n}}$.

由上面可以看出，样本值落入否定域 $\Longleftrightarrow \mu_0$ 落在 μ 的置信区间之外. 实际上，假设检验接受置信区间内的所有值. 其他情况都与此类似.

§4 总体分布函数的假设检验

前面两节是在已知总体分布的条件下,检验它的某个未知参数,称作**参数假设检验**.参数假设检验的方法依赖于总体分布.不依赖于总体分布的假设检验称为**非参数假设检验**.本节和下一节介绍非参数假设检验.

现在的问题是如何确定总体服从的分布.有时可以从理论上推导出总体的分布,但多数情况是要根据数据来推断.具体做法是:先根据直方图或频率分布表从直观上估计出总体的分布,再检验它是否服从这个分布.本节介绍检验总体分布函数的**皮尔逊**(Pearson)χ^2**检验法**.

给定样本值 $x_1, x_2, \cdots, x_n$.要根据这组样本值,检验总体 X 的分布函数是否为 $F(x)$.

原假设 H_0:X 的分布函数为 $F(x)$.

这里 $F(x)$ 是已知的分布函数,$F(x)$ 中不应含有未知的参数.通常 $F(x)$ 中都含有若干未知参数,这时必须用样本的估计值来代替它们.例如,对于正态分布 $N(\mu, \sigma^2)$,取 $\mu = \bar{x}, \sigma^2 = m'_2$($M'_2$ 的观察值).

取 $k-1$ 个点
$$t_1 < t_2 < \cdots < t_{k-1},$$
把实数轴划分成 k 个区间
$$(-\infty, t_1], \quad (t_1, t_2], \quad \cdots, \quad (t_{k-1}, +\infty).$$
设样本值 $x_1, x_2, \cdots, x_n$ 中落入第 i 个区间 $(t_{i-1}, t_i]$ 的个数为 ν_i,其频率为 $\nu_i/n (1 \leqslant i \leqslant k)$,这里记 $t_0 = -\infty, t_k = +\infty$.

如果原假设 H_0 成立,则 X 落入第 i 个区间的概率为
$$p_i = F(t_i) - F(t_{i-1}), \quad i = 1, 2, \cdots, k.$$
根据大数定律,当 n 很大时,$\left| \dfrac{\nu_i}{n} - p_i \right|$ 都应该比较小,从而
$$\sum_{i=1}^{k} \left(\frac{\nu_i}{n} - p_i \right)^2 \frac{n}{p_i} = \sum_{i=1}^{k} \frac{(\nu_i - np_i)^2}{np_i}$$
也应该不很大.添加因子 $\dfrac{1}{p_i}$ 是为了不仅考虑到 $\dfrac{\nu_i}{n}$ 与 p_i 的绝对误

差,还考虑到它们的相对误差.取这个量作为检验用的统计量.可以证明下述定理:

定理 8.1 假设 H_0 成立,则当 n 充分大时,

$$V = \sum_{i=1}^{k} \frac{(\nu_i - np_i)^2}{np_i} \tag{8.13}$$

近似服从自由度为 $k-r-1$ 的 χ^2 分布,其中 r 是 $F(x)$ 中用最大似然估计法估计的未知参数的个数.

给定显著性水平 $\alpha(0<\alpha<1)$,根据上述定理,可取否定域为

$$V > \chi^2_{1-\alpha}(k-r-1). \tag{8.14}$$

在运用皮尔逊 χ^2 检验法时,要注意下述两点:样本容量 n 必须充分大和每一个理论频数 np_i 不能太小.通常要求 $n \geqslant 50$,最好是 $n \geqslant 100$,而 np_i 不小于 5. 否则,应将某些紧邻的组合并,以使合并后的组的 $np_i \geqslant 5$.

例 8.12 根据例 6.2 的数据,用皮尔逊 χ^2 检验法检验袋装食盐的重量是否服从正态分布 $N(\mu, \sigma^2)$,其中 $\mu = 0.5$ kg.

解 这里已知 $\mu = 0.5$ kg,这是因为一袋食盐的额定重量为 0.5 kg. 方差 σ^2 未知,需要用样本值来估计. 已知正态分布 $N(\mu, \sigma^2)$ 中 σ^2 的最大似然估计量是 M_2',计算得 $m_2' = 0.016^2$. 取 $\sigma^2 = m_2'^2 = 0.016^2$. 检验

$$H_0 : X \sim N(0.5, 0.016^2).$$

主要工作量是计算统计量 V 的值.仍采用例 6.2 中的分组,只是在这里应把 t_0 和 t_{10} 改为 $-\infty$ 和 $+\infty$. 设 $N(0.5, 0.016^2)$ 的分布函数为 $F(x)$,则 x 落入第 i 个区间 $(t_{i-1}, t_i]$ 的概率为

$$p_i = F(t_i) - F(t_{i-1}), \quad i = 1, 2, \cdots, 10,$$

其中 $F(t_0) = 0, F(t_{10}) = 1, F(t_i) = \Phi\left(\dfrac{t_i - 0.5}{0.016}\right), i = 1, 2, \cdots, 9.$

有关数据及计算结果列于表 8.2 中,其中频数 ν_i 由表 6.4 提供,表中 8,9,10 三组的 np_i 值太小,合并成一组,所以组数 $k = 8$. 有一个被估计的参数 σ^2,故 $r = 1$.

表 8.2

组号	范围	ν_i	p_i	np_i	$\nu_i - np_i$	$\dfrac{(\nu_i - np_i)^2}{np_i}$
1	$(-\infty, 0.4765]$	6	0.0708	7.08	1.08	0.1674
2	$(0.4765, 0.4845]$	8	0.0952	9.52	-1.52	0.2427
3	$(0.4845, 0.4925]$	20	0.1532	15.32	4.68	1.4297
4	$(0.4925, 0.5005]$	23	0.1928	19.28	3.72	0.7178
5	$(0.5005, 0.5085]$	14	0.1899	18.99	-4.99	1.3112
6	$(0.5085, 0.5165]$	11	0.1466	14.66	-3.66	0.9138
7	$(0.5165, 0.5245]$	9	0.0885	8.85	0.15	0.0025
8	$(0.5245, 0.5325]$	5	0.0428	4.28	2.90	1.3787
9	$(0.5325, 0.5405]$	2	0.0148	1.48		
10	$(0.5405, +\infty)$	2	0.0054	0.54		
合计		100	1.0000			6.1638

取显著性水平 $\alpha = 0.05$,查附表 3 得 $\chi^2_{0.95}(8-1-1) = 12.592$. 因 $V = 6.1638$,样本值未落入否定域,故可以认为每袋食盐的重量服从正态分布 $N(0.5, 0.016^2)$.

注 如果不能事先已知 $\mu = 0.5$ kg,则需要用样本均值 $\bar{x}$ 作为 μ 的估计值. 这时,$r = 2$,χ^2 分布的自由度为 $8 - 2 - 1 = 5$.

皮尔逊 χ^2 检验法也适用于检验离散型随机变量的分布律,举例如下:

例 8.13 根据孟德尔的遗传学说,将两种豌豆杂交,四种类型的种子 A,B,C,D 应以 9:3:3:1 的比率出现. 在试验中得到 A 型种子 102 粒,B 型 30 粒,C 型 42 粒,D 型 15 粒,问:这个结果与孟德尔的遗传学说是否一致?

解 根据孟德尔的遗传学说,获得 A,B,C,D 型种子的概率分别为 $9/16, 3/16, 3/16, 1/16$.

原假设 H_0:种子的类型服从上述分布律.

计算结果如表 8.3 所示. 取 $\alpha = 0.05$,查附表 3 得 $\chi^2_{0.95}(4-1) = 7.815$. 因 $V = 3.097$,样本值未落入否定域,故认为试验结果与孟德

尔的遗传学说一致.

表 8.3

种子类型	ν_i	p_i	np_i	$\nu_i - np_i$	$\dfrac{(\nu_i - np_i)^2}{np_i}$
A	102	9/16	106.3	−4.3	0.174
B	30	3/16	35.4	−5.4	0.824
C	42	3/16	35.4	6.6	1.231
D	15	1/16	11.8	3.2	0.868
合计	189	1	188.9		3.097

§5 两个总体分布相同的假设检验

本节介绍两个非参数检验方法：符号检验法与秩和检验法，用来检验两个连续型总体是否具有相同的分布.

一、符号检验法

设两个连续型总体 X 和 Y，其概率密度分别为 $f_1(x)$ 和 $f_2(y)$，分布函数分别为 $F_1(x)$ 和 $F_2(x)$. 分别从每个总体相互独立地抽取容量为 n 的样本，并随机地将它们配对得到 $(X_1, Y_1), (X_2, Y_2), \cdots, (X_n, Y_n)$. 现在感兴趣的不是 X 和 Y 分别服从什么分布，而是要问它们是否服从相同的分布. 因而，原假设可以取为

$$H_0: F_1(x) \equiv F_2(x).$$

记 $X_i > Y_i, X_i = Y_i, X_i < Y_i (i=1,2,\cdots,n)$ 的个数分别为 n_+, n_0, n_-. 令 $N = n_+ + n_-$.

直观上，当 H_0 成立时，$\{X_i > Y_i\}$ 和 $\{X_i < Y_i\}$ 的概率相等，n_+ 和 n_- 应相差不大. 或者说，当 N 固定时，$\min\{n_+, n_-\}$ 不应太小. 否则，应该认为 H_0 不成立. 取

$$\nu = \min\{n_+, n_-\} \tag{8.15}$$

作为检验用的统计量. 下面考虑 ν 服从的分布及其否定域. 先计算：

$$P\{X > Y\} = \iint\limits_{x > y} f_1(x) f_2(y) \mathrm{d}x \mathrm{d}y$$

$$= \int_{-\infty}^{+\infty} dx \int_{-\infty}^{x} f_1(x) f_2(y) dy$$

$$= \int_{-\infty}^{+\infty} f_1(x) F_2(x) dx \qquad (8.16)$$

$$= F_1(x) F_2(x) \Big|_{-\infty}^{+\infty} - \int_{-\infty}^{+\infty} F_1(x) f_2(x) dx$$

$$= 1 - \int_{-\infty}^{+\infty} F_1(x) f_2(x) dx. \qquad (8.17)$$

假设 H_0 成立,那么

$$F_1(x) \equiv F_2(x), \quad f_1(x) \equiv f_2(x),$$

从而有

$$\int_{-\infty}^{+\infty} F_1(x) f_2(x) dx = \int_{-\infty}^{+\infty} f_1(x) F_2(x) dx.$$

于是由(8.16)式和(8.17)式得到

$$P\{X > Y\} = 1 - P\{X > Y\}.$$

所以

$$P\{X > Y\} = 1/2. \qquad (8.18)$$

同理可证,当 H_0 成立时,

$$P\{X < Y\} = 1/2. \qquad (8.18)'$$

于是,n_+ 和 n_- 都服从二项分布 $B\left(N, \dfrac{1}{2}\right)$,即

$$P\{n_+ = k\} = P\{n_- = k\} = C_N^k \left(\frac{1}{2}\right)^N, \quad k = 0, 1, \cdots, N.$$

当 $\tau < \dfrac{N}{2}$ 时,有

$$P\{\min\{n_+, n_-\} \leqslant \tau\} = 2 \sum_{k=0}^{\tau} C_N^k \left(\frac{1}{2}\right)^N.$$

把使得

$$\sum_{i=0}^{\tau} C_N^i \left(\frac{1}{2}\right)^N \leqslant \frac{\alpha}{2}$$

的最大整数 τ 记作 ν_α,那么对给定的显著性水平 $\alpha(0 < \alpha < 1)$,否定域为

$$\min\{n_+, n_-\} \leqslant \nu_\alpha. \qquad (8.19)$$

附表 7 给出了 ν_α 的值.

当 N 充分大(如 $N>90$)时,根据棣莫佛-拉普拉斯中心极限定理,n_+ 近似服从正态分布 $N\left(\dfrac{N}{2},\dfrac{N}{4}\right)$,即 $\dfrac{n_+ - N/2}{\sqrt{N/4}}$ 近似地服从标准正态分布 $N(0,1)$,否定域可取为

$$\left|\frac{n_+ - N/2}{\sqrt{N/4}}\right| > u_{1-\alpha/2}. \tag{8.20}$$

注意到,当 n 充分大时,n_- 也近似服从正态分布 $N\left(\dfrac{N}{2},\dfrac{N}{4}\right)$,故还可以把否定域仍取作(8.19)式,其中

$$\nu_\alpha = \frac{N}{2} - u_{1-\alpha/2}\sqrt{\frac{N}{4}}. \tag{8.21}$$

例 8.14 纺纱车间对前纺甲、乙班用同一原料进行棉条均匀度试验,测得数据如表 8.4 所示. 试问:这两个班生产的棉条均匀度有无显著差异(显著性水平 $\alpha=0.10$)?

表 8.4

甲	14.8	15.1	15.3	14.9	15.5	14.4	14.7	14.8	15.2	15.0
乙	14.6	15.2	15.5	14.8	15.3	14.7	14.0	14.4	15.4	15.0
符号	+	−	−	+	+	−	+	+	−	0
甲	14.7	14.4	14.6	15.0	14.8	14.9	15.2	14.8	15.4	15.3
乙	14.5	14.8	14.7	15.3	14.7	14.6	14.9	14.9	15.1	15.0
符号	+	−	−	−	+	+	+	−	+	+

解 检验 H_0:甲、乙两班生产的棉条均匀度服从同一分布.

由表 8.4 知

$$n_+ = 11,\ n_- = 8,\ n_0 = 1,\ N = 19,\ \nu = \min\{n_+, n_-\} = 8.$$

已知 $\alpha = 0.10$,查附表 7 得 $\nu_{0.10} = 5$. 因 $\nu > 5$,样本值未落入否定域,故接受 H_0,即认为这两个班生产的棉条均匀度无显著差异.

二、秩和检验法

设两个连续型总体 X 和 Y,其分布函数分别为 $F_1(x)$ 和 $F_2(y)$;$X_1, X_2, \cdots, X_{n_1}$ 和 $Y_1, Y_2, \cdots, Y_{n_2}$ 分别是来自总体 X 和 Y 的两个相互

独立的样本,这里不要求 $n_1=n_2$.

原假设 $H_0: F_1(x) \equiv F_2(x)$.

我们把 $X_1, X_2, \cdots, X_{n_1}$ 和 $Y_1, Y_2, \cdots, Y_{n_2}$ 合并在一起,由小到大顺序排列成一个混合样本:

$$Z_1 \leqslant Z_2 \leqslant \cdots \leqslant Z_{n_1+n_2}.$$

每一个 Z_k 是某个 X_i 或 Y_j. 我们称 k 为 Z_k 在混合样本 $Z_1, Z_2, \cdots, Z_{n_1+n_2}$ 中的**秩**. 设 $X_1, X_2, \cdots, X_{n_1}$ 在混合样本中的秩为 $r_1, r_2, \cdots, r_{n_1}$,令

$$T = r_1 + r_2 + \cdots + r_{n_1}. \tag{8.22}$$

称 T 为样本 $X_1, X_2, \cdots, X_{n_1}$ 在混合样本中的**秩和**.

当 H_0 成立时,X 和 Y 的分布相同,每一个 X_i 和 Y_j 出现在混合样本 $Z_1, Z_2, \cdots, Z_{n_1+n_2}$ 的某一个位置上的可能性相同. 考虑样本容量较小的那个样本,不妨设 $n_1 \leqslant n_2$. 直观上,$X_1, X_2, \cdots, X_{n_1}$ 集中在混合样本的左端或集中在右端的可能性都比较小. 换句话说,T 比较小 $\left(\text{接近}\ 1+2+\cdots+n_1 = \dfrac{n_1(n_1+1)}{2}\right)$ 或比较大 $\left(\text{接近}\ (n_2+1)+(n_2+2)+\cdots+(n_2+n_1) = \dfrac{n_1(n_1+1)}{2}+n_1 n_2\right)$ 的可能性都比较小. $r_1, r_2, \cdots, r_{n_1}$ 共有 $(n_2+1)(n_2+2)\cdots(n_2+n_1)$ 个可能的值,取到每一个值的可能性相同. 把对应的秩和 T 从小到大顺序排列:

$$T_1 \leqslant T_2 \leqslant \cdots \leqslant T_{(n_2+1)\cdots(n_2+n_1)}.$$

对于 $0<\alpha<1$,设 $h(\alpha)$ 是使

$$\frac{h}{(n_2+1)\cdots(n_2+n_1)} \leqslant \frac{\alpha}{2}$$

成立的最大的 h. 记

$$T_1(\alpha) = T_{h(\alpha)}, \quad T_2(\alpha) = T_{(n_2+1)\cdots(n_2+n_1)-h(\alpha)+1}.$$

$T_1(\alpha)$ 与 $T_2(\alpha)$ 称作显著性水平为 α 的**秩和下限**与**秩和上限**. 附表 8 给出了秩和下限与秩和上限.

对于给定的显著性水平 $\alpha(0<\alpha<1)$,否定域为

$$T \leqslant T_1(\alpha) \quad \text{或} \quad T \geqslant T_2(\alpha). \tag{8.23}$$

这就是**秩和检验法**.

可以证明:当 n_1 和 n_2 都很大 $(n_1, n_2 > 10)$ 时,秩和 T 近似服从

正态分布 $N\left(\dfrac{n_1(n_1+n_2+1)}{2}, \dfrac{n_1 n_2(n_1+n_2+1)}{12}\right)$. 因此,

$$\dfrac{T-n_1(n_1+n_2+1)/2}{\sqrt{n_1 n_2(n_1+n_2+1)/12}}$$

近似服从标准正态分布 $N(0,1)$. 于是,近似地有

$$T_1(\alpha) = \dfrac{n_1(n_1+n_2+1)}{2} - u_{1-\alpha/2}\sqrt{\dfrac{n_1 n_2(n_1+n_2+1)}{12}},$$

$$T_2(\alpha) = \dfrac{n_1(n_1+n_2+1)}{2} + u_{1-\alpha/2}\sqrt{\dfrac{n_1 n_2(n_1+n_2+1)}{12}}.$$

例 8.15 用两种不同规格的灯丝制造灯泡. 现分别从制成的两批灯泡中相互独立地随机各抽取若干个灯泡进行寿命试验,测得数据(单位:h)如表 8.5 所示. 问:在显著性水平 $\alpha=0.1$ 下,由这两种灯丝制成的灯泡其寿命的分布是否相同?

表 8.5

甲	1610	1650	1680	1700	1750	1720	1800
乙	1580	1600	1640	1640	1700		

解 检验 H_0:这两种灯泡寿命的分布相同.

将数据按大小次序排列,如表 8.6 所示. 甲、乙均有 1700 h,并列在第 8,9 位上,它们的秩可取平均数 8.5. 把样本容量较小的乙组作为第一组,$n_1=5, n_2=7$,乙组的秩和为

$$T = 1+2+4+5+8.5 = 20.5.$$

查附表 8 得

$$T_1(0.1) = 22, \quad T_2(0.1) = 43.$$

由于 $T=20.5<22$,样本值落入否定域,应该拒绝 H_0,即认为用这两种不同规格灯丝制成的灯泡其寿命的分布不同.

表 8.6

秩	1	2	3	4	5	6	7	8,9	10	11	12
甲			1610			1650	1680	1700	1720	1750	1800
乙	1580	1600		1640	1640			1700			

习 题 八

1. 在产品检验时,原假设 H_0:产品合格. 为了使"次品混入正品"的可能性很小,在 n 固定的条件下,显著性水平 α 应取大些还是小些?

2. 设正态总体的方差 σ^2 已知,均值只能取 μ_0 或 $\mu_1(>\mu_0)$ 二者之一,$\overline{X}$ 是容量为 n 的样本均值. 取

原假设 $H_0: \mu = \mu_0$, 对立假设 $H_1: \mu = \mu_1 > \mu_0$.

给定显著性水平 α,取否定域为

$$\frac{\overline{X} - \mu_0}{\sigma/\sqrt{n}} > u_{1-\alpha},$$

则犯第二类错误的概率为

$$\beta = P\left\{\frac{\overline{X} - \mu_0}{\sigma/\sqrt{n}} \leq u_{1-\alpha} \,\bigg|\, \mu = \mu_1\right\}.$$

假设 $\dfrac{\mu_1 - \mu_0}{\sigma/\sqrt{n}} > u_{1-\alpha}$,试验证:

(1) $\beta = \Phi\left(u_{1-\alpha} - \dfrac{\mu_1 - \mu_0}{\sigma/\sqrt{n}}\right)$;   (2) $u_{1-\alpha} + u_{1-\beta} = \dfrac{\mu_1 - \mu_0}{\sigma/\sqrt{n}}$;

(3) $n = (u_{1-\alpha} + u_{1-\beta})^2 \dfrac{\sigma^2}{(\mu_1 - \mu_0)^2}$.

并且问:对于固定的 n,α 减小时,β 值如何变化?β 值减少时,α 值如何变化?

3. 一种元件,要求其使用寿命不得低于 1000 h. 现从一批这种元件中随机抽取 25 件,测得样本均值为 950 h. 已知该种元件寿命服从标准差为 $\sigma = 100$ h 的正态分布,试在显著性水平 $\alpha = 0.05$ 下确定这批元件是否合格.

4. 由经验知某零件重量 $X \sim N(\mu, \sigma^2)$,其中 $\mu = 15$ g,$\sigma^2 = 0.05$ g^2. 技术革新后,抽查 6 个样品,测得重量(单位:g)如下:

14.7, 15.1, 14.8, 15.0, 15.2, 14.6.

已知方差不变,问:平均重量是否仍为 15 g(取显著性水平 $\alpha = 0.05$)?

5. 糖厂用自动打包机打包,每包标准重量为 100 kg,每天开工后需检验一次打包机是否能正常工作. 某日开工后测得 9 包糖的重量(单位: kg)如下:

99.3, 98.7, 100.5, 101.2, 98.3, 99.7, 99.5, 102.1, 100.5.

问: 在显著性水平 $\alpha=0.05$ 下,打包机工作是否正常? 已知每包重量服从正态分布.

6. 正常人的脉搏平均为 72 次/分. 某医生测得 10 例慢性四乙基铅中毒患者的脉搏(单位: 次/分)如下:

54, 67, 68, 78, 70, 66, 67, 70, 65, 69.

已知脉搏服从正态分布,问: 在显著性水平 $\alpha=0.05$ 下,慢性四乙基铅中毒者和正常人的脉搏有无显著差异?

7. 用热敏电阻测温仪间接测量地热勘探井底温度,重复测量 7 次,测得温度(单位: ℃)如下:

112.0, 113.4, 111.2, 112.0, 114.5, 112.9, 113.6.

而用某精确办法测得温度为 112.6℃(可看作真值),试问: 用热敏电阻测温仪间接测温有无系统偏差(取显著性水平 $\alpha=0.05$)?

8. 某种导线,要求电阻的标准差不得超过 0.005 Ω. 今在生产的一批导线中取样品 9 根,测得 $s=0.007$ Ω. 设总体服从正态分布,在显著性水平 $\alpha=0.05$ 下,能认为这批导线的标准差显著偏大吗?

9. 机床厂某日从两台机器所加工的同一种零件中,分别抽取 11 个和 9 个样品测量其尺寸,得数据(单位: cm)如下:

第一台机器: 6.2, 5.7, 6.5, 6.0, 6.3, 5.8, 5.7, 6.0, 6.0, 5.8, 6.0;

第二台机器: 5.6, 5.9, 5.6, 5.7, 5.8, 6.0, 5.5, 5.7, 5.5.

已知零件尺寸服从正态分布,问: 在显著性水平 $\alpha=0.05$ 下,加工精度(方差)是否有显著差异?

10. 检验了 26 匹马,测得每 100 mL 的血清中,所含的无机磷平均为 3.29 mL,标准差为 0.27 mL;又检验了 18 头羊,测得每 100 mL 中的血清中含无机磷平均为 3.96 mL,标准差为 0.40 mL. 设马和羊的血清中含无机磷的量服从正态分布,试问: 在显著性水平 $\alpha=0.05$ 下,马和羊的血清中含无机磷的量有无显著差异?

11. 10 位失眠患者,服用甲、乙两种安眠药,延长的睡眠时间如表 8.7 所示. 可以认为服用两种安眠药后增加的睡眠时间服从正态分布. 问: 在显著性水平 $\alpha=0.05$ 下,这两种安眠药的疗效有无显著差异?

表 8.7 (单位: h)

安眠药	a	b	c	d	e	f	g	h	i	j
甲	1.9	0.8	1.1	0.1	−0.1	4.4	5.5	1.6	4.6	3.4
乙	0.7	−1.6	−0.2	−1.2	−0.1	3.4	3.7	0.8	0.0	2.0

12. 为了比较甲、乙两种安眠药的疗效,将 20 个患者分成两组,每组 10 人,甲组病人服用甲种安眠药,乙组病人服用乙种安眠药,其数据仍如表 8.7 所示(自然,数据不再是两两成对了). 设服药后延长的睡眠时间分别近似服从正态分布,问: 两种安眠药的疗效有无显著差异(取显著性水平 $\alpha=0.05$)?

13. 根据习题六第 1 题所提供的数据,检验总体是否服从正态分布(取显著性水平 $\alpha=0.05$).

14. 根据习题六第 2 题所提供的数据,检验总体是否服从正态分布(取显著性水平 $\alpha=0.05$).

15. 对某台细纱机进行断头测定,试验锭子总数为 400,测得断头总次数为 280,分布情况如表 8.8 所示. 在显著性水平 $\alpha=0.05$ 下,判断这台细纱机断头数的分布是否服从泊松分布.

表 8.8

每锭断头数 x_i	0	1	2	3	4	5	6	7	8	合计
频数 ν_i	236	101	34	18	4	3	3	0	1	400

16. 甲、乙两个车间生产同一种产品,要比较这种产品的某项指标,测得数据如表 8.9 所示. 试用符号检验法检验这两个车间所生产产品的该项指标有无显著差异(取显著性水平 $\alpha=0.05$).

表 8.9

甲	1.13	1.26	1.16	1.41	0.86	1.39	1.21	1.22	1.20
乙	1.21	1.31	0.99	1.59	1.41	1.48	1.31	1.12	1.60
甲	0.62	1.18	1.34	1.57	1.30	1.13			
乙	1.38	1.60	1.84	1.95	1.25	1.50			

17. 有 A,B 两种灭蝇药物,为了检验它们的灭蝇效果,做试验测得死亡百分数(单位:%)如下:

A:68,68,59,72,64,67,70,74;

B:60,67,61,62,67,63,56,58.

试用秩和检验法检验这两种药物有无显著差异(取显著性水平 $\alpha=0.1$).

18. 甲、乙两人对从某种化学反应过程中随机抽取的气体进行含二氧化碳百分数的测定,得到数据(单位:%)如下:

甲:14.7,15.0,15.2,14.8,15.5,14.6,14.9,
14.0,15.3,15.8;

乙:14.6,15.1,15.4,14.7,15.9,14.3,15.1,
14.5,13.9,14.1,15.8,15.6.

试用秩和检验法,在显著性水平 $\alpha=0.1$ 下,检验这两个人的测定结果是否有显著差异.

19. 为了检验正二十面体的匀称性,在它的每个面上标一个数字 0,1,…,9,每个数字标两个面.对正二十面体做了 800 次投掷,各数字朝正上方的次数如表 8.10 所示.问:该正二十面体是否是匀称的?(取显著性水平 $\alpha=0.05$)

表 8.10

数字	0	1	2	3	4	5	6	7	8	9
次数	74	92	83	79	80	73	77	75	76	91

第九章 方差分析

在生产过程和科学试验中,常常需要考虑多个因素.例如,在化工生产中,影响结果的因素有配方、设备、温度、压力、催化剂、操作人员等.通常需要通过观察或试验来判断哪些因素是重要的、有显著影响的,哪些因素是次要的、没有显著影响的.方差分析就是用来解决这类问题的方法.本章介绍单因素和双因素的方差分析.

§1 单因素试验的方差分析

在本节,讨论方差分析的最简单的情况.设在试验中,所考查的因素只有一个,即只有一个因素在改变,而其他因素保持不变.我们称这种试验为**单因素试验**,并将因素所处的状态称为**水平**.例如,温度是一个因素,在 50℃,70℃,100℃ 三个温度值下做试验,每个温度值是一个水平,共三个水平.

一、数学模型

设在单因素试验中,所考查的因素为 A,A 共有 s 个水平 A_1,A_2,$\cdots$,A_s. 在水平 $A_j(j=1,2,\cdots,s)$ 下,总体 X_j 服从正态分布 $N(\mu_j,\sigma^2)$,其中 μ_j 和 σ^2 均未知.但这 s 个总体 $X_1,X_2,\cdots,X_s$ 的方差相同,都是 σ^2,这是方差分析的假设前提.在水平 A_j 下,取样本 X_{1j},X_{2j},$\cdots$,$X_{n_j j}(j=1,2,\cdots,s)$,并设这 s 个样本相互独立,于是
$$X_{ij} \sim N(\mu_j,\sigma^2), \quad i=1,2,\cdots,n_j, j=1,2,\cdots,s,$$
且相互独立.记样本的总容量为
$$n = n_1 + n_2 + \cdots + n_s, \tag{9.1}$$
均值的总平均为
$$\mu = \frac{1}{n}\sum_{j=1}^{s} n_j \mu_j. \tag{9.2}$$

令
$$a_j = \mu_j - \mu, \quad j = 1, 2, \cdots, s, \qquad (9.3)$$
称 a_j 为水平 A_j 的**效应**. 显然应有
$$n_1 a_1 + n_2 a_2 + \cdots + n_s a_s = 0. \qquad (9.4)$$
于是可引进下述线性模型来描述样本：
$$\begin{gathered} X_{ij} = \mu + a_j + \varepsilon_{ij}, \\ \varepsilon_{ij} \sim N(0, \sigma^2), \quad i = 1, 2, \cdots, n_j, j = 1, 2, \cdots, s, \end{gathered} \qquad (9.5)$$
其中 ε_{ij} 相互独立, 它们是试验中无法控制的各种因素所引起的, 称作**随机误差**. (9.5)式表示 X_{ij} 可分解成总平均、水平 A_j 的效应以及随机误差三部分之和. 在这里, a_j 反映水平 A_j 对总体的影响. 若在各水平 $A_1, A_2, \cdots, A_s$ 下的均值 $\mu_1, \mu_2, \cdots, \mu_s$ 都相等, 由(9.2)式和(9.3)式可知 a_j 均为零. 否则, 必有一些 a_j 不为零. 方差分析的任务是：检验这 s 个总体的均值是否相等.

取原假设为
$$H_0: a_1 = a_2 = \cdots = a_s = 0, \qquad (9.6)$$
对立假设为
$$H_1: a_1, a_2, \cdots, a_s \text{ 不全为零},$$
则等价的提法是
$$\begin{gathered} H_0: \mu_1 = \mu_2 = \cdots = \mu_s, \\ H_1: \mu_1, \mu_2, \cdots, \mu_s \text{ 不全相等}. \end{gathered} \qquad (9.6)'$$

二、统计分析

1. 参数估计

首先给出 μ, μ_j 以及 a_j 的无偏估计量. 记
$$\bar{X} = \frac{1}{n} \sum_{j=1}^{s} \sum_{i=1}^{n_j} X_{ij}, \qquad (9.7)$$
$$\bar{X}_{\cdot j} = \frac{1}{n_j} \sum_{i=1}^{n_j} X_{ij}, \quad j = 1, 2, \cdots, s. \qquad (9.8)$$
易证 $\bar{X}, \bar{X}_{\cdot j}$ 和 $\bar{X}_{\cdot j} - \bar{X}$ 分别是 μ, μ_j 和 a_j 的无偏估计量.

2. 显著性检验

记

$$S_T = \sum_{j=1}^{s} \sum_{i=1}^{n_j} (X_{ij} - \overline{X})^2. \qquad (9.9)$$

注意到

$$\begin{aligned}(X_{ij} - \overline{X})^2 &= (X_{ij} - \overline{X}_{\cdot j} + \overline{X}_{\cdot j} - \overline{X})^2 \\ &= (X_{ij} - \overline{X}_{\cdot j})^2 + (\overline{X}_{\cdot j} - \overline{X})^2 \\ &\quad + 2(X_{ij} - \overline{X}_{\cdot j})(\overline{X}_{\cdot j} - \overline{X}),\end{aligned}$$

而

$$\begin{aligned}&\sum_{j=1}^{s} \sum_{i=1}^{n_j} (X_{ij} - \overline{X}_{\cdot j})(\overline{X}_{\cdot j} - \overline{X}) \\ &= \sum_{j=1}^{s} \Big[(\overline{X}_{\cdot j} - \overline{X}) \sum_{i=1}^{n_j} (X_{ij} - \overline{X}_{\cdot j})\Big] \\ &= \sum_{j=1}^{s} \Big[(\overline{X}_{\cdot j} - \overline{X}) \Big(\sum_{i=1}^{n_j} X_{ij} - n_j \overline{X}_{\cdot j}\Big)\Big] = 0,\end{aligned}$$

记

$$S_E = \sum_{j=1}^{s} \sum_{i=1}^{n_j} (X_{ij} - \overline{X}_{\cdot j})^2, \qquad (9.10)$$

$$S_A = \sum_{j=1}^{s} \sum_{i=1}^{n_j} (\overline{X}_{\cdot j} - \overline{X})^2 = \sum_{j=1}^{s} n_j (\overline{X}_{\cdot j} - \overline{X})^2, \qquad (9.11)$$

于是

$$S_T = S_E + S_A. \qquad (9.12)$$

称 S_T 为**总离差平方和**,S_E 为**误差平方和**,S_A 为**组间离差平方和**. 称公式(9.12)为**平方和分解公式**.

利用 ε_{ij} 可以更清楚地看到 S_E, S_A 的含意. 记

$$\bar{\varepsilon} = \frac{1}{n} \sum_{j=1}^{s} \sum_{i=1}^{n_j} \varepsilon_{ij}, \qquad (9.13)$$

$$\bar{\varepsilon}_{\cdot j} = \frac{1}{n_j} \sum_{i=1}^{n_j} \varepsilon_{ij}, \quad j = 1, 2, \cdots, s. \qquad (9.14)$$

$\bar{\varepsilon}$ 是随机误差的总均值,$\bar{\varepsilon}_{\cdot j}$ 是在水平 A_j 下的随机误差的均值. 由

(9.5)式可知
$$\overline{X} = \mu + \overline{\varepsilon}, \quad (9.15)$$
$$\overline{X}_{\cdot j} = \mu + a_j + \overline{\varepsilon}_{\cdot j}, \quad j = 1, 2, \cdots, s, \quad (9.16)$$
于是
$$S_E = \sum_{j=1}^{s} \sum_{i=1}^{n_j} (\varepsilon_{ij} - \overline{\varepsilon}_{\cdot j})^2, \quad (9.17)$$
$$S_A = \sum_{j=1}^{s} n_j (a_j + \overline{\varepsilon}_{\cdot j} - \overline{\varepsilon})^2. \quad (9.18)$$

这说明,S_E 完全由随机误差引起,而 S_A 除随机误差外还含有各水平的效应 a_j. 当 a_j 不全为零时,S_A 主要反映了这些效应的差异.

平方和分解公式说明,总离差平方和可以分解成误差平方和与组间离差平方和. 直观上看,若 H_0 成立,各水平的效应为零,S_A 中也只含随机误差,因而 S_A 与 S_E 相比较不应太大.

具体地说,当 H_0 成立时,$X_{ij} \sim N(\mu, \sigma^2)$ $(i = 1, 2, \cdots, n_j; j = 1, 2, \cdots, s)$ 且相互独立. 根据定理 6.6 的推论及定理 6.8,有
$$\frac{S_A}{\sigma^2} \sim \chi^2(s-1), \quad (9.19)$$
$$\frac{S_E}{\sigma^2} \sim \chi^2(n-s), \quad (9.20)$$
$$F_A = \frac{(n-s)S_A}{(s-1)S_E} \sim F(s-1, n-s). \quad (9.21)$$

于是,对于给定的显著性水平 $\alpha (0 < \alpha < 1)$,有
$$P\{F_A > F_{1-\alpha}(s-1, n-s)\} = \alpha,$$
取否定域为
$$F_A > F_{1-\alpha}(s-1, n-s). \quad (9.22)$$

为了帮助记忆,还可以从下面的分析直接看出自由度. 因
$$S_T = \sum_{j=1}^{s} \sum_{i=1}^{n_j} (X_{ij} - \overline{X})^2$$
是 n 个变量 $X_{ij} - \overline{X}$ 的平方和,有一个线性约束
$$\sum_{j=1}^{s} \sum_{i=1}^{n_j} (X_{ij} - \overline{X}) = 0,$$

故 S_T 的自由度为 $n-1$。因

$$S_E = \sum_{j=1}^{s} \sum_{i=1}^{n_j} (X_{ij} - \overline{X}_{\cdot j})^2$$

是 n 个变量的平方和,有 s 个线性约束

$$\sum_{i=1}^{n_j} (X_{ij} - \overline{X}_{\cdot j}) = 0, \quad j = 1, 2, \cdots, s,$$

故 S_E 的自由度为 $n-s$。而

$$S_A = \sum_{j=1}^{s} n_j (\overline{X}_{\cdot j} - \overline{X})^2$$

是 s 个变量 $\sqrt{n_j}(\overline{X}_{\cdot j} - \overline{X})$ 的平方和,有一个线性约束

$$\sum_{j=1}^{s} \sqrt{n_j} [\sqrt{n_j}(\overline{X}_{\cdot j} - \overline{X})] = 0,$$

故 S_A 的自由度为 $s-1$。

S_T 的自由度等于 S_E 和 S_A 的自由度之和。

上述分析结果常常列成表 9.1 的形式,称为**方差分析表**。

表 9.1

方差来源	平方和	自由度	F 值	分位数	显著性
组间	S_A	$s-1$	$F_A = \dfrac{(n-s)S_A}{(s-1)S_E}$	$F_{1-\alpha}(s-1, n-s)$	
误差	S_E	$n-s$			
合计	S_T	$n-1$			

当 $F_A > F_{0.95}(s-1, n-s)$ 时,称为**显著**,记为 *;

当 $F_A > F_{0.99}(s-1, n-s)$ 时,称为**高度显著**,记为 **.

3. 平方和的计算

为了计算 $F_A = \dfrac{(n-s)S_A}{(s-1)S_E}$,我们给出下面的计算公式。

记

$$CT = \frac{1}{n} \Big(\sum_{j=1}^{s} \sum_{i=1}^{n_j} X_{ij} \Big)^2 = \frac{1}{n} \Big(\sum_{j=1}^{s} T_j \Big)^2, \qquad (9.23)$$

其中

$$T_j = \sum_{i=1}^{n_j} X_{ij}, \quad j = 1, 2, \cdots, s, \tag{9.24}$$

称 CT 为**修正项**. S_T, S_A, S_E 分别有下述计算公式：

$$S_T = \sum_{j=1}^{s} \sum_{i=1}^{n_j} X_{ij}^2 - CT, \tag{9.25}$$

$$S_A = \sum_{j=1}^{s} \frac{T_j^2}{n_j} - CT, \tag{9.26}$$

$$S_E = S_T - S_A. \tag{9.27}$$

事实上，

$$\begin{aligned} S_T &= \sum_{j=1}^{s} \sum_{i=1}^{n_j} (X_{ij} - \overline{X})^2 \\ &= \sum_{j=1}^{s} \sum_{i=1}^{n_j} X_{ij}^2 - 2\overline{X} \sum_{j=1}^{s} \sum_{i=1}^{n_j} X_{ij} + n\overline{X}^2 \\ &= \sum_{j=1}^{s} \sum_{i=1}^{n_j} X_{ij}^2 - n\overline{X}^2 \\ &= \sum_{j=1}^{s} \sum_{i=1}^{n_j} X_{ij}^2 - \frac{1}{n} \Big(\sum_{j=1}^{s} \sum_{i=1}^{n_j} X_{ij} \Big)^2 \\ &= \sum_{j=1}^{s} \sum_{i=1}^{n_j} X_{ij}^2 - CT. \end{aligned}$$

这就证明了 (9.25) 式. 其实它不过是 (6.1) 式的双和号形式. 又

$$\begin{aligned} S_A &= \sum_{j=1}^{s} n_j (\overline{X}_{\cdot j} - \overline{X})^2 = \sum_{j=1}^{s} \sum_{i=1}^{n_j} (\overline{X}_{\cdot j} - \overline{X})^2 \\ &= \sum_{j=1}^{s} \sum_{i=1}^{n_j} \overline{X}_{\cdot j}^2 - \frac{1}{n} \Big(\sum_{j=1}^{s} \sum_{i=1}^{n_j} \overline{X}_{\cdot j} \Big)^2 \\ &= \sum_{j=1}^{s} n_j \Big(\frac{T_j}{n_j} \Big)^2 + \frac{1}{n} \Big(\sum_{j=1}^{s} T_j \Big)^2 \\ &= \sum_{j=1}^{s} \frac{T_j^2}{n_j} - CT. \end{aligned}$$

这就证明了 (9.26) 式. 由公式 (9.12) 立即可得 (9.27) 式.

三、应用举例

例 9.1 考查一种人造纤维在不同温度的水中浸泡后的缩水率. 在 40℃,50℃,⋯,90℃ 的水中分别进行 4 次试验,得到该种纤维在每次试验中的缩水率如表 9.2 所示. 试问:浸泡水的温度对缩水率有无显著影响?

表 9.2 (单位:%)

水平 j（温度） 试验号 i	1 (40℃)	2 (50℃)	3 (60℃)	4 (70℃)	5 (80℃)	6 (90℃)	合计
1	4.3	6.1	10.0	6.5	9.3	9.5	
2	7.8	7.3	4.8	8.3	8.7	8.8	
3	3.2	4.2	5.4	8.6	7.2	11.4	
4	6.5	4.1	9.6	8.2	10.1	7.8	
T_j	21.8	21.7	29.8	31.6	35.3	37.5	177.7
n_j	4	4	4	4	4	4	24
$\bar{x}_{\cdot j}$	5.45	5.425	7.45	7.90	8.825	9.375	$\bar{x}=7.404$

解 (1) 首先计算 $T_j (1 \leqslant j \leqslant 6)$ 和 $\sum_{j=1}^{6} T_j$,结果列在表 9.2 中. 然后按公式(9.25)~(9.27)计算 CT, S_T, S_A 和 S_E,这里 $n_j = 4 (j=1,2,\cdots,6), n=24, s=6$:

$$CT = \frac{1}{24}\left(\sum_{j=1}^{6} T_j\right)^2 = \frac{1}{24} \times 177.7^2 = 1315.27,$$

$$S_T = \sum_{j=1}^{6} \sum_{i=1}^{4} x_{ij}^2 - CT$$

$$= (4.3^2 + 7.8^2 + \cdots + 7.8^2) - 1315.27 = 112.27,$$

$$S_A = \sum_{j=1}^{6} \frac{T_j^2}{n_j} - CT$$

$$= \frac{1}{4}(21.8^2 + 21.7^2 + \cdots + 37.5^2) - 1315.27 = 56,$$

$$S_E = S_T - S_A = 112.27 - 56 = 56.27.$$

(2) 确定自由度.

S_T 的自由度为 $n-1=24-1=23$；S_A 的自由度为 $s-1=6-1=5$；S_E 的自由度为 $n-s=24-6=18$.

(3) $F_A = \dfrac{18S_A}{5S_E} = \dfrac{18\times 56}{5\times 56.27} = 3.583$.

(4) 由附表 5 查得

$$F_{0.95}(5,18) = 2.77, \quad F_{0.99}(5,18) = 4.25.$$

由于 3.583 大于 2.77，但小于 4.28，故认为浸泡水的温度对缩水率有显著影响，但不能说有高度显著的影响.

计算结果列于表 9.3 中.

表 9.3

方差来源	平方和	自由度	F 值	分位数	显著性
温度	56	5	3.583	$F_{0.05}=2.77$	*
误差	56.27	18			
合计	112.27	23			

§2 双因素试验的方差分析

当有两个因素时，除每个因素的影响之外，还有这两个因素的搭配问题. 看表 9.4 中的两组试验结果，都有两个因素 A 和 B，每个因素取两个水平.

表 9.4

(a)

B \ A	A_1	A_2
B_1	20	50
B_2	60	90

(b)

B \ A	A_1	A_2
B_1	20	50
B_2	100	80

在表 9.4(a) 中，无论 B 是什么水平 (B_1 或者 B_2)，水平 A_2 下的结果总比 A_1 下的结果高 30；同样地，无论 A 是什么水平，B_2 下的结果总比 B_1 下的结果高 40. 这说明，A 和 B 单独地各自影响结果，互

相之间没有作用.

在表 9.4(b)中,当 B 为 B_1 时,A_2 下的结果比 A_1 下的结果高 30;而当 B 为 B_2 时,A_1 下的结果比 A_2 下的结果高 20. 类似地,当 A 为 A_1 时,B_2 下的结果比 B_1 下的结果高 80;而当 A 为 A_2 时,B_2 下的结果比 B_1 下的结果高 30. 这表明,A 的作用与 B 所取的水平有关,而 B 的作用也与 A 所取的水平有关. 也就是说,A 和 B 不仅各自对结果有影响,而且它们的搭配方式也有影响. 这种影响称作因素 A 和 B 的**交互作用**,记作 $A \times B$. 在双因素试验的方差分析中,不仅要检验水平 A 和 B 的作用,还要检验它们的交互作用.

一、数学模型

设有两个因素 A 和 B,因素 A 取 r 个水平 $A_1, A_2, \cdots, A_r$,因素 B 取 s 个水平 $B_1, B_2, \cdots B_s$. 在每一水平组合 (A_i, B_j) 下做 $t(\geqslant 2)$ 次重复试验,其结果为 $X_{ijk}(i=1,2,\cdots,r; j=1,2,\cdots,s; k=1,2,\cdots,t)$. 假设在 (A_i, B_j) 下的试验结果相互独立,且都服从 $N(\mu_{ij}, \sigma^2)$. 令

$$\left. \begin{aligned} \mu &= \frac{1}{rs} \sum_{i=1}^{r} \sum_{j=1}^{s} \mu_{ij}, & & \\ \mu_{i\cdot} &= \frac{1}{s} \sum_{j=1}^{s} \mu_{ij}, & & i=1,2,\cdots,r, \\ \mu_{\cdot j} &= \frac{1}{r} \sum_{i=1}^{r} \mu_{ij}, & & j=1,2,\cdots,s, \\ a_i &= \mu_{i\cdot} - \mu, & & i=1,2,\cdots,r, \\ b_j &= \mu_{\cdot j} - \mu, & & j=1,2,\cdots,s, \\ (ab)_{ij} &= \mu_{ij} - \mu - a_i - b_j, & & i=1,2,\cdots,r,\ j=1,2,\cdots,s. \end{aligned} \right\} \quad (9.28)$$

显然有

$$\left. \begin{aligned} \sum_{i=1}^{r} a_i = 0, \quad & \sum_{j=1}^{s} b_j = 0, \\ \sum_{i=1}^{r} (ab)_{ij} = 0, \quad & \sum_{j=1}^{s} (ab)_{ij} = 0, \end{aligned} \right\} \quad (9.29)$$

于是

$$\mu_{ij} = \mu + a_i + b_j + (ab)_{ij}, \tag{9.30}$$

其中 μ 是总平均，a_i 是 A_i 的效应，b_j 是 B_j 的效应，$(ab)_{ij}$ 是 A_i 和 B_j 的交互作用 $A_i \times B_j$ 的效应.

令
$$X_{ijk} = \mu + a_i + b_j + (ab)_{ij} + \varepsilon_{ijk}, \tag{9.31}$$

其中
$$\varepsilon_{ijk} \sim N(0, \sigma^2), \quad i = 1, 2, \cdots, r, \ j = 1, 2, \cdots, s, \ k = 1, 2, \cdots, t, \tag{9.32}$$

ε_{ijk} 是随机误差.

要检验因素 A, B 以及交互作用 $A \times B$ 是否显著，原假设有三个：

$$H_0 : a_1 = a_2 = \cdots = a_r = 0; \tag{9.33}$$
$$H_0' : b_1 = b_2 = \cdots = b_s = 0; \tag{9.34}$$
$$H_0'' : (ab)_{ij} = 0, \quad i = 1, 2, \cdots, r, \ j = 1, 2, \cdots, s. \tag{9.35}$$

二、统计分析

1. 参数估计

记

$$\left. \begin{aligned} \overline{X} &= \frac{1}{rst} \sum_{i=1}^{r} \sum_{j=1}^{s} \sum_{k=1}^{t} X_{ijk}, \\ \overline{X}_{i..} &= \frac{1}{st} \sum_{j=1}^{s} \sum_{k=1}^{t} X_{ijk}, \quad i = 1, 2, \cdots, r, \\ \overline{X}_{.j.} &= \frac{1}{rt} \sum_{i=1}^{r} \sum_{k=1}^{t} X_{ijk}, \quad j = 1, 2, \cdots, s, \\ \overline{X}_{ij.} &= \frac{1}{t} \sum_{k=1}^{t} X_{ijk}, \quad i = 1, 2, \cdots, r, \ j = 1, 2, \cdots, s. \end{aligned} \right\} \tag{9.36}$$

不难验证
$$E(\overline{X}) = \mu, \quad E(\overline{X}_{i..}) = \mu_{i.},$$
$$E(\overline{X}_{.j.}) = \mu_{.j}, \quad E(\overline{X}_{ij.}) = \mu_{ij},$$

因此 $\overline{X}, \overline{X}_{i..}, \overline{X}_{.j.}, \overline{X}_{ij.}$ 分别是 $\mu, \mu_{i.}, \mu_{.j}, \mu_{ij}$ 的无偏估计量. 又不难验

证
$$E(\overline{X}_{i..} - \overline{X}) = a_i, \quad E(\overline{X}_{.j.} - \overline{X}) = b_j,$$
$$E(\overline{X}_{ij.} - \overline{X}_{i..} - \overline{X}_{.j.} + \overline{X}) = (ab)_{ij},$$

从而得到 $\mu, a_i, b_j, (ab)_{ij}$ 的无偏估计量:

$$\left.\begin{aligned}
\hat{\mu} &= \overline{X}, \\
\hat{a}_i &= \overline{X}_{i..} - \overline{X}, & i &= 1,2,\cdots,r, \\
\hat{b}_j &= \overline{X}_{.j.} - \overline{X}, & j &= 1,2,\cdots,s, \\
\widehat{(ab)}_{ij} &= \overline{X}_{ij.} - \overline{X}_{i..} - \overline{X}_{.j.} + \overline{X}, & i &= 1,2,\cdots,r, j=1,2,\cdots,s.
\end{aligned}\right\}$$
(9.37)

2. 显著性检验

考虑总离差平方和

$$S_T = \sum_{i=1}^{r}\sum_{j=1}^{s}\sum_{k=1}^{t}(X_{ijk} - \overline{X})^2. \tag{9.38}$$

由

$$X_{ijk} - \overline{X} = (X_{ijk} - \overline{X}_{ij.}) + (\overline{X}_{i..} - \overline{X}) + (\overline{X}_{.j.} - \overline{X})$$
$$+ (\overline{X}_{ij.} - \overline{X}_{i..} - \overline{X}_{.j.} + \overline{X}),$$
$$i = 1,2,\cdots,r, \quad j = 1,2,\cdots,s, \quad k = 1,2,\cdots,t,$$

不难验证

$$S_T = S_E + S_A + S_B + S_{A\times B}, \tag{9.39}$$

其中

$$S_E = \sum_{i=1}^{r}\sum_{j=1}^{s}\sum_{k=1}^{t}(X_{ijk} - \overline{X}_{ij.})^2, \tag{9.40}$$

$$S_A = st\sum_{i=1}^{r}(\overline{X}_{i..} - \overline{X})^2, \tag{9.41}$$

$$S_B = rt\sum_{j=1}^{s}(\overline{X}_{.j.} - \overline{X})^2, \tag{9.42}$$

$$S_{A\times B} = t\sum_{i=1}^{r}\sum_{j=1}^{s}(\overline{X}_{ij.} - \overline{X}_{i..} - \overline{X}_{.j.} + \overline{X})^2. \tag{9.43}$$

S_E 是误差平方和, S_A, S_B 和 $S_{A\times B}$ 分别是 A, B 和 $A \times B$ 的离差平方和.

注意到 S_T 的 rst 个变量中,有一个线性约束

$$\sum_{i=1}^{r}\sum_{j=1}^{s}\sum_{k=1}^{t}(X_{ijk}-\overline{X})=0,$$

所以 S_T 的自由度为 $f_T=rst-1$.

类似地,S_A 的 r 个变量中,有一个线性约束

$$\sum_{i=1}^{r}(\overline{X}_{i..}-\overline{X})=0,$$

所以 S_A 的自由度为 $f_A=r-1$.

S_B 的 s 个变量中,有一个线性约束 $\sum_{j=1}^{s}(\overline{X}_{.j.}-\overline{X})=0$,故 S_B 的自由度为 $f_B=s-1$.

$S_{A\times B}$ 的 rs 个变量中,有 $r+s$ 个线性约束

$$\sum_{i=1}^{r}(\overline{X}_{ij.}-\overline{X}_{i..}-\overline{X}_{.j.}+\overline{X})=0, \quad j=1,2,\cdots,s,$$

$$\sum_{j=1}^{s}(\overline{X}_{ij.}-\overline{X}_{i..}-\overline{X}_{.j.}+\overline{X})=0, \quad i=1,2,\cdots,r,$$

但是

$$\sum_{i=1}^{r}\sum_{j=1}^{s}(\overline{X}_{ij.}-\overline{X}_{i..}-\overline{X}_{.j.}+\overline{X})$$
$$=\sum_{j=1}^{s}\sum_{i=1}^{r}(\overline{X}_{ij.}-\overline{X}_{i..}-\overline{X}_{.j.}+\overline{X}),$$

因而这 $r+s$ 个约束中只有 $r+s-1$ 个是独立的,故 $S_{A\times B}$ 的自由度为 $f_{A\times B}=rs-(r+s-1)=(r-1)(s-1)$.

S_E 的 rst 个变量中,有 rs 个线性约束

$$\sum_{k=1}^{t}(X_{ijk}-\overline{X}_{ij.})=0, \quad i=1,2,\cdots,r, \; j=1,2,\cdots,s,$$

因而 S_E 的自由度为 $f_E=rst-rs=rs(t-1)$.

不难验证

$$f_T=f_E+f_A+f_B+f_{A\times B}. \tag{9.44}$$

根据第六章§4中有关的定理,可以证明:

$$S_E/\sigma^2 \sim \chi^2(f_E). \tag{9.45}$$

当 H_0 成立时,
$$S_A/\sigma^2 \sim \chi^2(f_A), \qquad (9.46)$$
$$F_A = \frac{f_E S_A}{f_A S_E} \sim F(f_A, f_E); \qquad (9.47)$$

当 H_0' 成立时,
$$S_B/\sigma^2 \sim \chi^2(f_B), \qquad (9.48)$$
$$F_B = \frac{f_E S_B}{f_B S_E} \sim F(f_B, f_E); \qquad (9.49)$$

当 H_0'' 成立时,
$$S_{A\times B}/\sigma^2 \sim \chi^2(f_{A\times B}), \qquad (9.50)$$
$$F_{A\times B} = \frac{f_E S_{A\times B}}{f_{A\times B} S_E} \sim F(f_{A\times B}, f_E). \qquad (9.51)$$

给定显著性水平 α,不难由公式(9.47),(9.49),(9.51)给出 H_0, H_0', H_0'' 的否定域,它们分别为
$$F_A > F_{1-\alpha}(f_A, f_E),$$
$$F_B > F_{1-\alpha}(f_B, f_E),$$
$$F_{A\times B} > F_{1-\alpha}(f_{A\times B}, f_E).$$

3. 平方和的计算公式

令
$$T_{ij\cdot} = \sum_{k=1}^{t} X_{ijk}, \quad T_{i\cdot\cdot} = \sum_{j=1}^{s}\sum_{k=1}^{t} X_{ijk},$$
$$T_{\cdot j\cdot} = \sum_{i=1}^{r}\sum_{k=1}^{t} X_{ijk},$$
$$CT = \frac{1}{rst}\Big(\sum_{i=1}^{r}\sum_{j=1}^{s}\sum_{k=1}^{t} X_{ijk}\Big)^2,$$

类似于(9.25)~(9.27)式,可以证明下述计算公式:
$$S_T = \sum_{i=1}^{r}\sum_{j=1}^{s}\sum_{k=1}^{t} X_{ijk}^2 - CT, \qquad (9.52)$$
$$S_A = \frac{1}{st}\sum_{i=1}^{r} T_{i\cdot\cdot}^2 - CT, \qquad (9.53)$$

$$S_B = \frac{1}{rt}\sum_{j=1}^{s} T_{\cdot j \cdot}^2 - CT, \tag{9.54}$$

$$S_E = \sum_{i=1}^{r}\sum_{j=1}^{s}\sum_{k=1}^{t} X_{ijk}^2 - \frac{1}{t}\sum_{i=1}^{r}\sum_{j=1}^{s} T_{ij\cdot}^2, \tag{9.55}$$

$$S_{A\times B} = S_T - S_A - S_B - S_E. \tag{9.56}$$

4. 方差分析表

双因素试验的方差分析表如表 9.5 所示.

表 9.5

方差来源	平方和	自由度	F 值	分位数	显著性
A	S_A	$f_A = r-1$	$F_A = \dfrac{f_E S_A}{f_A S_E}$	$F_{1-\alpha}(f_A, f_E)$	
B	S_B	$f_B = s-1$	$F_B = \dfrac{f_E S_B}{f_B S_E}$	$F_{1-\alpha}(f_B, f_E)$	
$A\times B$	$S_{A\times B}$	$f_{A\times B} = (r-1)(s-1)$	$F_{A\times B} = \dfrac{f_E S_{A\times B}}{f_{A\times B} S_E}$	$F_{1-\alpha}(f_{A\times B}, f_E)$	
误差	S_E	$f_E = rs(t-1)$			
合计	S_T	$f_T = rst-1$			

下面举例说明双因素试验的方差分析.

例 9.2 用不同的硫化时间和不同的加速剂制造的硬橡胶的抗牵强度(单位: kgf/cm^2)的数据如表 9.6 所示. 分析不同的硫化时间 (A), 加速剂(B)以及它们的交互作用($A\times B$)对抗牵强度有无显著影响.

表 9.6

140℃下硫化时间/s	加 速 剂		
	甲	乙	丙
40	39 36	43 37	37 41
60	41 35	42 39	39 40
80	40 30	43 36	36 38

解 本例中 $r=s=3, t=2$.

(1) 计算各平方和.

① 计算两次观察值之和 $T_{ij.}$，行和 $T_{i..}$，列和 $T_{.j.}$ 以及总和 $\sum_{i=1}^{3}\sum_{j=1}^{3}\sum_{k=1}^{2}x_{ijk}$，其结果见表 9.7.

表 9.7

$T_{ij.}$ 硫化时间/s	加速剂 甲	乙	丙	$T_{i..}$
40	75	80	78	233
60	76	81	79	236
80	70	79	74	223
$T_{.j.}$	221	240	231	692

② 计算修正项：$CT = 692^2/(3 \times 3 \times 2) = 26603.56$.

③ 计算全部观察值平方和：

$$\sum_{i=1}^{3}\sum_{j=1}^{3}\sum_{k=1}^{2}x_{ijk}^2 = (39^2 + 36^2 + \cdots + 36^2 + 38^2) = 26782.$$

④ 计算总离差平方和：

$$S_T = \sum_{i=1}^{3}\sum_{j=1}^{3}\sum_{k=1}^{2}x_{ijk}^2 - CT$$
$$= 26782 - 26603.56 = 178.44.$$

⑤ 计算所需的各平方和：

$$S_A = \frac{1}{6}\sum_{i=1}^{3}T_{i..}^2 - CT$$
$$= \frac{1}{6}(233^2 + 236^2 + 223^2) - CT$$
$$= 26619 - 26603.56 = 15.44,$$

$$S_B = \frac{1}{6}\sum_{j=1}^{3}T_{.j.}^2 - CT$$
$$= \frac{1}{6}(221^2 + 240^2 + 231^2) - CT$$
$$= 26633.67 - 26603.56 = 30.11,$$

$$S_E = \sum_{i=1}^{3}\sum_{j=1}^{3}\sum_{k=1}^{2} x_{ijk}^2 - \frac{1}{2}\sum_{i=1}^{3}\sum_{j=1}^{3} T_{ij}^2.$$
$$= 26782 - \frac{1}{2} \times (75^2 + 76^2 + \cdots + 79^2 + 74^2)$$
$$= 26782 - 26652 = 130,$$
$$S_{A \times B} = S_T - S_A - S_B - S_E = 2.89.$$

(2) 计算诸 F 值,列方差分析表 9.8.

表 9.8

方差来源	平方和	自由度	F 值	分位数	显著性
硫化时间	15.44	2	0.53	$F_{0.90}=3.01$	
加速剂	30.11	2	1.04	$F_{0.90}=3.01$	
硫化时间×加速剂	2.89	4	0.05	$F_{0.90}=2.69$	
误差	130.00	9			
合计	178.44	17			

从表 9.8 中可见,$F_A, F_B, F_{A \times B}$ 的值都比较小,取 $\alpha=0.10$ 进行检验. 查附表 5 得

$$F_{0.90}(2,9) = 3.01, \quad F_{0.90}(4,9) = 2.69.$$

可见,对于 F_A, F_B 和 $F_{A \times B}$,样本值均未落入否定域内. 结论是:硫化时间、加速剂以及它们的交互作用对硬橡胶的抗牵强度影响均不显著.

三、无重复试验的方差分析

在双因素试验中,如果对每一对水平的组合 (A_i, B_j) 只做一次试验,即不重复试验 $(t=1)$,这时

$$\overline{X}_{ij.} = X_{ijk}, \quad S_E = 0, \quad f_E = 0,$$

因而不能利用前面给出的公式进行方差分析. 但是,如果认为 A, B 两因素无交互作用,则可以将 $S_{A \times B}$ 取作 S_E. 因此,在不考虑交互作用的情况下,可以利用无重复的双因素试验对因素 A, B 进行方差分析. 对这种情况的数学模型及统计分析简述如下:

设 $X_{ij}(i=1,2,\cdots,r; j=1,2,\cdots,s)$ 相互独立,且服从正态分布

$N(\mu_{ij},\sigma^2)$，其中
$$\mu_{ij} = \mu + a_i + b_j,$$
这里 μ 是总平均，a_i 和 b_j 分别是 A_i 和 B_j 的效应，满足
$$\sum_{i=1}^{r} a_i = 0, \quad \sum_{j=1}^{s} b_j = 0.$$

原假设为
$$H_0: a_1 = a_2 = \cdots = a_r = 0;$$
$$H_0': b_1 = b_2 = \cdots = b_s = 0.$$

记
$$\overline{X} = \frac{1}{rs}\sum_{i=1}^{r}\sum_{j=1}^{s} X_{ij}, \quad \overline{X}_{i\cdot} = \frac{1}{s}\sum_{j=1}^{s} X_{ij}, \quad \overline{X}_{\cdot j} = \frac{1}{r}\sum_{i=1}^{r} X_{ij}.$$

平方和分解公式为
$$S_T = S_A + S_B + S_E, \tag{9.57}$$

其中
$$S_T = \sum_{i=1}^{r}\sum_{j=1}^{s}(X_{ij} - \overline{X})^2, \tag{9.58}$$

$$S_A = \sum_{i=1}^{r}(\overline{X}_{i\cdot} - \overline{X})^2, \tag{9.59}$$

$$S_B = \sum_{j=1}^{s}(\overline{X}_{\cdot j} - \overline{X})^2, \tag{9.60}$$

$$S_E = \sum_{i=1}^{r}\sum_{j=1}^{s}(X_{ij} - \overline{X}_{i\cdot} - \overline{X}_{\cdot j} + \overline{X})^2, \tag{9.61}$$

分别是总离差平方和、因素 A 的离差平方和、因素 B 的离差平方和及误差平方和，其自由度分别为
$$rs-1, \quad r-1, \quad s-1, \quad (r-1)(s-1).$$

当 H_0 成立时，
$$F_A = \frac{(s-1)S_A}{S_E} \sim F(r-1,(r-1)(s-1)); \tag{9.62}$$

当 H_0' 成立时，
$$F_B = \frac{(r-1)S_B}{S_E} \sim F(s-1,(r-1)(s-1)). \tag{9.63}$$

不考虑交互作用的双因素试验方差分析表如表 9.9 所示.

表 9.9

方差来源	平方和	自由度	F 值	分位数	显著性
A	S_A	$r-1$	$F_A = \dfrac{(s-1)S_A}{S_E}$	$F_{1-\alpha}(r-1,(r-1)(s-1))$	
B	S_B	$s-1$	$F_B = \dfrac{(r-1)S_B}{S_E}$	$F_{1-\alpha}(s-1,(r-1)(s-1))$	
误差	S_E	$(r-1)(s-1)$			
合计	S_T	$rs-1$			

平方和可按下述方法计算：

$$T_{i\cdot} = \sum_{j=1}^{s} X_{ij}, \quad T_{\cdot j} = \sum_{i=1}^{r} X_{ij},$$

$$CT = \frac{1}{rs}\Big(\sum_{i=1}^{r}\sum_{j=1}^{s} X_{ij}\Big)^2, \tag{9.64}$$

$$S_T = \sum_{i=1}^{r}\sum_{j=1}^{s} X_{ij}^2 - CT, \tag{9.65}$$

$$S_A = \frac{1}{s}\sum_{i=1}^{r} T_{i\cdot}^2 - CT, \tag{9.66}$$

$$S_B = \frac{1}{r}\sum_{j=1}^{s} T_{\cdot j}^2 - CT, \tag{9.67}$$

$$S_E = S_T - S_A - S_B. \tag{9.68}$$

例 9.3 现有 5 个工厂生产同一种纤维，考查它们经过 4 种不同温度的水浸泡后的缩水率. 每个工厂出产的纤维在每一温度的水中做一次试验，其结果如表 9.10 所示. 问：这 5 个厂生产的纤维在缩水率上有无显著差异？水的温度对纤维的缩水率有无显著影响？这里假设不同工厂和不同温度的水浸泡对缩水率无交互作用.

表 9.10　　　　　　　　　　（单位：%）

温度(A) \ 厂号(B)	1	2	3	4	5
1(50℃)	3.23	3.40	3.43	3.50	3.65
2(60℃)	3.33	3.30	3.63	3.68	3.45
3(70℃)	3.08	3.43	3.53	3.23	3.58
4(80℃)	2.93	2.60	2.98	2.80	2.88

解 为了计算的方便,我们将所有的观察数据都减去一个常数 3.00,再将小数点去掉(即令 $x'_{ij} = 100(x_{ij} - 3)$).这样做不会改变方差分析的结果.在方差分析中,我们关心的是观察值的方差.当每个观察值都加(或减)一个相同的常数时,各离差平方和不变.如果每一观察值同时乘(或除)一个常数 k,则各离差平方和同时扩大(或缩小)k^2 倍,从而 F 值不变,因此不影响分析结果.经过这种处理后,数据较为好计算.对表 9.10 的数据经过上述加工后,得表 9.11.

表 9.11

A_i \ B_j	1	2	3	4	5	行和 $T_i.$	行平均 $\overline{X}_i.$
1	23	40	43	50	65	221	44.2
2	33	30	63	68	45	239	47.8
3	8	43	53	23	58	185	37.0
4	−7	−40	−2	−20	−12	−81	−16.2
列和 $T._j$	57	73	157	121	156	564	
列平均 $\overline{X}._j$	14.25	18.25	39.25	30.25	39.00		$\overline{X} = 28.20$

计算得

$$CT = \frac{1}{20} \left(\sum_{i=1}^{4} \sum_{j=1}^{5} X_{ij} \right)^2 = \frac{1}{20} \times 564^2 = 15905,$$

$$S_T = \sum_{i=1}^{4} \sum_{j=1}^{5} X_{ij}^2 - CT$$

$$= [23^2 + 33^2 + \cdots + 58^2 + (-12)^2] - CT$$

$$= 34122 - 15905 = 18217,$$

$$S_A = \frac{1}{5} \sum_{i=1}^{4} T_{i.}^2 - CT$$

$$= \frac{1}{5} [221^2 + 239^2 + 185^2 + (-81)^2] - CT$$

$$= 29350 - 15905 = 13445,$$

$$S_B = \frac{1}{4} \sum_{j=1}^{5} T_{.j}^2 - CT$$

$$= \frac{1}{4} (57^2 + 73^2 + 157^2 + 121^2 + 156^2) - CT$$

$$= 18051 - 15905 = 2146,$$

$$S_E = S_T - S_A - S_B$$
$$= 18217 - 13445 - 2146 = 2626.$$

由以上结果计算出 F 值,列方差分析表 9.12.

表 9.12

方差来源	平方和	自由度	F 值	分位数	显著性
温度(行)	13445	3	20.5	$F_{0.99}=5.95$	**
工厂(列)	2146	4	2.45	$F_{0.90}=2.48$	
误差	2626	12			
合计	18217	19			

给定显著性水平 $\alpha = 0.01$,查附表 5 得
$$F_{0.99}(3,12) = 5.95, \quad F_{0.99}(4,12) = 5.41.$$
由于
$$F_A = 20.5 > F_{0.99}(3,12) = 5.95,$$
说明在不同温度的水中浸泡后的纤维的缩水率有高度显著差别. 可是
$$F_B = 2.45 < F_{0.99}(4,12) = 5.41,$$
说明在 $\alpha = 0.01$ 下,各厂生产的纤维在缩水率方面无明显差别. 再将 α 取成 0.10,得 $F_{0.90}(4,12) = 2.48$,F_B 仍小于 $F_{0.90}(4,12)$. 这更说明各厂生产的纤维在缩水率方面无明显的差别.

习 题 九

1. 今有某种型号的电池三批,它们分别是 A, B, C 三个工厂所生产的. 为评比其质量,各随机抽取 5 节电池为样品,经试验得其寿命(单位:h)如下:

A: 40, 48, 38, 42, 45;
B: 26, 34, 30, 28, 32;
C: 39, 40, 43, 50, 50.

试在显著性水平 $\alpha = 0.05$ 下,检验这三个工厂生产的电池的平均寿命有无显著的差异.

2. 用三种麻醉药做人体试验,有 30 人参与试验,随机地给每人注射一种麻醉药,注射后的麻醉时间如表 9.13 所示. 试问:注射这三种麻醉药后平均麻醉时间有无显著差异?

表 9.13

麻醉药	麻醉时间/h
I	2 4 3 2 4 7 7 2 5 4
II	5 6 8 5 10 7 12 6 6
III	7 11 6 6 7 9 5 10 6 3 10

3. 用四种燃料、三种推进器做火箭射程试验,燃料和推进器的每一种组合做两次试验,得火箭射程数据如表 9.14 所示. 取显著性水平 $\alpha=0.05$,试分析燃料、推进器以及燃料与推进器的交互作用对射程的影响有无显著差异.

表 9.14

燃料＼推进器	B_1	B_2	B_3
A_1	58.2 52.6	56.2 41.2	65.3 60.8
A_2	49.1 42.8	54.1 50.5	51.6 48.4
A_3	60.1 58.3	70.9 73.2	39.2 40.7
A_4	75.8 71.5	58.2 51.0	48.7 41.4

4. 表 9.15 记录了三位操作工分别在四台不同机器上操作三天的日产量(单位:件). 取显著性水平 $\alpha=0.05$,试分析操作工、机器以及两者的交互作用对日产量有无显著差异.

表 9.15

机器＼操作工	甲	乙	丙
A_1	15 15 17	19 19 16	16 18 21
A_2	17 17 17	15 15 15	19 22 22
A_3	15 17 16	18 17 16	18 18 18
A_4	18 20 22	18 16 17	17 17 17

5. 下面的实验是为判断 A, B, C, D 四种饲料对猪仔增重的优劣而设计的. 将 20 头猪随机分为 4 组, 每组 5 头, 每组给予一种饲料. 在一定长的时间内, 每头猪增重(单位: kg)如表 9.16 所示. 问: 这四种饲料对猪仔的增重有无显著差异?

表 9.16

A	B	C	D
60	73	95	88
65	67	105	53
61	68	99	90
67	66	102	84
64	71	103	87

6. 设有 6 种不同品种的种子和 5 种不同的施肥方案. 在 30 块同样面积的土地上, 分别采用这 6 种种子和 5 种施肥方案的各种搭配进行试验, 收获量(单位: kg)如表 9.17 所示. 试问: 种子的不同品种对收获量的影响是否有显著差异? 不同的施肥方案对收获量的影响是否有显著差异(取显著性水平 $\alpha = 0.01$)?

表 9.17

品种 \ 施肥方案	1	2	3	4	5
1	12.0	10.8	13.2	14.0	11.6
2	11.5	11.4	13.1	14.0	13.0
3	11.5	12.0	12.5	14.0	14.2
4	11.0	11.1	11.4	12.3	14.3
5	9.5	9.6	12.4	11.5	13.7
6	9.3	9.7	10.4	9.5	12.0

7. 下面是品酒实验. 有 9 人对 4 种酒进行评价, 评价结果用 7 分表示: 最喜欢, 1 分; 很喜欢, 2 分; 轻微喜欢, 3 分; 既不喜欢也不不喜欢, 4 分; 轻微不喜欢, 5 分; 很不喜欢, 6 分; 最不喜欢, 7 分. 试验

结果如表 9.18 所示. 问: 这 4 种酒的得分有无显著差异? 这 9 个人所给的评分有无显著差异?

表 9.18

评价者 \ 酒	A	B	C	D
1	5	2	6	6
2	6	1	3	5
3	6	4	4	3
4	3	3	6	5
5	3	3	4	5
6	2	3	4	4
7	5	6	5	5
8	2	3	2	3
9	3	4	4	5

8. 在四台不同的纺织机器中, 用三种不同的加压水平. 在每种加压水平和每台机器中各取一个试样测量, 得纱支强度数据如表 9.19 所示. 问: 不同加压水平和不同机器之间纱支强度有无显著差异?

表 9.19

加压 \ 机器	B_1	B_2	B_3	B_4
A_1	1577	1690	1800	1642
A_2	1535	1640	1783	1621
A_3	1592	1652	1810	1663

第十章 回归分析

回归分析是数理统计中的一个常用方法,用来处理多个变量之间的相关关系.

变量之间的关系有两大类:一类是确定性的关系,这种关系往往用函数来表述.例如,在初始速度为 0 的自由落体运动中,物体下落的距离 s 与所需的时间 t 之间有如下的函数关系:

$$s = \frac{1}{2}gt^2,$$

即变量 s 的值随 t 的值而定.也就是说,如果取定了 t 的值,则 s 的值就完全确定了.

另一类关系称之为相关关系.例如,作物的产量与施肥量之间的关系,这种关系虽然不能用函数关系来描述,但是产量与施肥量确有关系.这种关系就是相关关系.又如,人的体重与身高的关系也是相关关系,虽然人的身高不能确定体重,但是总的说来,身高者,体也重些.再如,炼钢的冶炼时间与钢液的初始含碳量之间也具有相关关系.总之,在生产与科学试验中,甚至在日常生活中,变量之间的相关关系是普遍存在的.其实,即使是具有确定性关系的变量,由于试验误差的影响,其试验数据也具有某种不确定性.

回归分析是处理变量之间相关关系的有力工具.它不仅提供了建立变量之间关系的数学表达式(通常称为经验公式)的一般方法,而且还可以进行分析,从而能判明所建立的经验公式的有效性,以及如何利用经验公式达到预测与控制的目的.回归分析有十分广泛的应用.

本章重点介绍一元线性回归,并且对多元回归做简单的介绍.

§1 一元线性回归

例 10.1 测得某种合金的抗张力 y(单位:kg/mm^2)与硬度 x(单位:HB)的试验数据,列于表 10.1 中.试讨论 y 与 x 的关系.

表 10.1

x_i	y_i	x_i	y_i
51	45	55	56
53	50	57	56
51	44	53	50
51	44	51	47
53	47	55	55

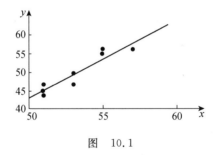

图 10.1

把表 10.1 中的数据 $(x_i,y_i)(i=1,2,\cdots,10)$ 画在平面直角坐标系中,如图 10.1 所示.这张图称作**散点图**.从散点图可以看到,试验数据有一定的随机性,呈现某种不规则的现象.但是,另一方面又发现这些点大体上在一条直线的两侧附近.这表明,y 和 x 确实存在某种线性相关的关系.当取硬度 x 作为自变量时,把它看作普通的变量,对于每一个固定的 x,对应的抗张力是一个随机变量 Y.把它写成

$$Y = E(Y) + \varepsilon,$$

这里 ε 是一个随机变量,且 $E(\varepsilon)=0$.根据散点图,可以猜想

$$E(Y) = a + bx,$$

从而
$$Y = a + bx + \varepsilon.$$
于是,把 Y 分解成两部分 $a+bx$ 和 ε,其中 $a+bx$ 是 Y 的主要部分,它使散点图中的点落在一条直线的附近;ε 是一个随机变量,它反映了各种随机因素干扰所产生的影响. 这样一来,就产生下述三个问题:

(1) 如何确定系数 a 和 b?

(2) 求出系数 a 和 b 后,得到经验公式 $y=a+bx$. 要问:得到的经验公式是否有效?

(3) 对于给定的 x,如何预测对应的 Y 值?

下面分三小节分述这三个问题.

一、经验公式与最小二乘法

设随机变量 Y 与普通变量 x 有下述关系:
$$Y = a + bx + \varepsilon,$$
$$\varepsilon \sim N(0, \sigma^2), \tag{10.1}$$
其中 a, b, σ^2 是常数,与 x 无关.

又设 $x_1, x_2, \cdots, x_n$ 是 n 个不全相等的数,
$$y_i = a + bx_i + \varepsilon_i \quad i = 1, 2, \cdots, n, \tag{10.2}$$
其中 $\varepsilon_i \sim N(0, \sigma^2)(i=1,2,\cdots,n)$ 且相互独立. 今后用 y_i 和 ε_i 既表示随机变量,又表示它们的观察值.

首先给出 a, b 的最大似然估计量. 由假设
$$y_i \sim N(a+bx_i, \sigma^2), \quad i = 1, 2, \cdots, n, \tag{10.3}$$
其概率密度为
$$f_i(y_i) = \frac{1}{\sqrt{2\pi}\sigma} e^{-\frac{(y_i-a-bx_i)^2}{2\sigma^2}}, \quad i = 1, 2, \cdots, n,$$
于是 $y_1, y_2, \cdots, y_n$ 的最大似然函数为
$$L(a,b) = \frac{1}{(2\pi\sigma^2)^{n/2}} e^{-\frac{1}{2\sigma^2}\sum_{i=1}^{n}(y_i-a-bx_i)^2}. \tag{10.4}$$
$L(a,b)$ 取到最大值等价于

$$Q(a,b) = \sum_{i=1}^{n}(y_i - a - bx_i)^2 \qquad (10.5)$$

取到最小值. 由极值原理,令

$$\begin{cases} \dfrac{\partial Q}{\partial a} = -2\sum_{i=1}^{n}(y_i - a - bx_i) = 0, \\ \dfrac{\partial Q}{\partial b} = -2\sum_{i=1}^{n}(y_i - a - bx_i)x_i = 0, \end{cases}$$

整理后得

$$\begin{cases} na + n\bar{x}b = n\bar{y}, \\ n\bar{x}a + \sum_{i=1}^{n}x_i^2 b = \sum_{i=1}^{n}x_i y_i. \end{cases} \qquad (10.6)$$

这个方程组称作**正规方程组**.

由于 x_i 不全相等,正规方程组(10.6)的系数行列式为

$$\begin{vmatrix} n & n\bar{x} \\ n\bar{x} & \sum_{i=1}^{n}x_i^2 \end{vmatrix} = n\left(\sum_{i=1}^{n}x_i^2 - n\bar{x}^2\right) = n\sum_{i=1}^{n}(x_i - \bar{x})^2 \neq 0,$$

故方程组有唯一解 $\hat{a},\hat{b}$:

$$\hat{a} = \bar{y} - \hat{b}\bar{x}, \qquad (10.7)$$

$$\hat{b} = \frac{\sum_{i=1}^{n}x_i y_i - n\bar{x}\bar{y}}{\sum_{i=1}^{n}x_i^2 - n\bar{x}^2}. \qquad (10.8)$$

并且,不难验证 $\hat{a},\hat{b}$ 使 Q 取到最小值,从而它们分别是 a,b 的最大似然估计量,进而得到 $E(Y)=a+bx$ 的估计量

$$\hat{y} = \hat{a} + \hat{b}x. \qquad (10.9)$$

(10.9)式称作 Y 对 x 的**回归方程**,其中 $\hat{b}$ 称作**回归系数**. 回归方程(10.9)的图形是一条直线,称作**回归直线**. 也常常把(10.9)式称作**经验公式**.

$Q(a,b)$ 的几何解释是:所有点 (x_i,y_i) 与直线 $y=a+bx$ 上对应的点 $(x_i,a+bx_i)$ 的距离的平方和. 这个量反映了这 n 个点对直线 $y=a+bx$ 的总的偏离程度. 回归直线是使这种偏离最小的直线. 由

于 Q 是 n 个数的平方和,而 $\hat{a}$ 和 $\hat{b}$ 使 Q 的值最小,故上述计算 $\hat{a},\hat{b}$ 的方法称作**最小二乘法**.

下面证明 $\hat{a},\hat{b}$ 和 $\hat{y}$ 都是无偏的. 记

$$l_{xx} = \sum_{i=1}^{n}(x_i - \bar{x})^2, \quad l_{xy} = \sum_{i=1}^{n}(x_i - \bar{x})(y_i - \bar{y}),$$

已知

$$\sum_{i=1}^{n}(x_i - \bar{x})^2 = \sum_{i=1}^{n}x_i^2 - n\bar{x}^2,$$

类似可证

$$\sum_{i=1}^{n}(x_i - \bar{x})(y_i - \bar{y}) = \sum_{i=1}^{n}x_i y_i - n\bar{x}\,\bar{y},$$

因而

$$\hat{b} = \frac{l_{xy}}{l_{xx}}. \tag{10.10}$$

注意到 $\sum_{i=1}^{n}(x_i - \bar{x}) = 0$, $\hat{b}$ 可表示成

$$\hat{b} = \sum_{i=1}^{n}c_i y_i,$$

其中 $c_i = \dfrac{x_i - \bar{x}}{l_{xx}}(i=1,2,\cdots,n)$. 不难验证

$$\sum_{i=1}^{n}c_i = 0, \quad \sum_{i=1}^{n}c_i^2 = \frac{1}{l_{xx}},$$

$$\sum_{i=1}^{n}c_i x_i = \sum_{i=1}^{n}c_i(x_i - \bar{x}) = 1.$$

于是

$$\mathrm{E}(\hat{b}) = \sum_{i=1}^{n}c_i \mathrm{E}(y_i) = \sum_{i=1}^{n}c_i(a + bx_i)$$

$$= a\sum_{i=1}^{n}c_i + b\sum_{i=1}^{n}c_i x_i = b,$$

$$\mathrm{E}(\hat{a}) = \mathrm{E}(\bar{y}) - \bar{x}\mathrm{E}(\hat{b}) = a + b\bar{x} - b\bar{x} = a,$$

得证 $\hat{a},\hat{b}$ 分别是 a,b 的无偏估计量.

对于每一个固定的 x_0,有

$$E(\hat{y}_0) = E(\hat{a} + \hat{b}x_0) = a + bx_0,$$

即 $\hat{y}_0$ 是 $a+bx_0$ 的无偏估计量. 又

$$D(\hat{b}) = D\left(\sum_{i=1}^{n} c_i y_i\right) = \sum_{i=1}^{n} c_i^2 D(y_i)$$

$$= \sigma^2 \sum_{i=1}^{n} c_i^2 = \frac{\sigma^2}{l_{xx}}.$$

因为

$$\hat{y}_0 = \hat{a} + \hat{b}x_0 = \bar{y} + \hat{b}(x_0 - \bar{x}) = \sum_{i=1}^{n}\left[\frac{1}{n} + c_i(x_0 - \bar{x})\right]y_i,$$

所以

$$D(\hat{y}_0) = \sum_{i=1}^{n}\left[\frac{1}{n} + c_i(x_0 - \bar{x})\right]^2 D(y_i)$$

$$= \sigma^2\left[n\frac{1}{n^2} + 2\frac{1}{n}(x_0 - \bar{x})\sum_{i=1}^{n}c_i + (x_0 - \bar{x})^2\sum_{i=1}^{n}c_i^2\right]$$

$$= \left[\frac{1}{n} + \frac{(x_0 - \bar{x})^2}{l_{xx}}\right]\sigma^2.$$

于是

$$\hat{b} \sim N(b, \sigma^2/l_{xx}), \tag{10.11}$$

$$\hat{y}_0 \sim N\left(a + bx_0, \left[\frac{1}{n} + \frac{(x_0 - \bar{x})^2}{l_{xx}}\right]\sigma^2\right). \tag{10.12}$$

二、相关性检验

由上面的讨论可知,对于给定的观察值 $(x_1, y_1), (x_2, y_2), \cdots,$ (x_n, y_n),只要 $x_1, x_2, \cdots, x_n$ 不全相同,用最小二乘法都可以求得回归方程 $\hat{y} = \hat{a} + \hat{b}x$. 但是, y 与 x 之间是否具有这种线性相关关系,即 $Y = a + bx + \varepsilon$ 的假设是否成立,需要检验. 如果 $b=0$,则表示 Y 与 x 没有线性相关关系. 因此,取原假设为

$$H_0: b = 0.$$

记

$$l_{yy} = \sum_{i=1}^{n}(y_i - \bar{y})^2, \tag{10.13}$$

$$U = \sum_{i=1}^{n}(\hat{y}_i - \bar{y})^2, \qquad (10.14)$$

$$Q = \sum_{i=1}^{n}(y_i - \hat{y}_i)^2. \qquad (10.15)$$

l_{yy} 称作 $y_1, y_2, \cdots, y_n$ 的**偏差平方和**,它反映了 $y_i (i=1,2,\cdots,n)$ 的离散程度.

$\hat{y}_i = \hat{a} + \hat{b}x_i$ 是回归直线 $\hat{y} = \hat{a} + \hat{b}x$ 上横坐标为 x_i 的点的纵坐标(见图 10.2). 注意到

$$\frac{1}{n}\sum_{i=1}^{n}\hat{y}_i = \frac{1}{n}\sum_{i=1}^{n}(\hat{a}+\hat{b}x_i) = \hat{a}+\hat{b}\frac{1}{n}\sum_{i=1}^{n}x_i = \hat{a}+\hat{b}\bar{x} = \bar{y},$$

于是 $U = \sum_{i=1}^{n}(\hat{y}_i - \bar{y})^2$ 是 $\hat{y}_1, \hat{y}_2, \cdots, \hat{y}_n$ 这 n 个数的偏差平方和,它描述了 $\hat{y}_1, \hat{y}_2, \cdots, \hat{y}_n$ 的离散程度,称为**回归平方和**. 而

$$Q = \sum_{i=1}^{n}(y_i - \hat{y}_i)^2 = \sum_{i=1}^{n}[y_i - (\hat{a}+\hat{b}x_i)]^2$$

是 $Q(a,b)$ 的最小值,称作**残差平方和**,它反映了由随机因素引起的数据的离散程度.

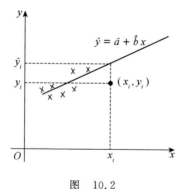

图 10.2

l_{xx}, U, Q 之间有下面的偏差平方和分解公式:

$$l_{yy} = U + Q. \qquad (10.16)$$

事实上,

$$l_{yy} = \sum_{i=1}^{n}(y_i - \bar{y})^2 = \sum_{i=1}^{n}[(y_i - \hat{y}_i) + (\hat{y}_i - \bar{y})]^2$$

$$= \sum_{i=1}^{n}(y_i - \hat{y}_i)^2 + 2\sum_{i=1}^{n}(y_i - \hat{y}_i)(\hat{y}_i - \bar{y}) + \sum_{i=1}^{n}(\hat{y}_i - \bar{y})^2,$$

而

$$\sum_{i=1}^{n}(y_i - \hat{y}_i)(\hat{y}_i - \bar{y})$$

$$= \sum_{i=1}^{n}(y_i - \hat{y}_i)(\hat{a} + \hat{b}x_i - \hat{a} - \hat{b}\bar{x})$$

$$= \hat{b}\sum_{i=1}^{n}(y_i - \hat{y}_i)(x_i - \bar{x})$$

$$= \hat{b}\sum_{i=1}^{n}[(y_i - \bar{y}) - (\hat{y}_i - \bar{y})](x_i - \bar{x})$$

$$= \hat{b}\sum_{i=1}^{n}[(y_i - \bar{y})(x_i - \bar{x}) - \hat{b}(x_i - \bar{x})^2]$$

$$= \hat{b}\Big[\sum_{i=1}^{n}(y_i - \bar{y})(x_i - \bar{x}) - \hat{b}\sum_{i=1}^{n}(x_i - \bar{x})^2\Big]$$

$$= \hat{b}(l_{xy} - \hat{b}l_{xx}) = 0, \quad (由(10.10)式)$$

因而(10.16)式成立.

还可以通过 l_{yy}, U, Q 的均值,进一步说明它们的含义:

$$U = \sum_{i=1}^{n}(\hat{y}_i - \bar{y})^2 = \sum_{i=1}^{n}(\hat{a} + \hat{b}x_i - \hat{a} - \hat{b}\bar{x})^2$$

$$= \hat{b}^2 \sum_{i=1}^{n}(x_i - \bar{x})^2 = \hat{b}^2 l_{xx}, \tag{10.17}$$

$$\mathrm{E}(U) = l_{xx}\mathrm{E}(\hat{b}^2) = l_{xx}[\mathrm{D}(\hat{b}) + \mathrm{E}^2(\hat{b})]$$

$$= l_{xx}(\sigma^2/l_{xx} + b^2) = l_{xx}b^2 + \sigma^2, \tag{10.18}$$

$$\mathrm{E}(l_{yy}) = \mathrm{E}\Big(\sum_{i=1}^{n}y_i^2 - n\bar{y}^2\Big) = \sum_{i=1}^{n}\mathrm{E}(y_i^2) - n\mathrm{E}(\bar{y}^2)$$

$$= \sum_{i=1}^{n}[\sigma^2 + (a + bx_i)^2] - n\Big[\frac{\sigma^2}{n} + (a + b\bar{x})^2\Big]$$

$$= (n-1)\sigma^2 + na^2 + 2ab\sum_{i=1}^{n}x_i + b^2\sum_{i=1}^{n}x_i^2$$

$$\quad - na^2 - 2abn\bar{x} - b^2n\bar{x}^2$$

$$= (n-1)\sigma^2 + b^2 \left(\sum_{i=1}^{n} x_i^2 - n\bar{x}^2 \right)$$

$$= (n-1)\sigma^2 + b^2 l_{xx}, \tag{10.19}$$

$$E(Q) = E(l_{yy}) - E(U) = (n-2)\sigma^2. \tag{10.20}$$

(10.16)~(10.20)式说明，$y_1, y_2, \cdots, y_n$ 的离差平方和 l_{yy} 由两部分组成：回归平方和 U 与残差平方和 Q，其中 Q 完全由随机因素引起. 而 U 中虽然也有随机因素，但是当 $b \neq 0$ 时主要是由 Y 与 x 的线性相关关系决定，因而 U 与 Q 的比值反映了这种线性相关关系与随机因素对 Y 的影响的大小. 比值越大，线性相关关系越强.

可以证明：若 $H_0: b=0$ 成立，则 U 与 Q 相互独立，且

$$\frac{U}{\sigma^2} \sim \chi^2(1), \quad \frac{Q}{\sigma^2} \sim \chi^2(n-2),$$

从而

$$F = \frac{U}{Q}(n-2) \sim F(1, n-2). \tag{10.21}$$

给定显著性水平 α，则否定域为

$$F > F_{1-\alpha}(1, n-2). \tag{10.22}$$

现将回归方程和相关性检验的计算步骤和公式汇总如下：

(1) $l_{xx} = \sum_{i=1}^{n}(x_i - \bar{x})^2 = \sum_{i=1}^{n} x_i^2 - \frac{1}{n}\left(\sum_{i=1}^{n} x_i\right)^2,$

$l_{yy} = \sum_{i=1}^{n}(y_i - \bar{y})^2 = \sum_{i=1}^{n} y_i^2 - \frac{1}{n}\left(\sum_{i=1}^{n} y_i\right)^2,$

$l_{xy} = \sum_{i=1}^{n}(x_i - \bar{x})(y_i - \bar{y}) = \sum_{i=1}^{n} x_i y_i - \frac{1}{n}\left(\sum_{i=1}^{n} x_i\right)\left(\sum_{i=1}^{n} y_i\right),$

$\hat{b} = \frac{l_{xy}}{l_{xx}}, \quad \hat{a} = \bar{y} - \hat{b}\bar{x}.$

回归方程为

$$\hat{y} = \hat{a} + \hat{b}x.$$

(2) $U = \hat{b}^2 l_{xx} = \hat{b} l_{xy}, \quad Q = l_{yy} - U, \quad F = \frac{U}{Q}(n-2).$

(3) 查表，判断 F 值是否大于 $F_{1-\alpha}(1, n-2)$.

例 10.1(续 1) 根据表 10.1 给出的数据，计算抗张力 y 对硬度

x 的回归方程并检验其相关性.

解 为了简化计算，令
$$x'_i = x_i - 53, \quad y'_i = y_i - 50, \quad i = 1, 2, \cdots, 10.$$
先计算表 10.2.

表 10.2

i	x_i	y_i	x'_i	y'_i	x'^2_i	y'^2_i	$x'_i y'_i$
1	51	45	-2	-5	4	25	10
2	53	50	0	0	0	0	0
3	51	44	-2	-6	4	36	12
4	51	44	-2	-6	4	36	12
5	53	47	0	-3	0	9	0
6	55	56	2	6	4	36	12
7	57	56	4	6	16	36	24
8	53	50	0	0	0	0	0
9	51	47	-2	-3	4	9	6
10	55	55	2	5	4	25	10
合计			0	-6	40	212	86

(1) $\bar{x}' = \dfrac{1}{10} \times 0 = 0, \quad \bar{y}' = \dfrac{1}{10} \times (-6) = -0.6.$

$\bar{x} = 53 + 0 = 53, \quad \bar{y} = 50 - 0.6 = 49.4.$

$l_{xx} = l'_{xx} = 40 - \dfrac{1}{10} \times 0^2 = 40,$

$l_{yy} = l'_{yy} = 212 - \dfrac{1}{10} \times (-6)^2 = 208.4,$

$l_{xy} = l'_{xy} = 86 - \dfrac{1}{10} \times 0 \times (-6) = 86.$

$\hat{b} = \dfrac{86}{40} = 2.15, \quad \hat{a} = 49.4 - 2.15 \times 53 = -64.55.$

于是得到回归方程
$$\hat{y} = 2.15x - 64.55.$$

(2) $U = 2.15^2 \times 40 = 184.9,$

$Q = 208.4 - 184.9 = 23.5,$

$F = \dfrac{184.9}{23.5} \times (10 - 2) = 62.94.$

(3) 查附表 5 得 $F_{0.99}(1,8)=11.26$. 因为 $F=62.94>11.26$, 所以在显著性水平 $\alpha=0.01$ 下, 抗张力 y 与硬度 x 之间存在线性关系. 此时称回归方程是高度显著的. 若只能在显著性水平 $\alpha=0.05$ 下存在线性关系, 则称回归方程是显著的.

三、预报与控制

预报是给定 x, 求 Y 的置信区间; 控制是给定区间 (y_1, y_2), 求区间 (x_1, x_2), 使得当 x 在 (x_1, x_2) 内时以 $100(1-\alpha)\%$ 的概率保证 Y 落在 (y_1, y_2) 内.

设 $\hat{y}=\hat{a}+\hat{b}x$ 是 Y 对 x 的回归方程. 已知 $\hat{y}=\hat{a}+\hat{b}x$ 是 $E(Y)=a+bx$ 的无偏估计, 可以作为 Y 的估计值. 更进一步, 给定置信水平 α, 要求求出 Y 的 $100(1-\alpha)\%$ 置信区间. 又称 y 的这一置信区间为**预报区间**.

仍设 $\varepsilon \sim N(0, \sigma^2)$. 由于 x 是给定的, Y 与 $y_i (i=1,2,\cdots,n)$ 是相互独立的, 令

$$u = Y - \hat{y},$$

则

$$E(u) = E(Y) - E(\hat{y}) = 0,$$

$$D(u) = D(Y) + D(\hat{y}) = \sigma^2 + \left[\frac{1}{n} + \frac{(x-\bar{x})^2}{l_{xx}}\right]\sigma^2$$

$$= \left[1 + \frac{1}{n} + \frac{(x-\bar{x})^2}{l_{xx}}\right]\sigma^2,$$

得

$$\frac{u}{\sqrt{D(u)}} \sim N(0,1).$$

又已知 $E(Q)=(n-2)\sigma^2$. 令

$$\hat{\sigma}^2 = \frac{Q}{n-2}, \tag{10.23}$$

则 $\hat{\sigma}^2$ 是 σ^2 的无偏估计量. 由于

$$\frac{(n-2)\hat{\sigma}^2}{\sigma^2} = \frac{Q}{\sigma^2} \sim \chi^2(n-2),$$

且 $\dfrac{Q}{\sigma^2}$ 与 u 相互独立，所以

$$\dfrac{u/\sqrt{D(u)}}{\hat{\sigma}/\sigma} \sim t(n-2),$$

即

$$\dfrac{Y-\hat{y}}{\hat{\sigma}\sqrt{1+\dfrac{1}{n}+\dfrac{(x-\bar{x})^2}{l_{xx}}}} \sim t(n-2), \qquad (10.24)$$

其中 $\hat{\sigma}=\sqrt{\dfrac{Q}{n-2}}$. 于是，$Y$ 的 $100(1-\alpha)\%$ 的预报区间为

$$(\hat{y}-\delta(x), \hat{y}+\delta(x)), \qquad (10.25)$$

其中

$$\delta(x) = t_{1-\alpha/2}(n-2)\hat{\sigma}\sqrt{1+\dfrac{1}{n}+\dfrac{(x-\bar{x})^2}{l_{xx}}}.$$

记

$$y_1(x) = \hat{y}-\delta(x), \quad y_2(x) = \hat{y}+\delta(x). \qquad (10.26)$$

由曲线 $y_1(x)$ 和 $y_2(x)$ 给出的以回归直线 $\hat{y}=\hat{a}+\hat{b}x$ 为"中线"的带域，在 $\bar{x}$ 处最窄，两端呈喇叭状（见图 10.3）. 任给 x，都可以由这个带域确定出 Y 的预报区间.

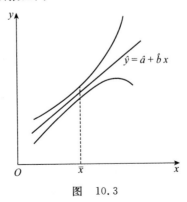

图 10.3

当 n 比较大并且 x 离 $\bar{x}$ 不远时，

$$\sqrt{1+\dfrac{1}{n}+\dfrac{(x-\bar{x})^2}{l_{xx}}} \approx 1, \quad t_{1-\alpha/2}(n-2) \approx u_{1-\alpha/2},$$

于是
$$\delta(x) \approx u_{1-\alpha/2}\hat{\sigma}$$
是常数，与 x 无关．此时，
$$y_1(x) \approx \hat{y} - u_{1-\alpha/2}\hat{\sigma}, \quad y_2(x) \approx \hat{y} + u_{1-\alpha/2}\hat{\sigma} \quad (10.27)$$
近似为两条直线，如图 10.4 所示．

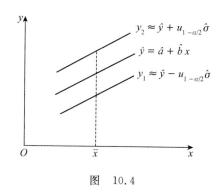

图 10.4

例 10.1(续 2) 根据表 10.1 中的数据，求抗张力 y 的置信度为 95％的预报区间．

解 在例 10.1(续 1)中，已求得
$$\hat{y} = 2.15x - 64.55, \quad Q = 23.5,$$
于是
$$\hat{\sigma^2} = \frac{Q}{8} = \frac{23.5}{8} = 2.9, \quad \hat{\sigma} = 1.71.$$
取 $\alpha = 0.05$，查附表 4 得 $t_{0.975}(8) = 2.306$，于是
$$\delta(x) = 2.306 \times 1.71\sqrt{1 + \frac{1}{10} + \frac{(x-53)^2}{40}}$$
$$= 3.94\sqrt{1.1 + 0.025(x-53)^2},$$
得抗张力 y 的置信度是 95％的预报区间为
$$(2.15x - 64.55 \pm \delta(x)).$$

控制问题与预报问题相反．当要求 Y 以 $100(1-\alpha)$％的概率落入区间 (y_1, y_2) 内时，问：应将 x 控制在什么范围内？即求出 x_1, x_2，使得当 x 在区间 (x_1, x_2) 内取值时，以 $100(1-\alpha)$％的概率保证 Y 的

值落入区间(y_1, y_2)内,见图 10.5.

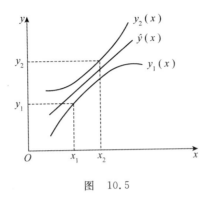

图 10.5

由(10.26)式可解出 x_1 和 x_2. 当 n 比较大时,由(10.27)式有

$$x_1 = \frac{y_1 - \hat{a} + u_{1-\alpha/2}\hat{\sigma}}{\hat{b}}, \quad x_2 = \frac{y_2 - \hat{a} - u_{1-\alpha/2}\hat{\sigma}}{\hat{b}}. \quad (10.28)$$

例 10.1(续 3) 根据表 10.1 中的数据,问:要以 95% 的概率保证抗张力 $y \in (44, 54)$,需要把硬度 x 控制在什么范围内?

解 根据 y 的范围,x 的值偏离 $\bar{x} = 53$ 不远. 由例 10.1(续 2)中的结果,可以近似地取 y 的置信度是 95% 的预报区间为

$$(2.15x - 64.55 \pm 3.94) = (2.15x - 68.49, 2.15x - 60.61).$$

于是,令

$$2.15x_1 - 68.49 = 44, \quad 2.15x_2 - 60.61 = 54,$$

解得

$$x_1 = 52.32, \quad x_2 = 53.31,$$

即需要把 x 控制在 $(52.32, 53.31)$ 内.

§2 多元线性回归

本节讨论多元线性回归问题. 多元线性回归分析的原理与一元线性回归分析的原理基本相同,下面简要地叙述主要结果,略去所有证明.

假设因变量 Y 与自变量 $x_1, x_2, \cdots, x_k$ 有关系式
$$Y = b_0 + b_1 x_1 + \cdots + b_k x_k + \varepsilon, \quad \varepsilon \sim N(0, \sigma^2). \quad (10.29)$$
给定 n 组观察值
$$(x_{1t}, x_{2t}, \cdots, x_{kt}; y_t), \quad t = 1, 2, \cdots, n,$$
其中 x_{it} 是自变量 x_i 的第 t 个观察值,y_t 是 Y 的第 t 个观察值. 仍用最小二乘法求 $b_0, b_1, \cdots, b_k$ 的估计. 令
$$Q(b_0, b_1, \cdots, b_k) = \sum_{t=1}^{n} [y_t - (b_0 + b_1 x_{1t} + b_2 x_{2t} + \cdots + b_k x_{kt})]^2.$$
$$(10.30)$$
称使 $Q(b_0, b_1, \cdots, b_k)$ 达到最小的 $\hat{b}_0, \hat{b}_1, \cdots, \hat{b}_k$ 为 $b_0, b_1, \cdots, b_k$ 的**最小二乘估计**. 由极值原理,令
$$\frac{\partial Q}{\partial b_0} = -2 \sum_{t=1}^{n} (y_t - b_0 - b_1 x_{1t} - \cdots - b_k x_{kt}) = 0,$$
$$\frac{\partial Q}{\partial b_i} = -2 \sum_{t=1}^{n} (y_t - b_0 - b_1 x_{1t} - \cdots - b_k x_{kt}) x_{it} = 0,$$
$$i = 1, 2, \cdots, k.$$
由第一个方程得
$$b_0 + b_1 \bar{x}_1 + \cdots + b_k \bar{x}_k = \bar{y},$$
其中
$$\bar{x}_i = \frac{1}{n} \sum_{t=1}^{n} x_{it}, \quad \bar{y} = \frac{1}{n} \sum_{t=1}^{n} y_t.$$
将上面结果代入其余各式,得
$$b_1 \Big(\sum_{t=1}^{n} (x_{1t} - \bar{x}_1) x_{it} \Big) + \cdots + b_k \Big(\sum_{t=1}^{n} (x_{kt} - \bar{x}_k) x_{it} \Big)$$
$$= \sum_{t=1}^{n} (y_t - \bar{y}) x_{it}, \quad i = 1, 2, \cdots, k.$$
而
$$\sum_{t=1}^{n} (x_{jt} - \bar{x}_j) x_{it} = \sum_{t=1}^{n} (x_{jt} - \bar{x}_j)(x_{it} - \bar{x}_i),$$
$$\sum_{t=1}^{n} (y_t - \bar{y}) x_{it} = \sum_{t=1}^{n} (y_t - \bar{y})(x_{it} - \bar{x}_i),$$
于是得正规方程组

$$\begin{cases} b_0 = \bar{y} - b_1\bar{x}_1 - b_2\bar{x}_2 - \cdots - b_k\bar{x}_k, \\ l_{11}b_1 + l_{12}b_2 + \cdots + l_{1k}b_k = l_{1y}, \\ l_{21}b_1 + l_{22}b_2 + \cdots + l_{2k}b_k = l_{2y}, \\ \cdots\cdots \\ l_{k1}b_1 + l_{k2}b_2 + \cdots + l_{kk}b_k = l_{ky}, \end{cases} \quad (10.31)$$

其中

$$l_{ij} = l_{ji} = \sum_{t=1}^{n}(x_{it} - \bar{x}_i)(x_{jt} - \bar{x}_j),$$
$$l_{iy} = \sum_{t=1}^{n}(x_{it} - \bar{x}_i)(y_t - \bar{y}). \quad (10.32)$$

解正规方程组得 $\hat{b}_0, \hat{b}_1, \cdots, \hat{b}_k$, 回归方程为

$$\hat{y} = \hat{b}_0 + \hat{b}_1 x_1 + \cdots + \hat{b}_k x_k. \quad (10.33)$$

可以证明: $\hat{b}_i$ 是 $b_i (i=0,1,\cdots,k)$ 的无偏估计, 而 $\hat{y}$ 是 $E(Y) = b_0 + b_1 x_1 + \cdots + b_k x_k$ 的无偏估计.

仍称 $l_{yy} = \sum\limits_{t=1}^{n}(y_t - \bar{y})^2$ 为**偏差平方和**, $U = \sum\limits_{t=1}^{n}(\hat{y}_t - \bar{y})^2$ 为**回归平方和**, $Q = \sum\limits_{t=1}^{n}(y_t - \hat{y}_t)^2$ 为**残差平方和**.

在多元的情况下, 仍有平方和分解公式

$$l_{yy} = U + Q. \quad (10.34)$$

设原假设为

$$H_0: b_1 = b_2 = \cdots = b_k = 0.$$

当 H_0 成立时,

$$\frac{U/k}{Q/(n-k-1)} \sim F(k, n-k-1). \quad (10.35)$$

于是, 对于给定的显著性水平 α, 否定域为

$$\frac{U/k}{Q/(n-k-1)} > F_{1-\alpha}(k, n-k-1). \quad (10.36)$$

l_{yy}, U, Q 的计算公式如下:

$$l_{yy} = \sum_{t=1}^{n}(y_t - \bar{y})^2 = \sum_{t=1}^{n} y_t^2 - \frac{1}{n}\Big(\sum_{t=1}^{n} y_t\Big)^2, \quad (10.37)$$

$$U = \sum_{t=1}^{n}(\hat{y}_t - \bar{y})^2 = \sum_{i=1}^{k} \hat{b}_i l_{iy}, \quad (10.38)$$

$$Q = l_{yy} - U. \quad (10.39)$$

另外，为了简化计算，可将数据作如下变换：

$$x'_{it} = (x_{it} - c_i)d,$$
$$y'_t = (y_t - c)d, \quad i = 1,2,\cdots,k,\ t = 1,2,\cdots,n,$$

其中 $d \neq 0$. 不难验证

$$\bar{x}_i = c_i + \frac{1}{d}\bar{x}'_i, \quad \bar{y} = c + \frac{1}{d}\bar{y}', \quad l_{ij} = \frac{1}{d^2}l'_{ij}, \quad i,j = 1,2,\cdots,k.$$

具体做法请看下例.

例 10.2 维尼纶工厂生产牵切纱的工艺流程由牵切、粗纺、细纺三道工序组成. 由经验可知，粗纱的重量不匀率 y 与牵切条干不匀率 x_1 及牵切重量不匀率 x_2 有关. 经试验测定 29 个样品，得结果如表 10.3 所示. 求 y 对 x_1 和 x_2 的回归方程，并在显著性水平 $\alpha = 0.05$ 下，检验所得回归方程是否显著.

表 10.3 （单位：%）

编号	x_1	x_2	y	编号	x_1	x_2	y
1	15.58	1.95	1.34	16	17.88	2.52	2.41
2	10.68	1.37	1.27	17	13.38	1.43	1.69
3	15.62	2.39	1.56	18	14.21	2.27	1.59
4	15.78	1.14	1.48	19	16.80	1.41	1.19
5	13.22	1.85	1.40	20	16.38	1.78	2.44
6	16.44	1.32	1.82	21	10.81	1.32	1.35
7	11.40	2.05	0.85	22	17.26	1.31	1.57
8	16.17	1.11	1.40	23	14.92	1.42	1.64
9	14.03	1.47	1.15	24	18.14	2.13	1.64
10	15.67	1.38	1.89	25	18.15	1.20	2.34
11	12.74	1.35	0.87	26	10.31	0.98	0.65
12	11.73	1.33	1.53	27	11.40	1.27	1.19
13	14.84	1.09	1.25	28	12.57	0.87	2.06
14	13.73	1.27	2.47	29	17.61	1.21	1.57
15	15.12	1.78	1.83				

解 首先简化数据. 令 $x'_1 = 100(x_1 - 15)$，$x'_2 = 100(x_2 - 1.5)$，$y' = 100(y - 1.5)$，计算结果见表 10.4.

已知 $n = 29$. 由表 10.4 计算得

$$\bar{x}'_1 = \frac{1}{n}\sum x'_1 = -43, \quad \bar{x}_1 = 15.00 + 0.01\bar{x}'_1 = 14.57,$$

$$\bar{x}'_2 = \frac{1}{n}\sum x'_2 = 1.6, \quad \bar{x}_2 = 1.50 + 0.01\bar{x}'_2 = 1.516,$$

$$\bar{y}' = \frac{1}{n}\sum y' = 6.7, \quad \bar{y} = 1.50 + 0.01\bar{y}' = 1.567,$$

表 10.4

编号	x'_1	x'_2	y'	x'^2_1	$x'_1 x'_2$	x'^2_2	$x'_1 y'$	$x'_2 y'$	y'^2
1	58	45	−16	3364	2610	2025	−928	−720	256
2	−432	−13	−23	186624	5616	169	9936	299	529
3	62	89	6	3844	5518	7921	372	534	36
4	78	−36	−2	6084	−2808	1296	−156	72	4
5	−178	35	−10	31684	−6230	1225	1780	−350	100
6	144	−18	32	20736	−2592	324	4608	−576	1024
7	−360	55	−65	129600	−1980	3025	23400	−3775	4225
8	117	−39	−10	13689	−4563	1521	−1170	390	100
9	−97	−3	−35	9409	291	9	3395	105	1225
10	67	−12	39	4489	−804	144	2613	−468	1521
11	−226	−15	−63	51076	3390	225	14238	945	3969
12	−327	−17	3	106929	5559	289	−981	−51	9
13	−16	−41	−25	256	656	1681	400	1025	625
14	−127	−23	97	16129	2921	529	−12319	−2231	9409
15	12	28	33	144	336	784	396	924	1089
16	288	102	91	82944	29376	10404	26208	9282	8281
17	−162	−7	19	26244	1134	49	−3078	−133	361
18	−79	77	9	6241	−6083	5929	−711	693	81
19	180	−9	−31	32400	−1620	81	−5580	279	961
20	138	28	94	19044	3864	784	12972	2632	8836
21	−419	−18	−15	175561	7542	324	6285	270	225
22	226	−19	7	51076	−4294	361	1582	−133	49
23	−8	−8	14	64	64	64	−112	−112	196
24	314	63	14	98596	19782	3969	4396	882	196
25	315	−30	84	99225	−9450	900	26460	−2520	7056
26	−469	−52	−85	219961	24388	2704	39865	4420	7225
27	−360	−23	−31	129600	8280	529	11160	713	961
28	−243	−63	56	59049	15309	3969	−13608	−3528	3136
29	261	−29	7	68121	−7569	841	−1827	−203	49
合计	−1243	47	194	1652183	70823	52075	153250	8865	61734

$$l'_{11} = \sum x'^2_1 - \frac{1}{n}\left(\sum x'_1\right)^2 = 1598905,$$

$$l_{11} = 0.0001 l'_{11} = 159.8905,$$

$$l'_{12} = \sum x'_1 x'_2 - \frac{1}{n}\left(\sum x'_1\right)\left(\sum x'_2\right) = 72838,$$

$$l_{12} = 0.0001 l'_{12} = 7.2838,$$

$$l'_{22} = \sum x'^2_2 - \frac{1}{n}\left(\sum x'_2\right)^2 = 51999,$$

$$l_{22} = 0.0001 l'_{22} = 5.1999,$$

$$l'_{1y} = \sum x'_1 y' - \frac{1}{n}\left(\sum x'_1\right)\left(\sum y'\right) = 161565,$$

$$l_{1y} = 0.0001 l'_{1y} = 16.1565,$$

$$l'_{2y} = \sum x'_2 y' - \frac{1}{n}\left(\sum x'_2\right)\left(\sum y'\right) = 8551,$$

$$l_{2y} = 0.0001 l'_{2y} = 0.8551,$$

$$l'_{yy} = \sum y'^2 - \frac{1}{n}\left(\sum y'\right)^2 = 60436,$$

$$l_{yy} = 0.0001 l'_{yy} = 6.0436.$$

此时,正规方程组为

$$\begin{cases} b_0 = \bar{y} - b_1 \bar{x}_1 - b_2 \bar{x}_2, \\ l_{11} b_1 + l_{12} b_2 = l_{1y}, \\ l_{21} b_1 + l_{22} b_2 = l_{2y}. \end{cases}$$

首先求 $\hat{b}_1$ 和 $\hat{b}_2$,得

$$\hat{b}_1 = \frac{l_{1y} l_{22} - l_{2y} l_{12}}{l_{11} l_{22} - l^2_{12}}$$

$$= \frac{16.1565 \times 5.1999 - 0.8551 \times 7.2838}{159.8905 \times 5.1999 - 7.2838^2}$$

$$= 0.0999,$$

$$\hat{b}_2 = \frac{l_{2y} l_{11} - l_{1y} l_{21}}{l_{11} l_{22} - l^2_{12}} = 0.0245.$$

再求 $\hat{b}_0$:

$$\hat{b}_0 = \bar{y} - \hat{b}_1 \bar{x}_1 - \hat{b}_2 \bar{x}_2$$

$$= 1.567 - 0.0999 \times 14.57 - 0.0245 \times 1.516$$
$$= 0.074.$$

于是回归方程为
$$\hat{y} = 0.074 + 0.0999 x_1 + 0.0245 x_2.$$

为了做相关分析，再来计算各平方和：
$$l_{yy} = 6.0436;$$

由公式(10.38)和(10.39)有
$$U = \hat{b}_1 l_{1y} + \hat{b}_2 l_{2y}$$
$$= 0.0999 \times 16.1565 + 0.0245 \times 0.8551$$
$$= 1.6350,$$
$$Q = l_{yy} - U = 6.0436 - 1.6350 = 4.4086.$$

又由于 $k=2, n=29, n-k-1=26$，于是
$$F = \frac{U/k}{Q/(n-k-1)} = \frac{1.6350/2}{4.4086/26} = 4.82.$$

查附表 5 得 $F_{0.95}(2,26) = 3.37 < 4.82$，即样本值落入否定域，故认为所得到的回归方程是显著的。

§3 可化为线性回归的问题

根据实验数据求经验公式时，首先要选择适当的函数形式。一般地，经验公式的形式为
$$\hat{y} = f(x_1, \cdots, x_k; a_1, \cdots, a_l),$$
其中 $a_1, \cdots, a_l$ 是待定参数，需要根据实验数据来确定。

确定经验公式的函数形式有两条途径：一是根据专业知识或以往的经验；二是通过散点图的分布形状来估计函数形式。

一旦确定了函数形式，剩下的问题就是如何根据实验数据来估计参数的值。当 f 是关于变量 $x_1, x_2, \cdots, x_k$ 的线性函数时，就是前两节介绍的线性回归。一般说来，当 f 不是关于 $x_1, x_2, \cdots, x_k$ 的线性函数时，前面介绍的方法当然不再适用。但是，在不少情况下，有可能通过适当的变换，把非线性函数化成线性函数，从而把问题化为线性回归问题。

下面给出一些常用的可线性化的函数类型及其图形：

(1) 双曲线 $\dfrac{1}{y}=a+\dfrac{b}{x}$（见图 10.6）.

令 $y'=\dfrac{1}{y}, x'=\dfrac{1}{x}$，则有
$$y'=a+bx'.$$

(2) 幂函数 $y=dx^b$（见图 10.7）.

令 $y'=\lg y, x'=\lg x, a=\lg d$，则有
$$y'=a+bx'.$$

(3) 指数函数 $y=de^{bx}$（见图 10.8）.

令 $y'=\ln y, a=\ln d$，则有
$$y'=a+bx.$$

(4) 指数函数 $y=de^{b/x}$（见图 10.9）.

令 $y'=\ln y, x'=\dfrac{1}{x}, a=\ln d$，则有
$$y'=a+bx'.$$

(5) 对数曲线 $y=a+b\ln x$（见图 10.10）.

令 $x'=\ln x$，则有
$$y=a+bx'.$$

(6) S 型曲线 $y=\dfrac{1}{a+be^{-x}}(a,b>0)$（见图 10.11）.

令 $y'=\dfrac{1}{y}, x'=e^{-x}$，则有
$$y'=a+bx'.$$

(7) 多项式 $y=b_0+b_1x+b_2x^2+\cdots+b_kx^k$.

令 $x_1=x, x_2=x^2,\cdots,x_k=x^k$，则有
$$y=b_0+b_1x_1+b_2x_2+\cdots+b_kx_k.$$

(8) 二元多项式 $z=b_0+b_1x+b_2y+b_3x^2+b_4xy+b_5y^2$.

令 $x_1=x, x_2=y, x_3=x^2, x_4=xy, x_5=y^2$，则有
$$z=b_0+b_1x_1+b_2x_2+\cdots+b_5x_5.$$

§3 可化为线性回归的问题

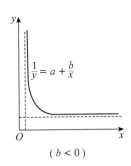
$(b<0)$

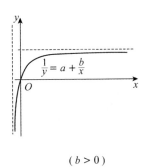
$(b>0)$

图 10.6

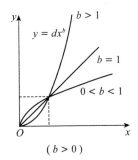
$(b>0)$

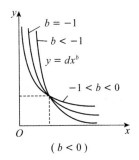
$(b<0)$

图 10.7

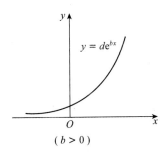
$(b>0)$

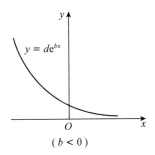
$(b<0)$

图 10.8

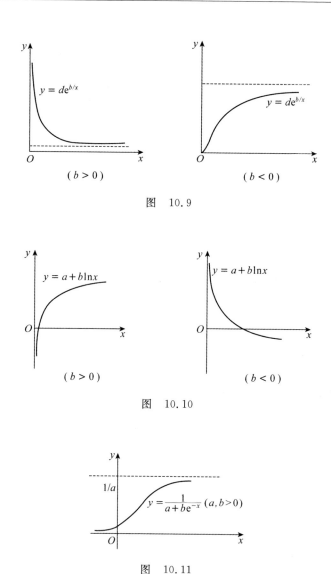

图 10.9

图 10.10

图 10.11

例 10.3 炼钢厂的钢包在使用时,因钢液及炉渣对包衬的侵蚀,容积不断增大.现有钢包的容积(以盛满钢水的重量表示)与相应的使用次数(包龄)的数据如表 10.5 所示,求它们之间的经验公式.

表 10.5

使用次数 x	容积 y	使用次数 x	容积 y
2	106.42	11	110.59
3	108.20	14	110.60
4	109.58	15	110.90
5	109.50	16	110.76
7	110.00	18	111.00
8	109.93	19	111.20
10	110.49		

解 首先作散点图,见图 10.12. 从图 10.12 中可以看出,最初容积增加很快,以后逐渐减慢并趋于稳定,与图 10.6($b>0$)的曲线相似. 取

$$\frac{1}{y} = a + \frac{b}{x}.$$

令 $y' = \frac{1}{y}, x' = \frac{1}{x}$,则

$$y' = a + bx'.$$

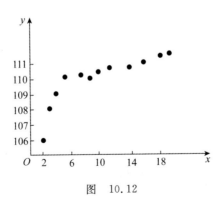

图 10.12

表 10.6

编号	x	y	$x'=\dfrac{1}{x}$	$y'=\dfrac{1}{y}$	x'^2	$x'y'$	y'^2
1	2	106.42	0.500000	0.00939673	0.2500000	0.00469837	0.882985×10^{-4}
2	3	108.20	0.333333	0.00924214	0.1111111	0.00308071	0.85417×10^{-4}
3	4	109.58	0.250000	0.00912575	0.0625000	0.00228144	0.83279×10^{-4}
4	5	109.50	0.200000	0.00913242	0.0400000	0.00182648	0.83401×10^{-4}
5	7	110.00	0.142857	0.00909091	0.0204082	0.00129870	0.82645×10^{-4}
6	8	109.93	0.125000	0.00909670	0.0156250	0.00113709	0.82750×10^{-4}
7	10	110.49	0.100000	0.00905059	0.0100000	0.00090506	0.81919×10^{-4}
8	11	110.59	0.090909	0.00904241	0.0082645	0.00082204	0.81765×10^{-4}
9	14	110.60	0.071429	0.00904159	0.0051420	0.00064583	0.81750×10^{-4}
10	15	110.90	0.066667	0.00901713	0.0044444	0.00060114	0.81309×10^{-4}
11	16	110.76	0.062500	0.00902853	0.0039063	0.00056428	0.81514×10^{-4}
12	18	111.00	0.055556	0.00900901	0.0030864	0.00050050	0.81162×10^{-4}
13	19	111.20	0.052632	0.00899281	0.0027701	0.00047353	0.80871×10^{-4}
合计			2.050883	0.11826672	0.5372180	0.01883517	0.0010760753

于是，把问题转化为一元线性回归．计算结果如表 10.6 所示．

已知 $n=13$．由表 10.6 计算得

$$\bar{x}' = \frac{2.050883}{13} = 0.157760,$$

$$\bar{y}' = \frac{0.11826672}{13} = 0.0090974,$$

$$l_{x'x'} = 0.5372180 - \frac{2.050883^2}{13} = 0.213670,$$

$$l_{x'y'} = 0.01883517 - \frac{2.050883 \times 0.11826672}{13} = 0.00017738,$$

$$\hat{b} = \frac{0.00017738}{0.213670} = 0.0008302,$$

$$\hat{a} = 0.0090974 - 0.0008302 \times 0.157760 = 0.008966,$$

于是得到回归方程

$$\hat{y}' = 0.008966 + 0.0008302 x', \qquad (10.40)$$

即

$$\hat{y} = \frac{x}{0.008966x + 0.0008302}. \qquad (10.41)$$

对(10.40)式进行相关分析：计算得

$$l_{y'y'} = 0.0010760753 - \frac{0.11826672^2}{13} = 0.15089 \times 10^{-6},$$

$$U' = 0.0008302^2 \times 0.213670 = 0.14727 \times 10^{-6},$$

$$Q' = 0.00362 \times 10^{-6},$$

$$F = \frac{U'}{Q'}(n-2) = \frac{0.14727 \times 10^{-6}}{0.00362 \times 10^{-6}} \times 11 = 447.5,$$

而 $F_{0.99}(1,11) = 9.65$，可见(10.40)式是高度显著的.

对于(10.41)式本身,可以直接利用它的残差平方和 $Q = \sum_{i=1}^{n}(y_i - \hat{y}_i)^2$ 和均方残差 $\sqrt{\frac{1}{n}Q}$ 来衡量回归方程的效果. Q 越小越好. 在这里 Q 的值必须直接计算,见表10.7,得到 $Q = 0.5818$, $\sqrt{\frac{1}{n}Q} = 0.212$. 与 y 的原始数据比较,均方残差已足够小,因此(10.41)式十分有效.

表 10.7

编号	x	y	$\hat{y}$	$\delta = y - \hat{y}$	δ^2
1	2	106.42	106.60	-0.18	0.0324
2	3	108.20	108.19	0.01	0.0010
3	4	109.58	109.00	0.58	0.3364
4	5	109.50	109.50	0.00	0.0000
5	7	110.00	110.07	-0.07	0.0049
6	8	109.93	110.25	-0.32	0.1024
7	10	110.49	110.51	-0.02	0.0004
8	11	110.59	110.60	-0.01	0.0001
9	14	110.60	110.80	-0.20	0.0400
10	15	110.90	110.85	0.05	0.0025
11	16	110.76	110.89	-0.13	0.0169
12	18	111.00	110.96	0.04	0.0016
13	19	111.20	110.99	0.21	0.0441
合计					0.5818

习 题 十

1. 某炼铝厂测得所产铸模用的铝的硬度 x 与抗张强度 y 数据如表 10.8 所示.

表 10.8

x	68	53	70	84	60	72	51	83	70	64
y	288	293	349	343	290	354	283	324	340	286

（1）求 y 对 x 的回归方程；

（2）在显著性水平 $\alpha=0.05$ 下,检验回归方程的显著性；

（3）试预测当铝的硬度 $x=65$ 时的抗张强度 y(取 $\alpha=0.05$).

2. 在服装标准的制定过程中,调查了很多人的身材,得到一系列的服装各部位的尺寸与身高、胸围等的关系. 表 10.9 是一组女青年身高 x 与裤长 y 的数据表.

表 10.9

i	x	y	i	x	y	i	x	y
1	168	107	11	158	100	21	156	99
2	162	103	12	156	99	22	164	107
3	160	103	13	165	105	23	168	108
4	160	102	14	158	101	24	165	106
5	156	100	15	166	105	25	162	103
6	157	100	16	162	105	26	158	101
7	162	102	17	150	97	27	157	101
8	159	101	18	152	98	28	172	110
9	168	107	19	156	101	29	147	95
10	159	100	20	159	103	30	155	99

（1）求裤长 y 对身高 x 的回归方程；

（2）在显著性水平 $\alpha=0.01$ 下,检验回归方程的显著性.

3. 研究高磷钢的效率与出钢量和 FeO 量的关系,测得数据如

表 10.10 所示,其中 y 表示效率,x_1 是出钢量,x_2 是 FeO 量.

表 10.10

i	x_1	x_2	y	i	x_1	x_2	y	i	x_1	x_2	y
1	115.3	14.2	83.5	7	101.4	13.5	84.0	13	88.0	16.4	81.5
2	96.5	14.6	78.0	8	109.8	20.0	80.0	14	88.0	18.1	85.7
3	56.9	14.9	73.0	9	103.4	13.0	88.0	15	108.9	15.4	81.9
4	101.0	14.9	91.4	10	110.6	15.3	86.5	16	89.5	18.3	79.1
5	102.9	18.2	83.4	11	80.3	12.9	81.0	17	104.4	13.8	89.9
6	87.9	13.2	82.0	12	93.0	14.7	88.6	18	101.9	12.2	80.6

(1) 假设效率与出钢量和 FeO 量有线性相关关系,求回归方程
$$\hat{y} = b_0 + b_1 x_1 + b_2 x_2;$$
(2) 检验(1)中回归方程的显著性(取显著性水平 $\alpha = 0.10$).

4. 已知鱼的体重 y(单位:g)与鱼的体长 x(单位:mm)有关系式
$$y = \alpha x^\beta.$$
现测得尼罗罗非鱼生长的数据如表 10.11 所示,求尼罗罗非鱼体重 y 与体长 x 的经验公式.

表 10.11

y/g	0.5	34	75	122.5	170	192	195
x/mm	29	60	124	155	170	185	190

5. 已知某种半成品在生产过程中的废品率 y 与它的某种化学成分含量 x 有关. 经验表明,近似地有
$$y = b_0 + b_1 x + b_2 x^2.$$
今测得一组数据如表 10.12 所示,试求 y 与 x 的经验公式.

表 10.12 (单位:%)

y	1.30	1.00	0.73	0.90	0.81	0.70	0.60	0.50
x	0.34	0.36	0.37	0.38	0.39	0.39	0.39	0.40
y	0.44	0.56	0.30	0.42	0.35	0.40	0.41	0.60
x	0.40	0.41	0.42	0.43	0.43	0.45	0.47	0.48

附表 1 标准正态分布函数表

$$\Phi(x) = \frac{1}{\sqrt{2\pi}} \int_{-\infty}^{x} e^{-t^2/2} dt \quad (x \geq 0)$$

x	0.00	0.01	0.02	0.03	0.04	0.05	0.06	0.07	0.08	0.09	x
0.0	0.5000	0.5040	0.5080	0.5120	0.5160	0.5199	0.5239	0.5279	0.5319	0.5359	0.0
0.1	0.5398	0.5438	0.5478	0.5517	0.5557	0.5596	0.5636	0.5675	0.5714	0.5753	0.1
0.2	0.5793	0.5832	0.5871	0.5910	0.5948	0.5987	0.6026	0.6064	0.6103	0.6141	0.2
0.3	0.6179	0.6217	0.6255	0.6293	0.6331	0.6368	0.6406	0.6443	0.6480	0.6517	0.3
0.4	0.6554	0.6591	0.6628	0.6664	0.6700	0.6736	0.6772	0.6808	0.6844	0.6879	0.4
0.5	0.6915	0.6950	0.6985	0.7019	0.7054	0.7088	0.7123	0.7157	0.7190	0.7224	0.5
0.6	0.7257	0.7291	0.7324	0.7357	0.7389	0.7422	0.7454	0.7486	0.7517	0.7549	0.6
0.7	0.7580	0.7611	0.7642	0.7673	0.7703	0.7734	0.7764	0.7794	0.7823	0.7852	0.7
0.8	0.7881	0.7910	0.7939	0.7967	0.7995	0.8023	0.8051	0.8078	0.8106	0.8133	0.8
0.9	0.8159	0.8186	0.8212	0.8238	0.8264	0.8289	0.8315	0.8340	0.8365	0.8389	0.9
1.0	0.8413	0.8438	0.8461	0.8485	0.8508	0.8531	0.8554	0.8577	0.8599	0.8621	1.0
1.1	0.8643	0.8665	0.8686	0.8708	0.8729	0.8749	0.8770	0.8790	0.8810	0.8830	1.1
1.2	0.8849	0.8869	0.8888	0.8907	0.8925	0.8944	0.8962	0.8980	0.8997	0.90147	1.2
1.3	0.90320	0.90490	0.90658	0.90824	0.90988	0.91140	0.91309	0.91466	0.91621	0.91774	1.3
1.4	0.91924	0.92073	0.92220	0.92364	0.92507	0.92647	0.92785	0.92922	0.93056	0.93189	1.4
1.5	0.93319	0.93448	0.93574	0.93699	0.93822	0.93943	0.94062	0.94179	0.94295	0.94408	1.5
1.6	0.94520	0.94630	0.94738	0.94845	0.94950	0.95053	0.95154	0.95254	0.95352	0.95449	1.6
1.7	0.95543	0.95637	0.95728	0.95818	0.95907	0.95994	0.96080	0.96164	0.96246	0.96327	1.7
1.8	0.96407	0.96485	0.96562	0.96638	0.96712	0.96784	0.96856	0.96926	0.96995	0.97062	1.8
1.9	0.97128	0.97193	0.97257	0.97320	0.97381	0.97441	0.97500	0.97558	0.97615	0.97670	1.9

续表

x	0.00	0.01	0.02	0.03	0.04	0.05	0.06	0.07	0.08	0.09	x
2.0	0.97725	0.9778	0.97831	0.97882	0.97932	0.97982	0.98030	0.98077	0.98124	0.98169	2.0
2.1	0.98214	0.98257	0.98300	0.98341	0.98382	0.98422	0.98461	0.98500	0.98537	0.98574	2.1
2.2	0.98610	0.98645	0.98679	0.98713	0.98745	0.98778	0.98809	0.98840	0.98870	0.98899	2.2
2.3	0.98928	0.98956	0.98983	0.99010	0.99036	0.99061	0.99086	0.99111	0.99134	0.99158	2.3
2.4	0.99180	0.99202	0.99224	0.99245	0.99266	0.99286	0.99305	0.99324	0.99343	0.99361	2.4
2.5	0.99379	0.99396	0.99413	0.99430	0.99446	0.99461	0.99477	0.99492	0.99506	0.99520	2.5
2.6	0.99534	0.99547	0.99560	0.99573	0.99586	0.99598	0.99609	0.99621	0.99632	0.99643	2.6
2.7	0.99653	0.99664	0.99674	0.99683	0.99693	0.99702	0.99711	0.99720	0.99728	0.99737	2.7
2.8	0.99745	0.99752	0.99760	0.99767	0.99774	0.99781	0.99788	0.99795	0.99801	0.99807	2.8
2.9	0.99813	0.99819	0.99825	0.99831	0.99836	0.99841	0.99846	0.99851	0.99856	0.99861	2.9
3.0	0.99865	0.99869	0.99874	0.99878	0.99882	0.99886	0.99889	0.99893	0.99897	0.99900	3.0
3.1	0.99903	0.99906	0.99910	0.99913	0.99916	0.99918	0.99921	0.99924	0.99926	0.99929	3.1
3.2	0.99931	0.99934	0.99936	0.99938	0.99940	0.99942	0.99944	0.99946	0.99948	0.99950	3.2
3.3	0.99952	0.99953	0.99955	0.99957	0.99958	0.99960	0.99961	0.99962	0.99964	0.99965	3.3
3.4	0.99966	0.99968	0.99969	0.99970	0.99971	0.99972	0.99973	0.99974	0.99975	0.99976	3.4
3.5	0.99977	0.99978	0.99978	0.99979	0.99980	0.99981	0.99981	0.99982	0.99983	0.99983	3.5
3.6	0.99984	0.99985	0.99985	0.99986	0.99986	0.99987	0.99987	0.99988	0.99988	0.99989	3.6
3.7	0.99989	0.99990	0.99990	0.99990	0.99991	0.99991	0.99992	0.99992	0.99992	0.99992	3.7
3.8	0.99993	0.99993	0.99993	0.99994	0.99994	0.99994	0.99994	0.99995	0.99995	0.99995	3.8
3.9	0.99995	0.99995	0.99996	0.99996	0.99996	0.99996	0.99996	0.99996	0.99997	0.99997	3.9
4.0	0.99997	0.99997	0.99997	0.99997	0.99997	0.99997	0.99998	0.99998	0.99998	0.99998	4.0
4.1	0.99998	0.99998	0.99998	0.99998	0.99998	0.99998	0.99998	0.99998	0.99999	0.99999	4.1
4.2	0.99999	0.99999	0.99999	0.99999	0.99999	0.99999	0.99999	0.99999	0.99999	0.99999	4.2
4.3	0.99999	0.99999	0.99999	0.99999	0.99999	0.99999	0.99999	0.99999	0.99999	0.99999	4.3
4.4	0.99999	0.99999	1.00000	1.00000	1.00000	1.00000	1.00000	1.00000	1.00000	1.00000	4.4

附表 2 标准正态分布分位数表

$$\frac{1}{\sqrt{2\pi}}\int_{-\infty}^{u_p} e^{-u^2/2}\,du = p$$

p	0.00	0.005	0.01	0.015	0.02	0.025	0.03	0.035	0.04	0.045
0.95	1.644854	1.695398	1.750686	1.811911	1.880794	1.959964	2.053749	2.170090	2.326348	2.575829
0.90	1.281552	1.310579	1.340755	1.372204	1.405072	1.439531	1.475791	1.514102	1.554774	1.598193
0.85	1.036433	1.058122	1.080319	1.103063	1.126391	1.150349	1.174987	1.200359	1.226528	1.253565
0.80	0.841621	0.859617	0.877896	0.896473	0.915365	0.934589	0.954165	0.974114	0.994458	1.015222
0.75	0.674490	0.690309	0.706303	0.722479	0.738847	0.755415	0.772193	0.789192	0.806421	0.823894
0.70	0.524401	0.538836	0.553385	0.568051	0.582841	0.597760	0.612813	0.628006	0.643345	0.658838
0.65	0.385320	0.398855	0.412463	0.426148	0.439913	0.453762	0.467699	0.481727	0.495850	0.510073
0.60	0.253347	0.266311	0.279319	0.292375	0.305481	0.318639	0.331853	0.345125	0.358459	0.371856
0.55	0.125661	0.138304	0.150969	0.163658	0.176374	0.189113	0.201893	0.214702	0.227545	0.240426
0.50	0	0.012533	0.025069	0.037608	0.050154	0.062707	0.075270	0.087845	0.100434	0.113039
p	1.000	0.999	0.998	0.997	0.996	0.995	0.994	0.993	0.992	0.991
u_p	∞	3.09023	2.87816	2.74778	2.65207	2.57583	2.51214	2.45726	2.40892	2.36562

附表3 χ² 分布分位数表

$P\{\chi^2(n) \leqslant \chi_p^2(n)\} = p$

n \ p	0.005	0.01	0.025	0.05	0.10	0.20
1	0.0000	0.0002	0.0010	0.0039	0.0158	0.0642
2	0.0100	0.0201	0.0506	0.103	0.211	0.446
3	0.072	0.115	0.216	0.352	0.584	1.005
4	0.207	0.297	0.484	0.711	1.064	1.649
5	0.412	0.554	0.831	1.145	1.610	2.343
6	0.676	0.872	1.237	1.635	2.204	3.070
7	0.989	1.239	1.690	2.167	2.883	3.822
8	1.344	1.646	2.180	2.733	3.490	4.594
9	1.735	2.088	2.700	3.325	4.168	5.380
10	2.156	2.558	3.247	3.940	4.865	6.179
11	2.603	3.053	3.816	4.575	5.578	6.989
12	3.074	3.571	4.404	5.226	6.304	7.807
13	3.565	4.107	5.009	5.892	7.042	8.634
14	4.075	4.660	5.629	6.571	7.790	9.467
15	4.601	5.229	6.262	7.261	8.547	10.307
16	5.142	5.812	6.908	7.962	9.312	11.152
17	5.697	6.408	7.564	8.672	10.085	12.002
18	6.265	7.015	8.231	9.390	10.865	12.857
19	6.844	7.633	8.907	10.117	11.651	13.716
20	7.434	8.260	9.591	10.851	12.443	14.578
21	8.034	8.897	10.283	11.591	13.240	15.445
22	8.643	9.542	10.982	12.338	14.041	16.314
23	9.260	10.196	11.689	13.091	14.848	17.187
24	9.886	10.856	12.401	13.848	15.659	18.062
25	10.520	11.524	13.120	14.611	16.473	18.940
26	11.160	12.198	13.844	15.379	17.292	19.820
27	11.808	12.879	14.573	16.151	18.114	20.703
28	12.461	13.565	15.308	16.928	18.939	21.588
29	13.121	14.256	16.047	17.708	19.768	22.475
30	13.787	14.953	16.791	18.493	20.599	23.364

续表

n \ p	0.80	0.90	0.95	0.975	0.99	0.995	0.999
1	1.642	2.706	3.841	5.024	6.635	7.879	10.828
2	3.219	4.605	5.991	7.378	9.210	10.597	13.816
3	4.642	6.251	7.815	9.348	11.345	12.838	16.266
4	5.989	7.779	9.488	11.143	12.277	14.860	18.467
5	7.289	9.236	11.070	12.833	15.068	16.750	20.515
6	8.558	10.645	12.592	14.449	16.812	18.548	22.458
7	9.803	12.017	14.067	16.013	18.475	20.278	24.322
8	11.030	13.362	15.507	17.535	20.090	21.955	26.125
9	12.242	14.684	16.919	19.023	21.666	23.589	27.877
10	13.442	15.987	18.307	20.483	23.209	25.188	29.588
11	14.631	17.275	19.675	21.920	24.725	26.757	31.264
12	15.812	18.549	21.026	23.337	26.217	28.299	32.909
13	16.985	19.812	22.362	24.736	27.688	29.819	34.528
14	18.151	21.064	23.685	26.119	29.141	31.319	36.123
15	19.311	22.307	24.996	27.488	30.578	32.801	37.697
16	20.465	23.542	26.296	28.845	32.000	34.267	39.252
17	21.615	24.769	27.587	30.191	33.409	35.718	40.790
18	22.760	25.989	28.869	31.526	34.805	37.156	42.312
19	23.900	27.204	30.144	32.852	36.191	38.582	43.820
20	25.038	28.412	31.410	34.170	37.566	39.997	45.315
21	29.171	29.615	32.671	35.479	38.932	41.401	46.797
22	27.301	30.813	33.924	36.781	40.289	42.796	48.268
23	28.429	32.007	35.172	38.076	41.638	44.181	49.728
24	29.553	33.196	36.415	39.364	42.980	45.559	51.179
25	30.675	34.382	37.652	40.646	44.314	46.928	52.618
26	31.795	35.563	38.885	41.923	45.642	48.290	54.052
27	32.912	36.741	40.113	43.194	46.963	49.645	55.476
28	34.027	37.916	41.337	44.461	48.278	50.993	56.893
29	35.139	39.087	42.557	45.722	49.588	52.336	58.301
30	36.250	40.256	43.773	46.979	50.892	53.672	59.703

附表4　t 分布分位数表

$$P\{t(n) \leq t_p(n)\} = p$$

n \ p	0.55	0.60	0.65	0.70	0.75	0.80
1	0.158	0.325	0.510	0.727	1.000	1.376
2	0.142	0.289	0.445	0.617	0.816	1.061
3	0.137	0.277	0.424	0.584	0.765	0.978
4	0.134	0.271	0.414	0.569	0.741	0.941
5	0.132	0.267	0.408	0.559	0.727	0.920
6	0.131	0.265	0.404	0.553	0.718	0.906
7	0.130	0.263	0.402	0.549	0.711	0.896
8	0.130	0.262	0.399	0.546	0.706	0.889
9	0.129	0.261	0.398	0.543	0.703	0.883
10	0.129	0.260	0.397	0.542	0.700	0.879
11	0.129	0.260	0.396	0.540	0.697	0.876
12	0.128	0.259	0.395	0.539	0.695	0.873
13	0.128	0.259	0.394	0.538	0.694	0.870
14	0.128	0.258	0.393	0.537	0.692	0.868
15	0.128	0.258	0.393	0.536	0.691	0.866
16	0.128	0.258	0.392	0.535	0.690	0.865
17	0.128	0.257	0.392	0.534	0.689	0.863
18	0.127	0.257	0.392	0.534	0.688	0.862
19	0.127	0.257	0.391	0.533	0.688	0.861
20	0.127	0.257	0.391	0.533	0.687	0.860
21	0.127	0.257	0.391	0.532	0.686	0.859
22	0.127	0.256	0.390	0.532	0.686	0.858
23	0.127	0.256	0.390	0.532	0.685	0.858
24	0.127	0.256	0.390	0.531	0.685	0.857
25	0.127	0.256	0.390	0.531	0.684	0.856
26	0.127	0.256	0.390	0.531	0.684	0.856
27	0.127	0.256	0.389	0.531	0.684	0.855
28	0.127	0.256	0.389	0.530	0.683	0.855
29	0.127	0.256	0.389	0.530	0.683	0.854
30	0.127	0.256	0.389	0.530	0.683	0.854
40	0.126	0.255	0.388	0.529	0.681	0.851
60	0.126	0.254	0.387	0.527	0.679	0.848
120	0.126	0.254	0.386	0.526	0.677	0.845
∞	0.126	0.253	0.385	0.524	0.674	0.842

续表

n \ p	0.85	0.90	0.95	0.975	0.99	0.995	0.9995
1	1.963	3.078	6.314	12.706	31.821	63.657	636.619
2	1.386	1.886	2.920	4.303	6.965	9.925	31.598
3	1.250	1.638	2.353	3.182	4.541	5.841	12.924
4	1.190	1.533	2.132	2.776	3.747	4.604	8.610
5	1.156	1.476	2.015	2.571	3.365	4.032	6.859
6	1.134	1.440	1.943	2.447	3.143	3.707	5.959
7	1.119	1.415	1.895	2.365	2.998	3.499	5.405
8	1.108	1.397	1.860	2.306	2.896	3.355	5.041
9	1.100	1.383	1.833	2.262	2.821	3.250	4.781
10	1.093	1.372	1.812	2.228	2.764	3.169	4.587
11	1.088	1.363	1.796	2.201	2.718	3.106	4.437
12	1.083	1.356	1.782	2.179	2.681	3.055	4.318
13	1.079	1.350	1.771	2.160	2.650	3.012	4.221
14	1.076	1.345	1.761	2.145	2.624	2.977	4.140
15	1.074	1.341	1.753	2.131	2.602	2.947	4.073
16	1.071	1.337	1.746	2.120	2.583	2.921	4.015
17	1.069	1.333	1.740	2.110	2.567	2.898	3.965
18	1.067	1.330	1.734	2.101	2.552	2.878	3.922
19	1.066	1.328	1.729	2.093	2.539	2.861	3.883
20	1.064	1.325	1.725	2.086	2.523	2.845	3.850
21	1.063	1.323	1.721	2.080	2.518	2.831	3.819
22	1.061	1.321	1.717	2.074	2.508	2.819	3.792
23	1.060	1.319	1.714	2.069	2.500	2.807	3.767
24	1.059	1.318	1.711	2.064	2.492	2.797	3.745
25	1.058	1.316	1.708	2.060	2.485	2.787	3.725
26	1.058	1.315	1.706	2.056	2.479	2.779	3.707
27	1.057	1.314	1.703	2.052	2.473	2.771	3.690
28	1.056	1.313	1.701	2.048	2.467	2.763	3.674
29	1.055	1.311	1.699	2.045	2.462	2.756	3.659
30	1.055	1.310	1.697	2.042	2.457	2.750	3.646
40	1.050	1.303	1.684	2.021	2.423	2.704	3.551
60	1.046	1.296	1.671	2.000	2.390	2.660	3.460
120	1.041	1.289	1.658	1.980	2.358	2.617	3.373
∞	1.036	1.282	1.645	1.960	2.326	2.576	3.291

附表5 F 分布分位数表

$$P\{F(n_1,n_2) \leqslant F_p(n_1,n_2)\} = p$$

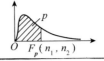

$p = 0.90$

n_2 \ n_1	1	2	3	4	5	6	7	8	9
1	39.86	49.50	53.59	55.83	57.24	58.20	58.91	59.44	59.86
2	8.53	9.00	9.16	9.24	9.29	9.33	9.35	9.37	9.38
3	5.54	5.46	5.39	5.34	5.31	5.28	5.27	5.25	5.24
4	4.54	4.32	4.19	4.11	4.05	4.01	3.98	3.95	3.94
5	4.06	3.78	3.62	3.52	3.45	3.40	3.37	3.34	3.32
6	3.78	3.46	3.29	3.18	3.11	3.05	3.01	2.98	2.96
7	3.59	3.26	3.07	2.96	2.88	2.83	2.78	2.75	2.72
8	3.46	3.11	2.92	2.81	2.73	2.67	2.62	2.59	2.56
9	3.36	3.01	2.81	2.69	2.61	2.55	2.51	2.47	2.44
10	3.29	2.92	2.73	2.61	2.52	2.46	2.41	2.38	2.35
11	3.23	2.86	2.66	2.54	2.45	2.39	2.34	2.30	2.27
12	3.18	2.81	2.61	2.48	2.39	2.33	2.28	2.24	2.21
13	3.14	2.76	2.56	2.43	2.35	2.28	2.23	2.20	2.16
14	3.10	2.73	2.52	2.39	2.31	2.24	2.19	2.15	2.12
15	3.07	2.70	2.49	2.36	2.27	2.21	2.16	2.12	2.09
16	3.05	2.67	2.46	2.33	2.24	2.18	2.13	2.09	2.06
17	3.03	2.64	2.44	2.31	2.22	2.15	2.10	2.06	2.03
18	3.01	2.62	2.42	2.29	2.20	2.13	2.08	2.04	2.00
19	2.99	2.61	2.40	2.27	2.18	2.11	2.06	2.02	1.98
20	2.97	2.59	2.38	2.25	2.16	2.09	2.04	2.00	1.96
21	2.96	2.57	2.36	2.23	2.14	2.08	2.02	1.98	1.95
22	2.95	2.56	2.35	2.22	2.13	2.06	2.01	1.97	1.93
23	2.94	2.55	2.34	2.21	2.11	2.05	1.99	1.95	1.92
24	2.93	2.54	2.33	2.19	2.10	2.04	1.98	1.94	1.91
25	2.92	2.53	2.32	2.18	2.09	2.02	1.97	1.93	1.89
26	2.91	2.52	2.31	2.17	2.08	2.01	1.96	1.92	1.88
27	2.90	2.51	2.30	2.17	2.07	2.00	1.95	1.91	1.87
28	2.89	2.50	2.29	2.16	2.06	2.00	1.94	1.90	1.87
29	2.89	2.50	2.28	2.15	2.06	1.99	1.93	1.89	1.86
30	2.88	2.49	2.28	2.14	2.05	1.98	1.93	1.88	1.85
40	2.84	2.44	2.23	2.09	2.00	1.93	1.87	1.83	1.79
60	2.79	2.39	2.18	2.04	1.95	1.87	1.82	1.77	1.74
120	2.75	2.35	2.13	1.99	1.90	1.82	1.77	1.72	1.68
∞	2.71	2.30	2.08	1.94	1.85	1.77	1.72	1.67	1.63

续表

$p = 0.90$

n_2 \ n_1	10	12	15	20	24	30	40	60	120	∞
1	60.19	60.71	61.22	61.74	62.00	62.26	62.53	62.79	63.06	63.33
2	9.39	9.41	9.42	9.44	9.45	9.46	9.47	9.47	9.48	9.49
3	5.23	5.22	5.20	5.18	5.18	5.17	5.16	5.15	5.14	5.13
4	3.92	3.90	3.87	3.84	3.83	3.82	3.80	3.79	3.78	3.76
5	3.30	3.27	3.24	3.21	3.19	3.17	3.16	3.14	3.12	3.10
6	2.94	2.90	2.87	2.84	2.82	2.80	2.78	2.76	2.74	2.72
7	2.70	2.67	2.63	2.59	2.58	2.56	2.54	2.51	2.49	2.47
8	2.54	2.50	2.46	2.42	2.40	2.38	2.36	2.34	2.32	2.29
9	2.42	2.38	2.34	2.30	2.28	2.25	2.23	2.21	2.18	2.16
10	2.32	2.28	2.24	2.20	2.18	2.16	2.13	2.11	2.08	2.06
11	2.25	2.21	2.17	2.12	2.10	2.08	2.05	2.03	2.00	1.97
12	2.19	2.15	2.10	2.06	2.04	2.01	1.99	1.96	1.93	1.90
13	2.14	2.10	2.05	2.01	1.98	1.96	1.93	1.90	1.88	1.85
14	2.10	2.05	2.01	1.96	1.94	1.91	1.89	1.86	1.83	1.80
15	2.06	2.02	1.97	1.92	1.90	1.87	1.85	1.82	1.79	1.76
16	2.03	1.99	1.94	1.89	1.87	1.84	1.81	1.78	1.75	1.72
17	2.00	1.96	1.91	1.86	1.84	1.81	1.78	1.75	1.72	1.69
18	1.98	1.93	1.89	1.84	1.81	1.78	1.75	1.72	1.69	1.66
19	1.96	1.91	1.86	1.81	1.79	1.76	1.73	1.70	1.67	1.63
20	1.94	1.89	1.84	1.79	1.77	1.74	1.71	1.68	1.64	1.61
21	1.92	1.87	1.83	1.78	1.75	1.72	1.69	1.66	1.62	1.59
22	1.90	1.86	1.81	1.76	1.73	1.70	1.67	1.64	1.60	1.57
23	1.89	1.84	1.80	1.74	1.72	1.69	1.66	1.62	1.59	1.55
24	1.88	1.83	1.78	1.73	1.70	1.67	1.64	1.61	1.57	1.53
25	1.87	1.82	1.77	1.72	1.69	1.66	1.63	1.59	1.56	1.52
26	1.86	1.81	1.76	1.71	1.68	1.65	1.61	1.58	1.54	1.50
27	1.85	1.80	1.75	1.70	1.67	1.64	1.60	1.57	1.53	1.49
28	1.84	1.79	1.74	1.69	1.66	1.63	1.59	1.56	1.52	1.48
29	1.83	1.78	1.73	1.68	1.65	1.62	1.58	1.55	1.51	1.47
30	1.82	1.77	1.72	1.67	1.64	1.61	1.57	1.54	1.50	1.46
40	1.76	1.71	1.66	1.61	1.57	1.54	1.51	1.47	1.42	1.38
60	1.71	1.66	1.60	1.54	1.51	1.48	1.44	1.40	1.35	1.29
120	1.65	1.60	1.55	1.48	1.45	1.41	1.37	1.32	1.26	1.19
∞	1.60	1.55	1.49	1.42	1.38	1.34	1.30	1.24	1.17	1.00

续表

$p = 0.95$

n_2 \ n_1	1	2	3	4	5	6	7	8	9
1	161.4	199.5	215.7	224.6	230.2	234.0	236.8	238.9	240.5
2	18.51	19.00	19.16	19.25	19.30	19.33	19.35	19.37	19.38
3	10.13	9.55	9.28	9.12	9.01	8.94	8.89	8.85	8.81
4	7.71	6.94	6.59	6.39	6.26	6.16	6.09	6.04	6.00
5	6.61	5.79	5.41	5.19	5.05	4.95	4.88	4.82	4.77
6	5.99	5.14	4.76	4.53	4.39	4.28	4.21	4.15	4.10
7	5.59	4.74	4.35	4.12	3.97	3.87	3.79	3.73	3.68
8	5.32	4.46	4.07	3.84	3.69	3.58	3.50	3.44	3.39
9	5.12	4.26	3.86	3.63	3.48	3.37	3.29	3.23	3.18
10	4.96	4.10	3.71	3.48	3.33	3.22	3.14	3.07	3.02
11	4.84	3.98	3.59	3.36	3.20	3.09	3.01	2.95	2.90
12	4.75	3.89	3.49	3.26	3.11	3.00	2.91	2.85	2.80
13	4.67	3.81	3.41	3.18	3.03	2.92	2.83	2.77	2.71
14	4.60	3.74	3.34	3.11	2.96	2.85	2.76	2.70	2.65
15	4.54	3.68	3.29	3.06	2.90	2.79	2.71	2.64	2.59
16	4.49	3.63	3.24	3.01	2.85	2.74	2.66	2.59	2.54
17	4.45	3.59	3.20	2.96	2.81	2.70	2.61	2.55	2.49
18	4.41	3.55	3.16	2.93	2.77	2.66	2.58	2.51	2.46
19	4.38	3.52	3.13	2.90	2.74	2.63	2.54	2.48	2.42
20	4.35	3.49	3.10	2.87	2.71	2.60	2.51	2.45	2.39
21	4.32	3.47	3.07	2.84	2.68	2.57	2.49	2.42	2.37
22	4.30	3.44	3.05	2.82	2.66	2.55	2.46	2.40	2.34
23	4.28	3.42	3.03	2.80	2.64	2.53	2.44	2.37	2.32
24	4.26	3.40	3.01	2.78	2.62	2.51	2.42	2.36	2.30
25	4.24	3.39	2.99	2.76	2.60	2.49	2.40	2.34	2.28
26	4.23	3.37	2.98	2.74	2.59	2.47	2.39	2.32	2.27
27	4.21	3.35	2.96	2.73	2.57	2.46	2.37	2.31	2.25
28	4.20	3.34	2.95	2.71	2.56	2.45	2.36	2.29	2.24
29	4.18	3.33	2.93	2.70	2.55	2.43	2.35	2.28	2.22
30	4.17	3.32	2.92	2.69	2.53	2.42	2.33	2.27	2.21
40	4.08	3.23	2.84	2.61	2.45	2.34	2.25	2.18	2.12
60	4.06	3.15	2.76	2.53	2.37	2.25	2.17	2.10	2.04
120	3.92	3.07	2.68	2.45	2.29	2.17	2.09	2.02	1.96
∞	3.84	3.00	2.60	2.37	2.21	2.10	2.01	1.94	1.88

续表

$p=0.95$

n_2 \ n_1	10	12	15	20	24	30	40	60	120	∞
1	241.9	243.9	245.9	248.0	249.1	250.1	251.1	252.2	253.3	254.3
2	19.40	19.41	19.43	19.45	19.45	19.46	19.47	19.48	19.49	19.50
3	8.79	8.74	8.70	8.66	8.64	8.62	8.59	8.57	8.55	8.53
4	5.96	5.91	5.86	5.80	5.77	5.75	5.72	5.69	5.66	5.63
5	4.74	4.68	4.62	4.56	4.53	4.50	4.46	4.43	4.40	4.36
6	4.06	4.00	3.94	3.87	3.84	3.81	3.77	3.74	3.70	3.67
7	3.64	3.57	3.51	3.44	3.41	3.38	3.34	3.30	3.27	3.23
8	3.35	3.28	3.22	3.15	3.12	3.08	3.04	3.01	2.97	2.93
9	3.14	3.07	3.01	2.94	2.90	2.86	2.83	2.79	2.75	2.71
10	2.98	2.91	2.85	2.77	2.74	2.70	2.66	2.62	2.58	2.54
11	2.85	2.79	2.72	2.65	2.61	2.57	2.53	2.49	2.45	2.40
12	2.75	2.69	2.62	2.54	2.51	2.47	2.43	2.38	2.34	2.30
13	2.67	2.60	2.53	2.46	2.42	2.38	2.34	2.30	2.25	2.21
14	2.60	2.53	2.46	2.39	2.35	2.31	2.27	2.22	2.18	2.13
15	2.54	2.48	2.40	2.33	2.29	2.25	2.20	2.16	2.11	2.07
16	2.49	2.42	2.35	2.28	2.24	2.19	2.15	2.11	2.06	2.01
17	2.45	2.38	2.31	2.23	2.19	2.15	2.10	2.06	2.01	1.96
18	2.41	2.34	2.27	2.19	2.15	2.11	2.06	2.02	1.97	1.92
19	2.38	2.31	2.23	2.16	2.11	2.07	2.03	1.98	1.93	1.88
20	2.35	2.28	2.20	2.12	2.08	2.04	1.99	1.95	1.90	1.84
21	2.32	2.25	2.18	2.10	2.05	2.01	1.96	1.92	1.87	1.81
22	2.30	2.23	2.15	2.07	2.03	1.98	1.94	1.89	1.84	1.78
23	2.27	2.20	2.13	2.05	2.01	1.96	1.91	1.86	1.81	1.76
24	2.25	2.18	2.11	2.03	1.98	1.94	1.89	1.84	1.79	1.73
25	2.24	2.16	2.09	2.01	1.96	1.92	1.87	1.82	1.77	1.71
26	2.22	2.15	2.07	1.99	1.95	1.90	1.85	1.80	1.75	1.69
27	2.20	2.13	2.06	1.97	1.93	1.88	1.84	1.79	1.73	1.67
28	2.19	2.12	2.04	1.96	1.91	1.87	1.82	1.77	1.71	1.65
29	2.18	2.10	2.03	1.94	1.90	1.85	1.81	1.75	1.70	1.64
30	2.16	2.09	2.01	1.93	1.89	1.84	1.79	1.74	1.68	1.62
40	2.08	2.00	1.92	1.84	1.79	1.74	1.69	1.64	1.58	1.51
60	1.99	1.92	1.84	1.75	1.70	1.65	1.59	1.53	1.47	1.39
120	1.91	1.83	1.75	1.66	1.61	1.55	1.50	1.43	1.35	1.25
∞	1.83	1.75	1.67	1.57	1.52	1.46	1.39	1.32	1.22	1.00

续表

$p=0.975$

n_2 \ n_1	1	2	3	4	5	6	7	8	9
1	647.8	799.5	864.2	899.6	921.8	937.1	948.2	956.7	963.3
2	38.51	39.00	39.17	39.25	39.30	39.33	39.36	39.37	39.39
3	17.44	16.04	15.44	15.10	14.88	14.73	14.62	14.54	14.47
4	12.22	10.65	9.98	9.60	9.36	9.20	9.07	8.98	8.90
5	10.01	8.43	7.76	7.39	7.15	6.98	6.85	6.67	6.68
6	8.81	7.26	6.60	6.23	5.99	5.82	5.70	5.60	6.68
7	8.07	6.54	5.89	5.52	5.29	5.12	4.99	4.90	4.82
8	7.57	6.06	5.42	5.05	4.82	4.65	4.53	4.43	4.36
9	7.21	5.71	5.03	4.72	4.48	4.32	4.20	4.10	4.03
10	6.94	5.46	4.83	4.47	4.24	4.07	3.95	3.85	3.78
11	6.72	5.26	4.63	4.28	4.04	3.88	3.76	3.66	3.59
12	6.55	5.10	4.42	4.12	3.89	3.73	3.61	3.51	3.44
13	6.41	4.97	4.35	4.00	3.77	3.60	3.48	3.39	3.31
14	6.30	4.86	4.24	3.89	3.66	3.50	3.38	3.29	3.21
15	6.20	4.77	4.15	3.80	3.58	3.41	3.29	3.20	3.12
16	6.12	4.69	4.08	3.73	3.50	3.34	3.22	3.12	3.05
17	6.01	4.62	4.01	3.66	3.44	3.28	3.16	3.06	2.98
18	5.98	4.56	3.95	3.61	3.38	3.22	3.10	3.01	2.93
19	5.92	4.51	3.90	3.56	3.33	3.17	3.05	2.96	2.88
20	5.87	4.46	3.86	3.51	3.29	3.13	3.01	2.91	2.84
21	5.83	4.42	3.82	3.48	3.25	3.09	2.97	2.87	2.80
22	5.79	4.38	3.78	3.44	3.22	3.05	2.93	2.84	2.76
23	5.75	4.35	3.75	3.41	3.18	3.02	2.90	2.81	2.73
24	5.72	4.32	3.72	3.38	3.15	2.99	2.87	2.78	2.70
25	5.69	4.29	3.69	3.35	3.13	2.97	2.85	2.75	2.68
26	5.66	4.27	3.67	3.33	3.10	2.94	2.82	2.73	2.65
27	5.63	4.24	3.65	3.31	3.08	2.92	2.80	2.71	2.63
28	5.61	4.22	3.63	3.29	3.06	2.90	2.78	2.69	2.61
29	5.59	4.20	3.61	3.27	3.04	2.88	2.76	2.67	2.59
30	5.57	4.18	3.59	3.25	3.03	2.87	2.75	2.65	2.57
40	5.42	4.05	3.46	3.13	2.90	2.74	2.62	2.53	2.45
60	5.29	3.93	3.34	3.01	2.79	2.63	2.51	2.41	2.33
120	5.15	3.80	3.23	2.89	2.67	2.52	2.39	2.30	2.22
∞	5.02	3.69	3.12	2.79	2.57	2.41	2.29	2.19	2.11

续表

$p=0.975$

n_2 \ n_1	10	12	15	20	24	30	40	60	120	∞
1	968.6	976.7	984.9	993.1	997.2	1001	1006	1010	1014	1018
2	39.40	39.41	39.43	39.45	39.46	39.46	39.47	39.48	39.49	39.50
3	14.42	14.34	14.25	14.17	14.12	14.08	14.04	13.99	13.95	13.90
4	8.84	8.75	8.66	8.56	8.51	8.46	8.41	8.36	8.31	8.26
5	6.62	6.52	6.43	6.33	6.28	6.23	6.18	6.12	6.07	6.02
6	5.46	5.37	5.27	5.17	5.12	5.07	5.01	4.96	4.90	4.85
7	4.76	4.67	4.57	4.47	4.42	4.36	4.31	4.25	4.20	4.14
8	4.30	4.20	4.10	4.00	3.95	3.89	3.84	3.78	3.73	3.67
9	3.96	3.87	3.77	3.67	3.61	3.56	3.51	3.45	3.39	3.33
10	3.72	3.62	3.52	3.42	3.37	3.31	3.26	3.20	3.14	3.08
11	3.53	3.43	3.33	3.23	3.17	3.12	3.06	3.00	2.94	2.88
12	3.37	3.28	3.18	3.07	3.02	2.96	2.91	2.85	2.79	2.72
13	3.25	3.15	3.05	2.95	2.89	2.84	2.78	2.72	2.66	2.60
14	3.15	3.05	2.95	2.84	2.79	2.73	2.67	2.61	2.55	2.49
15	3.06	2.96	2.86	2.76	2.70	2.64	2.59	2.52	2.46	2.40
16	2.99	2.89	2.79	2.68	2.63	2.57	2.51	2.45	2.38	2.32
17	2.92	2.82	2.72	2.62	2.56	2.50	2.44	2.38	2.32	2.25
18	2.87	2.77	2.67	2.56	2.50	2.44	2.38	2.32	2.26	2.19
19	2.82	2.72	2.62	2.51	2.45	2.39	2.33	2.27	2.20	2.13
20	2.77	2.68	2.57	2.46	2.41	2.35	2.29	2.22	2.16	2.09
21	2.73	2.64	2.53	2.42	2.37	2.31	2.25	2.18	2.11	2.04
22	2.70	2.60	2.50	2.39	2.33	2.27	2.21	2.14	2.08	2.00
23	2.67	2.57	2.47	2.36	2.30	2.24	2.18	2.11	2.04	1.97
24	2.64	2.54	2.44	2.33	2.27	2.21	2.15	2.08	2.01	1.94
25	2.61	2.51	2.41	2.30	2.24	2.18	2.12	2.05	1.98	1.91
26	2.59	2.49	2.39	2.28	2.22	2.16	2.09	2.03	1.95	1.88
27	2.57	2.47	2.36	2.25	2.19	2.13	2.07	2.00	1.93	1.85
28	2.55	2.45	2.34	2.23	2.17	2.11	2.05	1.98	1.91	1.83
29	2.53	2.43	2.32	2.21	2.15	2.09	2.03	1.96	1.89	1.81
30	2.51	2.41	2.31	2.20	2.14	2.07	2.01	1.94	1.87	1.79
40	2.39	2.29	2.18	2.07	2.01	1.94	1.88	1.80	1.72	1.64
60	2.27	2.17	2.06	1.94	1.88	1.82	1.74	1.67	1.58	1.48
120	2.16	2.05	1.94	1.82	1.76	1.69	1.61	1.53	1.43	1.31
∞	2.05	1.94	1.83	1.71	1.64	1.57	1.48	1.39	1.27	1.00

续表

$p = 0.99$

n_2 \ n_1	1	2	3	4	5	6	7	8	9
1	4652	4999.5	5403	5625	5764	5859	5928	5982	6022
2	98.50	90.00	99.17	99.25	99.30	99.33	99.36	99.37	99.39
3	34.12	30.82	29.46	28.71	28.24	27.91	27.67	27.49	27.35
4	21.20	18.00	16.69	15.98	15.53	15.21	14.98	14.80	14.66
5	16.26	13.27	12.06	11.39	10.97	10.67	10.46	10.29	10.16
6	13.75	10.92	9.78	9.15	8.75	8.47	8.26	8.10	7.98
7	12.25	9.55	8.45	7.85	7.45	7.19	6.99	6.84	6.72
8	11.26	8.65	7.59	7.01	6.63	6.37	6.18	6.03	5.91
9	10.56	8.02	6.99	6.42	6.06	5.80	5.61	5.47	5.35
10	10.04	7.56	6.55	5.99	5.64	5.39	5.20	5.06	4.94
11	9.65	7.21	6.22	5.67	5.32	5.07	4.89	4.74	4.63
12	9.33	6.93	5.95	5.41	5.06	4.82	4.64	4.50	4.39
13	9.07	6.70	5.74	5.21	4.86	4.62	4.44	4.30	4.19
14	8.86	6.51	5.56	5.04	4.69	4.46	4.28	4.14	4.03
15	8.68	6.36	5.42	4.89	4.56	4.32	4.14	4.00	3.89
16	8.53	6.23	5.29	4.77	4.44	4.20	4.03	3.89	3.78
17	8.40	6.11	5.18	4.67	4.34	4.10	3.93	3.79	3.68
18	8.29	6.01	5.09	4.58	4.25	4.01	3.84	3.71	3.60
19	8.18	5.93	5.01	4.50	4.17	3.94	3.77	3.63	3.52
20	8.10	5.85	4.94	4.43	4.10	3.87	3.70	3.56	3.46
21	8.02	5.78	4.87	4.37	4.04	3.81	3.64	3.51	3.40
22	7.95	5.72	4.83	4.31	3.99	3.76	3.59	3.45	3.35
23	7.88	5.66	4.76	4.26	3.94	3.71	3.54	3.41	3.30
24	7.82	5.61	4.72	4.22	3.90	3.67	3.50	3.30	3.26
25	7.77	5.57	4.68	4.18	3.85	3.63	3.46	3.32	3.22
26	7.72	5.52	4.64	4.14	3.82	3.59	3.42	3.29	3.18
27	7.68	5.49	4.60	4.11	3.78	3.56	3.39	3.26	3.15
28	7.64	5.45	4.57	4.07	3.75	3.53	3.36	3.23	3.12
29	7.60	5.42	4.54	4.04	3.73	3.50	3.33	3.20	3.09
30	7.56	5.39	4.51	4.02	3.70	3.47	3.30	3.17	3.07
40	7.31	5.18	4.31	3.83	3.51	3.29	3.12	2.99	2.89
60	7.08	4.98	4.13	3.65	3.34	3.12	2.95	2.82	2.72
120	6.85	4.79	3.95	3.48	3.17	2.96	2.79	2.66	2.56
∞	6.63	4.61	3.78	3.32	3.02	2.80	2.64	2.51	2.41

续表

$p=0.99$

n_2 \ n_1	10	12	15	20	24	30	40	60	120	∞
1	6056	6106	6157	6200	6235	6261	6287	6313	6339	6366
2	99.40	99.42	99.43	99.45	99.46	99.47	99.47	99.48	99.49	99.50
3	27.23	27.05	26.87	26.69	26.60	26.50	26.41	26.32	26.22	26.13
4	14.55	14.37	14.20	14.02	13.93	13.84	13.75	13.65	13.56	13.46
5	10.05	9.89	9.72	9.55	9.47	9.38	9.29	9.20	9.11	9.02
6	7.87	7.72	7.56	7.40	7.31	7.23	7.14	7.06	6.97	6.88
7	6.62	6.47	6.31	6.16	6.07	5.99	5.91	5.82	5.74	5.65
8	5.81	5.67	5.52	5.36	5.28	5.20	5.12	5.03	4.95	4.86
9	5.26	5.11	4.96	4.81	4.73	4.65	4.57	4.48	4.40	4.31
10	4.85	4.71	4.56	4.41	4.33	4.25	4.17	4.08	4.00	3.91
11	4.54	4.40	4.25	4.10	4.02	3.94	3.86	3.78	3.69	3.60
12	4.30	4.16	4.01	3.86	3.78	3.70	3.62	3.54	3.45	3.36
13	4.10	3.96	3.82	3.66	3.59	3.51	3.43	3.34	3.25	3.17
14	3.94	3.80	3.66	3.51	3.43	3.35	3.27	3.18	3.09	3.00
15	3.80	3.67	3.52	3.37	3.29	3.21	3.13	3.05	2.96	2.87
16	3.69	3.55	3.41	3.26	3.18	3.10	3.02	2.93	2.84	2.75
17	3.59	3.46	3.31	3.16	3.08	3.00	2.92	2.83	2.75	2.65
18	3.51	3.37	3.23	3.08	3.00	2.92	2.84	2.75	2.66	2.57
19	3.43	3.30	3.15	3.00	2.92	2.84	2.76	2.67	2.58	2.49
20	3.37	3.23	3.09	2.94	2.86	2.78	2.69	2.61	2.52	2.42
21	3.31	3.17	3.03	2.88	2.80	2.72	2.64	2.55	2.46	2.36
22	3.26	3.12	2.98	2.83	2.75	2.67	2.53	2.50	2.40	2.31
23	3.21	3.07	2.93	2.78	2.70	2.62	2.54	2.45	2.35	2.26
24	3.17	3.03	2.89	2.74	2.66	2.58	2.49	2.40	2.31	2.21
25	3.13	2.99	2.85	2.70	2.62	2.54	2.45	2.36	2.27	2.17
26	3.09	2.96	2.81	2.66	2.58	2.50	2.42	2.33	2.23	2.13
27	3.06	2.93	2.78	2.63	2.55	2.47	2.38	2.29	2.20	2.10
28	3.03	2.90	2.75	2.60	0.52	2.44	2.35	2.26	2.17	2.06
29	3.00	2.87	2.73	2.57	2.49	2.41	2.33	2.23	2.14	2.03
30	2.98	2.84	2.70	2.55	2.47	2.39	2.30	2.21	2.11	2.01
40	2.80	2.66	2.52	2.37	2.29	2.20	2.11	2.02	1.92	1.80
60	2.63	2.50	2.35	2.20	2.12	2.03	1.94	1.84	1.73	1.60
120	2.47	2.34	2.19	2.03	1.95	1.86	1.76	1.66	1.53	1.38
∞	2.32	2.18	2.04	1.88	1.79	1.70	1.59	1.47	1.32	1.00

续表

$p=0.995$

n_1 n_2	1	2	3	4	5	6	7	8	9
1	16211	20000	21615	22500	23056	23437	23715	23925	24091
2	198.5	199.0	199.2	199.2	199.3	199.3	199.4	199.4	199.4
3	55.55	49.80	47.47	46.19	45.39	44.84	44.43	44.13	43.88
4	31.33	26.28	24.26	23.15	22.46	21.97	21.62	21.35	21.14
5	22.78	18.31	16.53	15.56	14.94	14.51	14.20	13.96	13.77
6	18.63	14.54	12.92	12.03	11.46	11.07	10.79	10.57	10.39
7	16.24	12.40	10.88	10.05	9.52	9.16	8.89	8.68	8.51
8	14.69	11.04	9.60	8.81	8.30	7.95	7.69	7.50	7.34
9	13.61	10.11	8.72	7.96	7.47	7.13	6.88	6.69	6.54
10	12.83	9.43	8.08	7.34	6.87	6.54	6.30	6.12	5.97
11	12.23	8.91	7.60	6.88	6.42	6.10	5.86	5.68	5.54
12	11.75	8.51	7.23	6.52	6.07	5.76	5.52	5.35	5.20
13	11.37	8.19	6.93	6.23	5.79	5.48	5.25	5.08	4.94
14	11.06	7.92	6.68	6.00	5.56	5.26	5.03	4.86	4.72
15	10.80	7.70	6.48	5.80	5.37	5.07	4.85	4.67	4.54
16	10.58	7.51	6.30	5.64	5.21	4.91	4.69	4.52	4.38
17	10.38	7.35	6.16	5.50	5.07	4.78	4.56	4.39	4.25
18	10.22	7.21	6.03	5.37	4.96	4.66	4.44	4.28	4.14
19	10.07	7.09	5.92	5.27	4.85	4.56	4.34	4.18	4.04
20	9.94	6.99	5.82	5.17	4.76	4.47	4.26	4.09	3.96
21	9.83	6.89	5.73	5.09	4.68	4.39	4.18	4.01	3.88
22	9.73	6.81	5.65	5.02	4.61	4.32	4.11	3.94	3.81
23	9.63	6.73	5.58	4.95	4.54	4.26	4.05	3.88	3.75
24	9.55	6.66	5.52	4.89	4.49	4.20	3.99	3.83	3.69
25	9.48	6.60	5.46	4.84	4.43	4.15	3.94	3.78	3.64
26	9.41	6.54	5.41	4.79	4.38	4.10	3.89	3.73	3.60
27	9.34	6.49	5.36	4.47	4.34	4.06	3.85	3.69	3.56
28	9.28	6.44	5.32	4.70	4.30	4.02	3.81	3.65	3.52
29	9.23	6.40	5.28	4.66	4.26	3.98	3.77	3.61	3.48
30	9.18	6.35	5.24	4.62	4.23	3.95	3.74	3.58	3.45
40	8.83	6.07	4.98	4.37	3.99	3.71	3.51	3.35	3.22
60	8.49	5.79	4.73	4.14	3.76	3.49	3.29	3.13	3.01
120	8.18	5.54	4.50	3.92	3.55	3.28	3.09	2.93	2.81
∞	7.88	5.30	4.28	3.72	3.35	3.09	2.90	2.74	2.62

续表

$p = 0.995$

n_2 \ n_1	10	12	15	20	24	30	40	60	120	∞
1	24224	24426	24630	24836	24940	25044	25148	25253	25359	25465
2	199.4	199.4	199.4	199.4	199.5	199.5	199.5	199.5	199.5	199.5
3	43.69	43.39	43.08	42.78	42.62	42.47	42.31	42.15	41.99	41.83
4	20.97	20.70	20.44	20.17	20.03	19.89	19.75	19.61	19.47	19.32
5	13.62	13.38	13.15	12.90	12.78	12.66	12.53	12.40	12.27	12.14
6	10.25	10.03	9.81	9.59	9.47	9.36	9.24	9.12	9.00	8.88
7	8.38	8.18	7.97	7.75	7.65	7.53	7.42	7.31	7.19	7.08
8	7.21	7.01	6.81	6.61	6.50	6.40	6.29	6.18	6.06	5.95
9	6.42	6.23	6.03	5.83	5.73	5.62	5.52	5.41	5.30	5.19
10	5.85	5.66	5.47	5.27	5.17	5.67	4.97	4.86	4.75	4.64
11	5.42	5.24	5.05	4.86	4.76	4.65	4.55	4.44	4.34	4.23
12	5.09	4.91	4.72	4.53	4.43	4.33	4.23	4.12	4.01	3.90
13	4.82	4.64	4.46	4.27	4.17	4.07	3.97	3.87	3.76	3.65
14	4.60	4.43	4.25	4.06	3.96	3.86	3.76	3.66	3.55	3.44
15	4.42	4.25	4.07	3.88	3.79	3.69	3.58	3.48	3.37	3.26
16	4.27	4.10	3.92	3.73	3.64	3.54	3.44	3.33	3.22	3.11
17	4.14	3.97	3.79	3.61	3.51	3.41	3.31	3.21	3.10	2.98
18	4.03	3.86	3.68	3.50	3.40	3.30	3.20	3.10	2.99	2.87
19	3.93	3.76	3.59	3.40	3.31	3.21	3.11	3.00	2.89	2.78
20	3.85	3.68	3.50	3.32	3.22	3.12	3.02	2.92	2.81	2.69
21	3.77	3.60	3.43	3.24	3.15	3.05	2.95	2.84	2.73	2.61
22	3.70	3.54	3.36	3.18	3.08	2.98	2.88	2.77	2.66	2.55
23	3.64	3.47	3.30	3.12	3.02	2.92	2.82	2.71	2.60	2.48
24	3.59	3.42	3.25	3.06	2.97	2.87	2.77	2.66	2.55	2.43
25	3.54	3.37	3.20	3.01	2.92	2.82	2.72	2.61	2.50	2.39
26	3.49	3.33	3.15	2.97	2.87	2.77	2.67	2.56	2.45	2.33
27	3.45	3.28	3.11	2.93	2.83	2.73	2.63	2.52	2.41	2.29
28	3.41	3.25	3.07	2.89	2.79	2.69	2.59	2.48	2.37	2.25
29	3.38	3.21	3.04	2.86	2.76	2.66	2.56	2.45	2.33	2.21
30	3.34	3.18	3.01	2.82	2.73	2.63	2.52	2.42	2.30	2.18
40	3.12	2.95	2.78	2.60	2.50	2.40	2.30	2.18	2.06	1.93
60	2.90	2.74	2.57	2.39	2.29	2.19	2.08	1.96	1.83	1.69
120	2.71	2.54	2.37	2.19	2.09	1.98	1.87	1.75	1.61	1.43
∞	2.52	2.36	2.19	2.00	1.90	1.79	1.67	1.53	1.36	1.00

附表6 泊松分布表

表中列出 $\sum_{i=0}^{k} \frac{\lambda^i}{i!} e^{-\lambda}$ 的值

k \ λ	0.1	0.2	0.3	0.4	0.5	0.6	0.7	0.8
0	0.90484	0.81873	0.74082	0.67032	0.60653	0.54881	0.49659	0.44933
1	0.99532	0.98248	0.96306	0.93845	0.90980	0.87810	0.84420	0.80879
2	0.99985	0.99885	0.99640	0.99207	0.98561	0.97789	0.96586	0.95258
3	1.00000	0.99994	0.99972	0.99922	0.99825	0.99764	0.99425	0.99092
4		1.00000	0.99997	0.99994	0.99983	0.99961	0.99921	0.99859
5			1.00000	1.00000	0.99999	0.99996	0.99991	0.99982
6					1.00000	1.00000	0.99999	0.99998
7							1.00000	1.00000

k \ λ	0.9	1.0	1.2	1.4	1.6	1.8	2.0
0	0.40657	0.36788	0.30119	0.24660	0.20190	0.16530	0.13534
1	0.77248	0.73576	0.66263	0.59183	0.52493	0.46284	0.40601
2	0.93714	0.91970	0.87949	0.83350	0.78336	0.73062	0.67668
3	0.98854	0.98101	0.96623	0.94627	0.92119	0.89129	0.85712
4	0.99766	0.99634	0.99225	0.98575	0.97632	0.96359	0.94735
5	0.99966	0.99941	0.99850	0.99680	0.99396	0.98962	0.98344
6	0.99996	0.99992	0.99975	0.99938	0.99866	0.99743	0.99547
7	1.00000	0.99999	0.99996	0.99989	0.99974	0.99944	0.99890
8		1.00000	0.99999	0.99998	0.99995	0.99989	0.99976
9			1.00000	1.00000	0.99999	0.99998	0.99995
10					1.00000	1.00000	0.99999
11							1.00000

续表

k \ λ	2.5	3.0	3.5	4.0	4.5	5.0
0	0.08208	0.04979	0.03020	0.01832	0.01111	0.00674
1	0.28730	0.19915	0.13589	0.09158	0.06110	0.04043
2	0.54381	0.42319	0.32085	0.23810	0.17358	0.12465
3	0.75758	0.64723	0.53663	0.43347	0.35230	0.26503
4	0.89118	0.81526	0.72544	0.62884	0.54210	0.44049
5	0.95798	0.91608	0.85761	0.78513	0.70293	0.61596
6	0.98581	0.96649	0.93471	0.88933	0.83105	0.76218
7	0.99575	0.98810	0.97326	0.94887	0.91341	0.86663
8	0.99886	0.99620	0.99013	0.97864	0.95974	0.93191
9	0.99972	0.99890	0.99668	0.99187	0.98291	0.96817
10	0.99994	0.99971	0.99898	0.99716	0.99333	0.98630
11	0.99999	0.99993	0.99971	0.99908	0.99760	0.99455
12	1.00000	0.99998	0.99992	0.99973	0.99919	0.99798
13		1.00000	0.99998	0.99992	0.99975	0.99930
14			1.00000	0.99998	0.99993	0.99977
15				1.00000	0.99998	0.99993
16					0.99999	0.99998
17					1.00000	0.99999
18						1.00000

附表 7 符号检验表

表中列出使 $\sum_{i=0}^{\tau} C_N^i \left(\frac{1}{2}\right)^N \leq \frac{\alpha}{2}$ 的最大整数 τ_α

N	α 0.05	α 0.10	N	α 0.05	α 0.10	N	α 0.05	α 0.10	N	α 0.05	α 0.10	N	α 0.05	α 0.10
1	—	—	19	4	5	37	12	13	55	19	20	73	27	28
2	—	—	20	5	5	38	12	13	56	20	21	74	28	29
3	—	—	21	5	6	39	12	13	57	20	21	75	28	29
4	—	—	22	5	6	40	13	14	58	21	22	76	28	30
5	—	0	23	6	7	41	13	14	59	21	22	77	29	30
6	0	0	24	6	7	42	14	15	60	21	23	78	29	31
7	0	0	25	7	7	43	14	15	61	22	23	79	30	31
8	0	1	26	7	8	44	15	16	62	22	24	80	30	32
9	1	1	27	7	8	45	15	16	63	23	24	81	31	32
10	1	1	28	8	9	46	15	16	64	23	24	82	31	33
11	1	2	29	8	9	47	16	17	65	24	25	83	32	33
12	2	2	30	9	10	48	16	17	66	24	25	84	32	33
13	2	3	31	9	10	49	17	18	67	25	26	85	32	34
14	2	3	32	9	10	50	17	18	68	25	26	86	33	34
15	3	3	33	10	11	51	18	19	69	25	27	87	33	35
16	3	4	34	10	11	52	18	19	70	26	27	88	34	35
17	4	4	35	11	12	53	18	20	71	26	28	89	34	36
18	4	5	36	11	12	54	19	20	72	27	28	90	35	36

附表 8　秩和检验表

表中列出秩和下限 $T_1(\alpha)$ 及秩和上限 $T_2(\alpha)$ 的值

n_1	n_2	$T_1(\alpha)$	$T_2(\alpha)$	n_1	n_2	$T_1(\alpha)$	$T_2(\alpha)$	n_1	n_2	$T_1(\alpha)$	$T_2(\alpha)$
		$\alpha=0.1$								$\alpha=0.05$	
2	4	3	11	2	6	3	15	5	6	19	41
2	5	3	13	2	7	3	17	5	7	20	45
2	6	4	14	2	8	3	19	5	8	21	49
2	7	4	16	2	9	3	21	5	9	22	53
2	8	4	18	2	10	4	22	5	10	24	56
2	9	4	20	3	4	6	18	6	6	26	52
2	10	5	21	3	5	6	21	6	7	28	56
3	3	6	15	3	6	7	23	6	8	29	61
3	4	7	17	3	7	8	25	6	9	31	65
3	5	7	20	3	8	8	28	6	10	33	69
3	6	8	22	3	9	9	30	7	7	37	68
3	7	9	24	3	10	9	33	7	8	39	73
3	8	9	27	4	4	11	25	7	9	43	83
3	9	10	29	4	5	12	28	7	10	49	87
3	10	11	31	4	6	12	32	8	8	51	93
4	4	12	24	4	7	13	35	8	9	54	98
4	5	13	27	4	8	14	38	8	10	63	108
4	6	14	30	4	9	15	41	9	9	66	114
4	7	15	33	4	10	16	44	9	10	79	131
4	8	16	36	5	5	18	37	10	10		
4	9	17	39								
4	10	18	42								

n_1	n_2	$T_1(\alpha)$	$T_2(\alpha)$
5	5	19	36
5	6	20	40
5	7	22	43
5	8	23	47
5	9	25	50
5	10	26	54
6	6	28	50
6	7	30	54
6	8	32	58
6	9	33	63
6	10	35	67
7	7	39	66
7	8	41	71
7	9	43	76
7	10	46	80
8	8	52	84
8	9	54	90
8	10	57	95
9	9	66	105
9	10	69	111
10	10	93	127

附表 9　常用分布表

名称	概率分析	数学期望	方差
0-1 分布	$p_k = p^k q^{1-k}$, $k=0,1$, $0<p<1, q=1-p$	p	pq
二项分布 $B(n,p)$	$p_k = C_n^k p^k q^{n-k}$, $k=0,1,\cdots,n$, $0<p<1, q=1-p$	np	npq
泊松分布 $\mathscr{P}(\lambda)$	$p_k = \dfrac{\lambda^k}{k!}e^{-\lambda}$, $\lambda>0$ $k=0,1,2,\cdots$	λ	λ
几何分布	$p_k = q^{k-1}p$, $k=1,2,\cdots$, $0<p<1, q=1-p$	$\dfrac{1}{p}$	$\dfrac{q}{p^2}$
超几何分布	$p_k = \dfrac{C_M^k C_{N-M}^{n-k}}{C_N^n}$ $k=0,1,\cdots,\min\{M,n\}$ $M\leqslant N, n\leqslant N-M, M,N,n$ 为正整数	$\dfrac{nM}{N}$	$\dfrac{nM}{N}\left(1-\dfrac{M}{N}\right)\left(\dfrac{N-n}{N-1}\right)$
均匀分布	$f(x) = \dfrac{1}{b-a}$①,　$a\leqslant x\leqslant b$	$\dfrac{a+b}{2}$	$\dfrac{(b-a)^2}{12}$

续表

名称	概率分析	数学期望	方差
指数分布	$f(x)=\lambda e^{-\lambda x}, x\geq 0,$ $\lambda>0$ 为常数	$\dfrac{1}{\lambda}$	$\dfrac{1}{\lambda^2}$
正态分布 $N(\mu,\sigma^2)$	$f(x)=\dfrac{1}{\sqrt{2\pi}\sigma}e^{-(x-\mu)^2/2\sigma^2},$ $-\infty<x<+\infty, \sigma>0$	μ	σ^2
Γ 分布 $\Gamma(\alpha,\beta)$	$f(x)=\dfrac{\beta^\alpha}{\Gamma(\alpha)}x^{\alpha-1}e^{-\beta x}, x>0,$ $\alpha>0, \beta>0$	$\dfrac{\alpha}{\beta}$	$\dfrac{\alpha}{\beta^2}$
χ^2 分布 $\chi^2(n)$	$f(x)=\dfrac{1}{2^{n/2}\Gamma\left(\dfrac{n}{2}\right)}x^{n/2-1}e^{-x/2},$ $x>0, n$ 为正整数	n	$2n$
t 分布 $t(n)$	$f(x)=\dfrac{\Gamma\left(\dfrac{n+1}{2}\right)}{\sqrt{n\pi}\,\Gamma\left(\dfrac{n}{2}\right)}\left(1+\dfrac{x^2}{n}\right)^{-(n+1)/2},$ $-\infty<x<+\infty, n$ 为正整数	$0\ (n>1)$	$\dfrac{n}{n-2}\ (n>2)$

续表

名称	概率分析	数学期望	方差
F 分布 $F(n_1, n_2)$	$f(x) = \dfrac{\Gamma\left(\dfrac{n_1+n_2}{2}\right)}{\Gamma\left(\dfrac{n_1}{2}\right)\Gamma\left(\dfrac{n_2}{2}\right)} \left(\dfrac{n_1}{n_2}\right)^{n_1/2}$ $\cdot x^{n_1/2-1}\left(1+\dfrac{n_1}{n_2}x\right)^{-(n_1+n_2)/2}$, $x>0$, n_1, n_2 为正整数	$\dfrac{n_2}{n_2-2}$ $(n_2>2)$	$\dfrac{2n_2^2(n_1+n_2-2)}{n_1(n_2-2)^2(n_2-4)}$ $(n_2>4)$
威布尔分布	$f(x) = \dfrac{\beta}{\eta}\left(\dfrac{x}{\eta}\right)^{\beta-1} e^{-(x/\eta)^\beta}$, $x>0$, $\beta>0$, $\eta>0$ 为常数	$\eta\Gamma\left(\dfrac{1}{\beta}+1\right)$	$\eta^2\left[\Gamma\left(\dfrac{2}{\beta}+1\right) - \Gamma^2\left(\dfrac{1}{\beta}+1\right)\right]$

① 为了方便起见,密度函数等于零的部分都不写出来.

附表10 正态总体期望和方差的区间估计表

待估参数		随机变量	双侧置信区间	单侧置信区间	
μ	σ^2 已知	$\dfrac{\overline{X}-\mu}{\sigma/\sqrt{n}} \sim N(0,1)$	$\left(\overline{X} \pm t_{1-\frac{\alpha}{2}} \dfrac{\sigma}{\sqrt{n}}\right)$ ①	$\left(\overline{X}-u_{1-\alpha}\dfrac{\sigma}{\sqrt{n}},+\infty\right)$	$\left(-\infty, \overline{X}+u_{1-\alpha}\dfrac{\sigma}{\sqrt{n}}\right)$
	σ^2 未知	$\dfrac{\overline{X}-\mu}{S/\sqrt{n}} \sim t(n-1)$	$\left(\overline{X} \pm t_{1-\frac{\alpha}{2}}(n-1)\dfrac{S}{\sqrt{n}}\right)$	$\left(\overline{X}-t_{1-\alpha}(n-1)\dfrac{S}{\sqrt{n}},+\infty\right)$	$\left(-\infty, \overline{X}+t_{1-\alpha}(n-1)\dfrac{S}{\sqrt{n}}\right)$
σ^2		$\dfrac{(n-1)}{\sigma^2}S^2 \sim \chi^2(n-1)$	$\left(\dfrac{(n-1)S^2}{\chi^2_{1-\frac{\alpha}{2}}(n-1)}, \dfrac{(n-1)S^2}{\chi^2_{\frac{\alpha}{2}}(n-1)}\right)$	$\left(\dfrac{(n-1)S^2}{\chi^2_{1-\alpha}(n-1)},+\infty\right)$	$\left(0, \dfrac{(n-1)S^2}{\chi^2_{\alpha}(n-1)}\right)$
$\mu_1-\mu_2$	σ_1^2,σ_2^2 已知	$\dfrac{(\overline{X}_1-\overline{X}_2)-(\mu_1-\mu_2)}{\sqrt{\dfrac{\sigma_1^2}{n_1}+\dfrac{\sigma_2^2}{n_2}}} \sim N(0,1)$	$\left(\overline{X}_1-\overline{X}_2 \pm u_{1-\frac{\alpha}{2}} \sqrt{\dfrac{\sigma_1^2}{n_1}+\dfrac{\sigma_2^2}{n_2}}\right)$	$\left(\overline{X}_1-\overline{X}_2-u_{1-\alpha}\sqrt{\dfrac{\sigma_1^2}{n_1}+\dfrac{\sigma_2^2}{n_2}},+\infty\right)$	$\left(-\infty,\overline{X}_1-\overline{X}_2+u_{1-\alpha}\sqrt{\dfrac{\sigma_1^2}{n_1}+\dfrac{\sigma_2^2}{n_2}}\right)$
	$\sigma_1^2=\sigma_2^2$ $=\sigma^2$, 但 σ^2 未知	$\dfrac{(\overline{X}_1-\overline{X}_2)-(\mu_1-\mu_2)}{S_w\sqrt{\dfrac{1}{n_1}+\dfrac{1}{n_2}}} \sim t(n_1+n_2-2)$	$\left(\overline{X}_1-\overline{X}_2 \pm t_{1-\frac{\alpha}{2}}(n_1+n_2-2)\cdot S_w\sqrt{\dfrac{1}{n_1}+\dfrac{1}{n_2}}\right)$	$\left(\overline{X}_1-\overline{X}_2-t_{1-\alpha}(n_1+n_2-2)\cdot S_w\sqrt{\dfrac{1}{n_1}+\dfrac{1}{n_2}},+\infty\right)$	$\left(-\infty,\overline{X}_1-\overline{X}_2+t_{1-\alpha}(n_1+n_2-2)\cdot S_w\sqrt{\dfrac{1}{n_1}+\dfrac{1}{n_2}}\right)$
$\dfrac{\sigma_1^2}{\sigma_2^2}$		$\dfrac{\sigma_2^2 S_1^2}{\sigma_1^2 S_2^2} \sim F(n_1-1,n_2-1)$	$\left(\dfrac{1}{F_{1-\frac{\alpha}{2}}(n_1-1,n_2-1)}\cdot \dfrac{S_1^2}{S_2^2}, F_{1-\frac{\alpha}{2}}(n_2-1,n_1-1)\cdot \dfrac{S_1^2}{S_2^2}\right)$	$\left(\dfrac{1}{F_{1-\alpha}(n_1-1,n_2-1)}\cdot \dfrac{S_1^2}{S_2^2},+\infty\right)$	$\left(0, F_{1-\alpha}(n_2-1,n_1-1)\dfrac{S_1^2}{S_2^2}\right)$

① $(A\pm\lambda)$ 表示区间 $(A-\lambda,A+\lambda)$.

附表 11 单个正态总体均值和方差的假设检验表

	原假设	统计量	统计量分布	否定域
已知 σ^2	$H_0: \mu = \mu_0$	$U = \dfrac{\overline{X} - \mu_0}{\sigma/\sqrt{n}}$	$N(0,1)$	$\lvert U \rvert > u_{1-\alpha/2}$
	$H_0: \mu \leqslant \mu_0$			$U > u_{1-\alpha}$
	$H_0: \mu \geqslant \mu_0$			$U < -u_{1-\alpha}$
未知 σ^2	$H_0: \mu = \mu_0$	$T = \dfrac{\overline{X} - \mu_0}{S/\sqrt{n}}$	$t(n-1)$	$\lvert T \rvert > t_{1-\alpha/2}(n-1)$
	$H_0: \mu \leqslant \mu_0$			$T > t_{1-\alpha}(n-1)$
	$H_0: \mu \geqslant \mu_0$			$T < -t_{1-\alpha}(n-1)$
未知 μ	$H_0: \sigma^2 = \sigma_0^2$	$\chi^2 = \dfrac{(n-1)S^2}{\sigma_0^2}$	$\chi^2(n-1)$	$\chi^2 < \chi^2_{\alpha/2}(n-1)$ 或 $\chi^2 > \chi^2_{1-\alpha/2}(n-1)$
	$H_0: \sigma^2 \leqslant \sigma_0^2$			$\chi^2 > \chi^2_{1-\alpha}(n-1)$
	$H_0: \sigma^2 \geqslant \sigma_0^2$			$\chi^2 < \chi^2_{\alpha}(n-1)$

附表 12 两个正态总体均值和方差的假设检验表

	原假设	统计量	统计量分布	否定域
σ_1^2, σ_2^2 已知	$H_0: \mu_1 = \mu_2$	$U = \dfrac{\overline{X} - \overline{Y}}{\sqrt{\dfrac{\sigma_1^2}{n_1} + \dfrac{\sigma_2^2}{n_2}}}$	$N(0,1)$	$|U| > u_{1-\alpha/2}$
	$H_0: \mu_1 \leq \mu_2$			$U > u_{1-\alpha}$
$\sigma_1^2 = \sigma_2^2$, 但其值未知	$H_0: \mu_1 = \mu_2$	$T = \dfrac{\overline{X} - \overline{Y}}{S_W \sqrt{\dfrac{1}{n_1} + \dfrac{1}{n_2}}}$, 其中 $S_W^2 = \dfrac{(n_1-1)S_1^2 + (n_2-1)S_2^2}{n_1+n_2-2}$	$t(n_1+n_2-2)$	$|T| > t_{1-\alpha/2}(n_1+n_2-2)$
	$H_0: \mu_1 \leq \mu_2$			$T > t_{1-\alpha}(n_1+n_2-2)$
μ_1, μ_2 未知	$H_0: \sigma_1^2 = \sigma_2^2$	$F = \dfrac{S_1^2}{S_2^2}$	$F(n_1-1, n_2-1)$	$F < \dfrac{1}{F_{1-\alpha/2}(n_2-1, n_1-1)}$ 或 $F > F_{1-\alpha/2}(n_1-1, n_2-1)$
	$H_0: \sigma_1^2 \leq \sigma_2^2$			$F > F_{1-\alpha}(n_1-1, n_2-1)$

习题答案与提示

习 题 一

1. (1) 设 0：出现正面，1：出现背面，则
$\Omega=\{(0,0),(0,1),(1,0),(1,1)\}$,
$A=\{(0,0),(0,1)\}$, $B=\{(0,0),(1,1)\}$,
$C=\{(0,0),(0,1),(1,0)\}$.

(2) $\Omega=\{(1,2,3),(1,2,4),(1,2,5),(1,3,4)$,
$(1,3,5),(1,4,5),(2,3,4),(2,3,5)$,
$(2,4,5),(3,4,5)\}$,
$A=\{(1,2,3),(1,2,4),(1,2,5),(1,3,4)$,
$(1,3,5),(1,4,5)\}$,
$B=\{(1,3,5)\}$, $C=\varnothing$.

(3) $\Omega=\{(1,1),(1,2),(1,3),(1,4),(2,1),(2,2),(2,3)$,
$(2,4),(3,1),(3,2),(3,3),(3,4),(4,1),(4,2)$,
$(4,3),(4,4)\}$,
$A=\{(1,2),(2,1),(2,4),(4,2)\}$.

(4) $\Omega=\{(1,1),(1,2),(1,3),(1,4),(1,5),(1,6),(2,1)$,
$(2,2),(2,3),(2,4),(2,5),(2,6),(3,1),(3,2)$,
$(3,3),(3,4),(3,5),(3,6),(4,1),(4,2),(4,3)$,
$(4,4),(4,5),(4,6),(5,1),(5,2),(5,3),(5,4)$,
$(5,5),(5,6),(6,1),(6,2),(6,3),(6,4),(6,5)$,
$(6,6)\}$,
$A=\{(1,2),(1,4),(1,6),(2,1),(4,1),(6,1)\}$,
$B=\{(2,2),(2,4),(2,6),(3,3),(3,5),(4,2),(4,4)$,
$(4,6),(5,3),(5,5),(6,2),(6,4),(6,6)\}$.

(5) 设 ω_0：和局，ω_1：甲胜，ω_2：乙胜，则

$\Omega = \{\omega_0, \omega_1, \omega_2\}$, $A = \{\omega_0, \omega_1\}$, $B = \{\omega_0\}$.

(6) $\Omega = \{(Aa,Bb,Cc),(Ab,Bc,Ca),(Ac,Ba,Cb),$
$(Aa,Bc,Cb),(Ab,Ba,Cc),(Ac,Bb,Ca)\}$,
$A_1 = \{(Aa,Bb,Cc)\}$,
$A_2 = \{(Ab,Bc,Ca),(Ac,Ba,Cb),(Ab,Ba,Cc)\}$.

(7) $\Omega = \{AB,AC,AD,AE,BA,BC,BD,BE,CA,CB,CD,CE,$
$DA,DB,DC,DE,EA,EB,EC,ED\}$,

其中 AB 表示 A 为正组长,B 为副组长,其余类推.
$A_1 = \{AB,AC,AD,AE,BA,CA,DA,EA\}$,
$A_2 = \{BC,BD,BE,CB,CD,CE,DB,DC,DE,EB,EC,$
$ED\}$.

2. (1) $A\overline{B}\overline{C}$;　　(2) $AB\overline{C}$;　　(3) ABC;
 (4) $A \cup B \cup C$;　(5) $\overline{AB}\overline{C}$;　(6) $\overline{AB} \cup \overline{AC} \cup \overline{BC}$;
 (7) $\overline{A} \cup \overline{B} \cup \overline{C}$;　(8) $AB \cup AC \cup BC$.

3. (1) 该生是计算机系三年级的男生,而不是科普队的.
 (2) 计算机系科普队员全是三年级男生的条件下,$ABC = C$.
 (3) 计算机系科普队员全是三年级学生时,$C \subseteq B$.
 (4) 计算机系三年级的学生全是女生,而其他年级学生全是男生的条件下,$\overline{A} = B$.

4. $C_M^m C_{N-M}^{n-m} / C_N^n$.

5. $P(A) = P(B) = P(C) = 1/27$, $P(D) = 1/9$, $P(E) = 2/9$,
 $P(F) = 8/9$, $P(G) = P(H) = P(I) = 8/27$,
 $P(J) = 1/27$, $P(K) = 2/27$.

6. $1/60$.　　7. $9/14$.　　8. $3/10$.

9. (1) C_{37}^5 / C_{40}^5;　(2) $C_{37}^3 C_3^2 / C_{40}^5$.

10. (1) $132/169 \approx 0.781$;　(2) 0.219;　(3) 0.994.

11. $1/6$.　　12. $(C_{2n}^n)^2 / C_{4n}^{2n}$.　　13. 0.504.

14. (1) 0.746;　(2) 0.427.　　15. $1/15$.

16. $6/16, 9/16$ 和 $1/16$.　　17. $41/90$.

18. (1) $1 - C_{42}^{15} / C_{45}^{15}$;　(2) $3^{15} / C_{45}^{15}$.

19. (1) $\dfrac{ad+bc}{(a+b)(c+d)}$；(2) $\dfrac{ac+bd}{(a+b)(c+d)}$.

20. (1) ① $\dfrac{1}{n-1}(n\geqslant 2)$；② $\begin{cases}\dfrac{6}{(n-1)(n-2)}, & n>3, \\ 1, & n=3.\end{cases}$

(2) $\dfrac{1}{n}$，$\dfrac{6}{n(n-1)}$ $(n\geqslant 3)$.

21. $\dfrac{3}{5}=0.6$.　　**22.** $\dfrac{2}{m+1}$.　　**23.** $\dfrac{1}{2}$.

24. $\dfrac{2}{5}$.　　　**25.** $\left(1-\dfrac{t}{T}\right)^2$.

26. (1) $p=\begin{cases}(3a-1)^2, & \dfrac{1}{3}\leqslant a\leqslant\dfrac{1}{2}, \\ 1-3(1-a)^2, & \dfrac{1}{2}<a\leqslant 1;\end{cases}$ (2) $\dfrac{1}{4}$.

27. 1/4.　　　**28.** 0.902.　　**29.** 0.328.　　**30.** 0.965.
31. (1) 1/10；(2) 3/5.　　**32.** 0.124.　　**33.** 5/13.
34. 5/31, 6/31, 20/31.　　**35.** (1) 0.15；(2) 0.5.
36. 0.973；0.25.　　　**37.** 0.2381.　　**38.** 1/2, 2/9.
39. 0.96, 0.039, 0.0006, 0.0000, 0.0000.
40. 0.104.　　**41.** $\dfrac{(\lambda p)^l}{l!}e^{-\lambda p}$.　　**42.** 0.6.
43. $p+3p^2-4p^3-p^4+3p^5-p^6$.　　**44.** 0.458.　**45.** 2%.
46. (1) 0.0729；(2) 0.00856；(3) 0.99954；(4) 0.40951.
47. (1) 0.321；(2) 0.243.
48. (1) 0.1, 1/3；(2) 0.7, 0.4；(3) 0.58, 0.28.
49. 2/3.　　**50.** 0.0405.　　**51.** 3/8.
52. (1) 1/120；(2) 3/10.　　**53.** 1/3.　　**54.** 0.664.
55. $\dfrac{r}{b+r}$.　　**56.** (1) $\dfrac{23}{25}$；(2) $\dfrac{45}{92}$.　　**57.** $1-(1-p)^n$.
58. 1/3.　　**59.** (1) 0.1；(2) 0.176.
60. 16/81.　　**61.** 0.28.
62. (1) 假；(2) 假；(3) 假；(4) 真；(5) 真；(6) 假.

63. $\dfrac{3}{4}$. **64.** $\dfrac{1}{4}+\dfrac{1}{2}\ln 2$. **65.** $\dfrac{9}{24}$.

66. (1) $56p^5q^3$；(2) $1/56$. **67.** $2/19$. **68.** $1/4$，$1/6$.

69. 0.6，0.4. **70.** $8/17$. **71.** 0.4.

72. (1) $-1/28$；(2) $9/28$；(3) $9/14$.

习 题 二

1. $P\{X=k\}=C_5^k C_{95}^{20-k}/C_{100}^{20}$，$k=0,1,2,3,4,5$.

2. $P\{X=k\}=C_{30}^k\times 0.8^k\times 0.2^{30-k}$，$k=0,1,\cdots,30$

3.

X	2	3	4	5	6	7	8	9	10	11	12
p_k	$\dfrac{1}{36}$	$\dfrac{2}{36}$	$\dfrac{3}{36}$	$\dfrac{4}{36}$	$\dfrac{5}{36}$	$\dfrac{6}{36}$	$\dfrac{5}{36}$	$\dfrac{4}{36}$	$\dfrac{3}{36}$	$\dfrac{2}{36}$	$\dfrac{1}{36}$

4. $P\{X=k\}=C_n^k\left(\dfrac{1}{2}\right)^n$，$k=0,1,\cdots,n$.

5. $P\{X=k\}=0.5^k$，$k=1,2,\cdots$.

6.

X	0	1	2	3	4
p_k	p	$(1-p)p$	$(1-p)^2 p$	$(1-p)^3 p$	$(1-p)^4$

7. 1. **8.** $e^{-\lambda}$. **9.** 0.0902.

10. (1) 0.0298；(2) 0.0214. **13.** 8.

14. $F(x)=\begin{cases} 0, & x<3, \\ 1/10, & 3\leqslant x<4, \\ 4/10, & 4\leqslant x<5, \\ 1, & 5\leqslant x. \end{cases}$

X	3	4	5
p_k	$1/10$	$3/10$	$6/10$

15. $P\{X=k\}=0.2^{k-1}\times 0.8$，$k=1,2,\cdots$.

$F(x)=\begin{cases} 0, & x<1, \\ 1-0.2^k, & k\leqslant x<k+1,\ k=1,2,\cdots. \end{cases}$

16. (1) $C=2$；(2) 0.4. **17.** (1) $C=1/\pi$；(2) $1/3$.

18. (1) $C=\dfrac{1}{2}$；(2) $\dfrac{1}{2}(1-e^{-1})$.

习题答案与提示 317

19. $F(x) = \begin{cases} 0, & x<0, \\ 1-p, & 0 \leqslant x < 1, \\ 1, & x \geqslant 1. \end{cases}$ 20. $F(x) = \begin{cases} 0, & x<0, \\ \dfrac{x}{a}, & 0 \leqslant x < a, \\ 1, & x \geqslant a. \end{cases}$

21. (1) $1-e^{-2}$, e^{-3}; (2) $f(x) = \begin{cases} e^{-x}, & x \geqslant 0, \\ 0, & x < 0. \end{cases}$

22. (1) $F(x) = \begin{cases} 0, & x < -1, \\ \dfrac{x}{\pi}\sqrt{1-x^2} + \dfrac{1}{\pi}\arcsin x + \dfrac{1}{2}, & -1 \leqslant x < 1, \\ 1, & x \geqslant 1; \end{cases}$

(2) $F(x) = \begin{cases} 0, & x<0, \\ x^2/2, & 0 \leqslant x < 1, \\ -1+2x-x^2/2, & 1 \leqslant x < 2, \\ 1, & x \geqslant 2. \end{cases}$

23. $3/5$.   24. (1) 0.95254; (2) 0.81648.

25. $\dfrac{1}{\sqrt{\pi} e^{1/4}}$ 26. 0.0455.

27.

X^2	0	1	4	9
p_k	6/30	7/30	6/30	11/30

28. $f_Y(y) = \begin{cases} \dfrac{2}{\pi\sqrt{1-y^2}}, & 0 < y < 1, \\ 0, & \text{其他}. \end{cases}$

29. $f_Y(y) = \dfrac{2\left(\dfrac{n}{2}\right)^{n/2}}{\Gamma\left(\dfrac{n}{2}\right)} y^{n-1} e^{-ny^2/2}$, $y > 0$.

31. 0.2427.

32. $f_Y(y) = \begin{cases} \dfrac{1}{b-a}\left(\dfrac{2}{9\pi}\right)^{1/3} y^{-2/3}, & \dfrac{\pi a^3}{6} \leqslant y \leqslant \dfrac{\pi b^3}{6}, \\ 0, & \text{其他}. \end{cases}$

33. $f_X(x) = \begin{cases} \dfrac{1}{\pi} \cdot \dfrac{1}{\sqrt{R^2-x^2}}, & |x|<R, \\ 0, & 其他. \end{cases}$

34. (1) $A=\dfrac{3}{2}$; (2) $F(x)=\begin{cases} 0, & x\leqslant -1, \\ \dfrac{1}{2}(x^3+1), & -1<x<1, \\ 1, & x\geqslant 1; \end{cases}$

(3) 1/8.

35. (1) $A=\dfrac{1}{2}$; (2) $F(x)=\begin{cases} 0, & x<-\dfrac{\pi}{2}, \\ \dfrac{1}{2}(\sin x+1), & -\dfrac{\pi}{2}\leqslant x\leqslant \dfrac{\pi}{2}, \\ 1, & x>\dfrac{\pi}{2}; \end{cases}$

(3) 1/2.

36. (1) 3; (2) 0.10082; (3) 0.49289; (4) 0.61611; (5) 0.39207; (6) 0.71693.

37. (1) $A=1$; (2) $f(x)=e^{-x}(1+e^{-x})^{-2}, -\infty<x<+\infty$; (3) 0.5.

38. (1) $A=\dfrac{1}{2}, B=\dfrac{1}{\pi}$; (2) $f(x)=\dfrac{1}{\pi(1+x^2)}, -\infty<x<+\infty$; (3) 3/4; (4) $a=1$.

39. (1) $f(x)=\dfrac{2e^x}{\pi(1+e^{2x})}, -\infty<x<+\infty$; (2) $\dfrac{1}{6}$.

40. $a=-3/2, b=7/4$.

41. $f_Y(y)=\begin{cases} \dfrac{1}{2}e^{-y/2}, & y>0; \\ 0, & y\leqslant 0. \end{cases}$ 42. $a=\sqrt{2}$. 43. 0.2.

44. $\dfrac{112}{243}$. 45. 6. 46. $f_Y(y)=\begin{cases} y^{-1/2}-1, & 0<y<1, \\ 0, & 其他. \end{cases}$

47. (1) $P\{X=k\}=C_n^k\left(\dfrac{1}{m}\right)^k\left(1-\dfrac{1}{m}\right)^{n-k}, k=0,1,\cdots,n$;

(2) $P\{X=k\}=\left(1-\dfrac{1}{m}\right)^{k-1}\left(\dfrac{1}{m}\right), k=1,2,\cdots$;

(3) $P\{X=k\}=C_{k-1}^{r-1}\left(1-\dfrac{1}{m}\right)^{k-r}\left(\dfrac{1}{m}\right)^{r}, k=r,r+1,\cdots;$

(4) $P\{X=k\}=\sum\limits_{i=0}^{m-2}(-1)^{i}C_{m-1}^{i}\left(1-\dfrac{i+1}{m}\right)^{k-1}, k=m,m+1,\cdots.$

习 题 三

1. (1)

X \ Y	0	1
0	25/36	5/36
1	5/36	1/36

(2)

X \ Y	0	1
0	45/66	10/66
1	10/66	1/66

2.

Y \ X	0	1	2	3
1	0	3/8	3/8	0
3	1/8	0	0	1/8

3.

X \ Y	1	2	3	4
1	1/4	0	0	0
2	1/8	1/8	0	0
3	1/12	1/12	1/12	0
4	1/16	1/16	1/16	1/16

4. (1) $C=12$;

(2) $F(x,y)=\begin{cases}(1-e^{-3x})(1-e^{-4y}), & x>0, y>0,\\ 0, & \text{其他};\end{cases}$

(3) $P\{0<x\leqslant 1, 0<Y\leqslant 2\}=(1-e^{-3})(1-e^{-8}).$

5. $f(x,y)=\begin{cases}\dfrac{1}{(b-a)(d-c)}, & (x,y)\in D,\\ 0, & \text{其他},\end{cases}$

$$f_X(x)=\begin{cases}\dfrac{1}{b-a}, & a<x<b,\\ 0, & \text{其他},\end{cases}\quad f_Y(y)=\begin{cases}\dfrac{1}{d-c}, & c<y<d,\\ 0, & \text{其他}.\end{cases}$$

6. (1) $C=\dfrac{3}{\pi R^3}$; (2) $\dfrac{3r^2}{R^2}\left(1-\dfrac{2r}{3R}\right)$.

7. (1) $A=\dfrac{1}{2}$; (2) $f_X(x)=\begin{cases}\dfrac{1}{2}(\sin x+\cos x), & 1<x<\dfrac{\pi}{2},\\ 0, & \text{其他}.\end{cases}$

Y 与 X 同分布.

8. 1/2. **9.** 65/72.

10. $f(x,y)=\begin{cases}6, & (x,y)\in D,\\ 0, & \text{其他},\end{cases}\quad f_X(x)=\begin{cases}6(x-x^2), & 0\leqslant x\leqslant 1,\\ 0, & \text{其他},\end{cases}$

$f_Y(y)=\begin{cases}6(\sqrt{y}-y), & 0\leqslant y\leqslant 1,\\ 0, & \text{其他}.\end{cases}$

11. A 组:$f(x,y)=\dfrac{1}{\sqrt{3}\pi}e^{-2[(x-3)^2-(x-3)y+y^2]/3}$,

$f_X(x)=\dfrac{1}{\sqrt{2\pi}}e^{-(x-3)^2/2},\quad f_Y(y)=\dfrac{1}{\sqrt{2\pi}}e^{-y^2/2}.$

B 组:$f(x,y)=\dfrac{4}{\sqrt{3}\pi}e^{-8[(x-1)^2-(x-1)(y-1)+(y-1)^2]/3}$,

$f_X(x)=\sqrt{\dfrac{2}{\pi}}e^{-2(x-1)^2},\quad f_Y(y)=\sqrt{\dfrac{2}{\pi}}e^{-2(y-1)^2}.$

C 组:$f(x,y)=\dfrac{1}{\pi}e^{-[(x-1)^2+4(y-2)^2]/2}$,

$f_X(x)=\dfrac{1}{\sqrt{2\pi}}e^{-(x-1)^2/2},\quad f_Y(y)=\sqrt{\dfrac{2}{\pi}}e^{-2(y-2)^2}.$

12. $f_Z(z)=\begin{cases}(e-1)e^{-z}, & z>1,\\ 1-e^{-z}, & 0<z\leqslant 1,\\ 0, & z\leqslant 0.\end{cases}$

13. $f_R(r) = \begin{cases} \dfrac{1}{15000}(600r - 60r^2 + r^3), & 0 \leqslant r \leqslant 10, \\ \dfrac{1}{15000}(8000 - 1200r + 60r^2 - r^3), & 10 < r \leqslant 20, \\ 0, & \text{其他}. \end{cases}$

16. $f_Z(z) = \begin{cases} \dfrac{1}{2\sigma^2} e^{-z/(2\sigma^2)}, & z > 0, \\ 0, & z \leqslant 0. \end{cases}$

19. (1) $f(z) = \begin{cases} \dfrac{1}{6} z^3 e^{-z}, & z > 0, \\ 0, & z \leqslant 0; \end{cases}$ (2) $f(z) = \begin{cases} \dfrac{1}{120} z^5 e^{-z}, & z > 0, \\ 0, & z \leqslant 0. \end{cases}$

20. 0.6343×10^{-3}.

23. X, Y, Z 独立同分布,其概率密度为 $f(x) = e^{-x} \ (x > 0)$.

24. $f(x_1, x_2, \cdots, x_n) = \dfrac{1}{(2\pi)^{n/2} \sigma^n} e^{-\frac{1}{2\sigma^2} \sum\limits_{i=1}^{n}(x_i - \mu)^2}$.

25. 提示:计算积分时用球坐标.概率密度为
$$f(u) = \sqrt{\dfrac{2}{\pi}} u^2 e^{-u^2/2}, \quad u > 0.$$

27. $f_Z(z) = \begin{cases} (\lambda + \mu) e^{-(\lambda+\mu)z}, & z > 0, \\ 0, & z \leqslant 0. \end{cases}$

28. $f_Z(z) = \begin{cases} 2\lambda(1 - e^{-\lambda z}) e^{-\lambda z}, & z > 0, \\ 0, & z \leqslant 0. \end{cases}$

29. $f_Z(z) = \begin{cases} 2z, & 0 < z < 1, \\ 0, & \text{其他}. \end{cases}$ 30. $f_Z(z) = \begin{cases} z, & 0 < z \leqslant 1, \\ 2 - z, & 1 < z \leqslant 2, \\ 0, & \text{其他}. \end{cases}$

31. $f_Z(z) = \begin{cases} z e^{-z^2/2}, & z > 0, \\ 0, & z \leqslant 0. \end{cases}$ 32. $f_Z(z) = \begin{cases} 2z, & 0 < z < 1, \\ 0, & \text{其他}. \end{cases}$

33. $f(x, y) = \begin{cases} 2, & (x, y) \in D, \\ 0, & \text{其他}, \end{cases}$ $f_X(x) = \begin{cases} 2(1-x), & 0 \leqslant x \leqslant 1, \\ 0, & \text{其他}. \end{cases}$

$f_Y(y) = \begin{cases} 2(1-y), & 0 \leqslant y \leqslant 1, \\ 0, & \text{其他}. \end{cases}$

X 与 Y 不独立.

34. $f_X(x) = \begin{cases} \dfrac{2}{\pi}\sqrt{1-x^2}, & |x| \leqslant 1, \\ 0, & \text{其他}, \end{cases}$

$f_Y(y) = \begin{cases} \dfrac{2}{\pi}\sqrt{1-y^2}, & |y| \leqslant 1, \\ 0, & \text{其他}. \end{cases}$

X 与 Y 不独立.

35. (1) e^{-2}; (2) $2e^{-2}$. 36. 0.25. 37. (1) $\dfrac{1}{2}$; (2) $\dfrac{1}{3}$.

38. 0.6826. 39. $1-2e^{-2}$. 40. 0.5.

41. $f_Y(y) = \begin{cases} n\lambda e^{-n\lambda y}, & y>0, \\ 0, & y\leqslant 0. \end{cases}$ 42. $f_Z(z) = \begin{cases} 0.2, & 1<z<2, \\ 0.8, & 2<z<3, \\ 0, & \text{其他}. \end{cases}$

43. (1) $f_X(x) = \begin{cases} e^{-x}, & x>0, \\ 0, & x\leqslant 0, \end{cases}$ $f_Y(y) = \begin{cases} ye^{-y}, & y>0, \\ 0, & y\leqslant 0; \end{cases}$

(2) $1-2e^{-1}+e^{-2}$.

44. $f_X(x) = \begin{cases} 4x, & 0<x\leqslant 0.5, \\ 4(1-x), & 0.5<x<1, \\ 0, & \text{其他}, \end{cases}$

$f_Y(y) = \begin{cases} 4-8y, & 0<y<0.5, \\ 0, & \text{其他}. \end{cases}$

45. $f_{X+Y}(z) = \begin{cases} 2e^{-z}, & z>1, \\ 2(e^{-z}+z-1), & 0<z\leqslant 1, \\ 0, & z\leqslant 0. \end{cases}$

习 题 四

1. $1/p$, q/p^2.   2. $E(X)=6/5$, $D(X)=9/25$.   3. 44.64 分.

4. $\dfrac{1-(1-p)^{10}}{p}$.   5. 10.   6. $E(X)=0$, $D(X)=\dfrac{\pi^2}{12}-\dfrac{1}{2}$.

7. $a=1/2$, $b=1/\pi$, $E(X)=0$, $D(X)=1/2$.

8. $E(X)=2/3$, $D(X)=1/18$.   9. $E(X)=0$, $D(X)=2$.

10. $E(X) = \sqrt{\dfrac{\pi}{2}}\sigma$, $D(X) = \dfrac{\sigma^2}{2}(4-\pi)$.

11. $E(X) = \dfrac{\alpha}{\alpha+\beta}$, $D(X) = \dfrac{\alpha\beta}{(\alpha+\beta+1)(\alpha+\beta)^2}$.

12. $E(X) = \eta\Gamma\left(\dfrac{1}{\beta}+1\right)$, $D(X) = \eta^2\left[\Gamma\left(\dfrac{2}{\beta}+1\right)+\Gamma^2\left(\dfrac{1}{\beta}+1\right)\right]$.

14. $E(X) = 0$, $D(X) = R^2/2$.

15. $E(X^n) = \begin{cases} \sigma^n(n-1)!!, & n \text{ 为偶数时}, \\ 0, & n \text{ 为奇数时}. \end{cases}$

   当 k 为奇数时,$k!! = 1 \cdot 3 \cdot 5 \cdots \cdot k$;
   当 k 为偶数时,$k!! = 2 \cdot 4 \cdot 6 \cdots \cdot k$.

16. $E(Z) = \dfrac{3}{4}\sqrt{\pi}$. 17. $p_1 + p_2 + p_3$.

18. 提示：先求每颗骰子的期望与方差.
$$E(X) = \dfrac{7}{2}n, \quad D(X) = \dfrac{35}{12}n.$$

19. r/p, rq/p^2. 20. $E(Y) = \mu$, $D(Y) = \sigma^2/n$.

21. 提示：引入随机变量
$$X_i = \begin{cases} 1, & \text{第 } i \text{ 个盒中有球}, \\ 0, & \text{第 } i \text{ 个盒中无球}, \end{cases} \quad i = 1, 2, \cdots, M,$$
则 $X = \sum\limits_{i=1}^{m} X_i$. $E(X) = M\left[1-\left(1-\dfrac{1}{M}\right)^n\right]$.

22. $E(X) = \sum\limits_{i=1}^{n} p_i$, $D(X) = \sum\limits_{i=1}^{n} p_i q_i$,其中 $q_i = 1 - p_i, i = 1, 2, \cdots, n$.

24. 0. 25. 4. 26. 85, 37.

27. $\rho_{XY} = \begin{cases} \dfrac{n!!}{\sqrt{(2n-1)!!}}, & n \text{ 为奇数}, \\ 0, & n \text{ 为偶数}. \end{cases}$

28. 1, 3. 30. $100e^{-\lambda}(1-e^{-10\lambda})(1-e^{-\lambda})^{-1}$. 31. 10000 h.

32. $E(X+Y) = 1$, $E(X-Y) = 0$;
   $D(X+Y) = 1/6$, $D(X-Y) = 1/6$.

33. $(e^{\lambda}-1)^{-1}$. 34. $\dfrac{2+p-p^2}{1-p+p^2}$. 35. $\dfrac{1-(1-p)^n}{p}$. 36. $\dfrac{n}{m}$.

37. $a=\sqrt{6}$, $b=1/\sqrt{6}$. **38.** $E(X)$.

39. $D(X+Y)=2(1+\rho)\sigma^2$, $D(X-Y)=2(1-\rho)\sigma^2$.

40. $\dfrac{\alpha^2-\beta^2}{\alpha^2+\beta^2}$. **41.** $-\dfrac{n}{4}$.

42. $\sigma_1^2+\sigma_2^2-2\sigma_1\sigma_2\rho$, $2\sigma_1^2-2\sigma_2^2-3\sigma_1\sigma_2\rho$.

44. 0.4. **44.** 3.5, 0.45, 0.5, 0.45, 1/3. **47.** 8/9.

习 题 五

3. 0.00135. **4.** 0.952. **5.** 0.0124, 925～1075 粒.
6. 14. **7.** 68 次. **8.** 0.3483. **9.** 0.8413.
10. 0.82. **11.** 0.93319. **12.** 14.

习 题 六

3. (1) 99.93, 1.43; (2) 67.4, 35.2; (3) 112.8, 1.29; (4) 100.98, 1.47.

4. (1) 1.058122, 2.575829, −3.09023, −0.674490;
(2) 1.237, 12.443, 21.026, 34.805;
(3) 2.131, −2.998, 1.645; (4) 4.00, 2.91, 0.306.

5. 2.576, 2.326, 2.326.

6. (1) 20.090; (2) 17.535; (3) 4.601; (4) 5.229.

7. (1) 1.476; (2) 0.920. **8.** (1) 4.76; (2) 0.112.

10. (1) 0.6826; (2) 385; (3) 0.0408; (4) 0.369; (5) 1.880.

习 题 七

2. $\hat{\mu}_2$ 最好. **3.** $\hat{p}=\dfrac{X}{m}$. **4.** $\hat{p}=\dfrac{1}{\overline{X}}$. **5.** $\hat{\theta}=-\dfrac{n}{\sum\limits_{i=1}^{n}\ln X_i}$.

6. 最大似然估计量 $\hat{a}=-1-\dfrac{n}{\sum\limits_{i=1}^{n}\ln X_i}$, 矩估计量 $\hat{a}=-1+\dfrac{\overline{X}}{1-\overline{X}}$.

7. $\hat{\alpha}=\dfrac{\overline{X}^2}{M'_2}$, $\hat{\beta}=\dfrac{\overline{X}}{M'_2}$.   8. $(14.82,15.30)$, $(14.90,15.21)$.

9. $(420.35,429.74)$.

10. (1) $(-2.565,3.315)$;   (2) $(-2.751,3.501)$.

11. $(2760.78, 2857.22)$.

12. μ 的 95% 置信区间为 $(1485.7,1514.3)$，σ 的 95% 置信区间为 $(13.8,36.5)$.

13. $(2.690,2.720)$.   14. $n \geqslant 15.37\sigma^2/l^2$.   15. $(-0.001,0.005)$.

16. $(-6.19,17.69)$.   17. $\dfrac{1}{n}\sum_{i=1}^{n}|X_i|$, $\sqrt{\dfrac{1}{2n}\sum_{i=1}^{n}X_i^2}$.

18. $\hat{\theta}=\min\limits_{i}\{X_i\}$，不是无偏估计量，是一致估计量.

19. $c_1=0.75$, $c_2=0.25$.   20. 0.25.

21. $(0.11,0.41)$, $(0.12,0.38)$.   23. 0.84.

习　题　八

1. α 应取大些.   3. 不合格(否定 $H_0: \mu \geqslant 1000$).

4. 平均重量仍为 15 g (接受 $H_0: \mu=15$).

5. 工作正常(接受 $H_0: \mu=100$).

6. 有显著差异(否定 $H_0: \mu=72$).

7. 没有发现有系统偏差(接受 $H_0: \mu=112.6$).

8. 可以认为偏大(否定 $H_0: \sigma^2 \leqslant 0.005^2$).

9. 无显著差异(接受 $H_0: \sigma_1^2=\sigma_2^2$).

10. 有显著差异. 先检验 $H'_0: \sigma_1^2=\sigma_2^2$，接受 H'_0. 再检验 $H_0: \mu_1=\mu_2$，否定 H_0.

11. 有显著差异(用成对数据检验法. 否定 $H_0: \mu_1-\mu_2=0$).

12. 无显著差异(接受 $H_0: \mu_1=\mu_2$).

13. 服从正态分布.   14. 服从正态分布.

15. 实际分布与泊松分布不符合.

16. 有显著差异.   17. 有显著差异.

18. 没有显著差异(使用秩和的近似分布).

19. 是匀称的.

习 题 九

1. 有显著差异. 　　**2.** 有高度显著差异. 　　**3.** 都有显著差异.
4. 机器之间无显著差异,操作工和交互作用有显著差异.
5. 有显著差异. 　　**6.** 都有高度显著差异. 　　**7.** 都无显著差异.
8. 不同加压水平有显著差异,不同机器有高度显著差异.

习 题 十

1. (1) $\hat{y}=188.78+1.87x$；　(2) 显著；
　(3) 预报区间为 $(256,365)$.
2. (1) $\hat{y}=5.40+0.606x$；　(2) 高度显著.
3. (1) $\hat{y}=72.12+0.1776x_1-0.3985x_2$；　(2) $F=3.35$，显著.
4. $\hat{y}=7.16\times10^{-5}x^{2.8679}$.　　**5.** $\hat{y}=18.52-80.98x+91.71x^2$.